가족센터에서 바로 활용할 수 있는

가족생활교육

전세송 유재언 배문조 박혜민 공저

신정

머리말

가족생활교육은 현대사회의 다각화된 가족 형태와 이에 따른 다양한 요구에 부응하기 위해 설계되었습니다. 이 책은 가족학 이론에 기반을 두고 실질적 경험을 중시하며, '가족생활교육 프로그램'을 직접 구상하고 구성하는 데 중점을 둡니다. 이를 통해 교육자는 이론적 지식뿐만 아니라 현장 경험을 바탕으로 프로그램을 설계하고 실행하는 능력을 갖추게 됩니다. 프로그램 구성 과정에서 발생하는 다양한 문제를 해결함으로써 창의적인 문제 해결 능력도 기를 수 있습니다.

이 책은 현재 운영 중인 실제 가족센터의 사례를 통해 생생한 학습 기회를 제공합니다. 독자는 새로운 프로그램 개발 과정을 통해 가족구성원 간의 의사소통방식과 협력의 중요성을 배우고, 가족의 실질적인 요구를 반영한 맞춤형 교육 내용을 구축할 수 있습니다. 이러한 경험은 가족생활교육사로서의 전문성을 높이고, 지역사회에서의 역할을 확고히 하는 데 기여할 것입니다. 궁극적으로 이 책의 목적은 독자가 가족생활교육 분야에서 성장하고, 지역사회의 건강한 가족문화를 조성하는 데 기여하는 것입니다. 여러분이 이 교재를 통해 습득한 지식과 경험은 개인의 성장에 그치지 않고, 속한 지역사회의 전반적인 안녕을 증진시키는 데 큰 역할을 할 것입니다.

이 책은 체계적인 접근 방식을 통해 각 장마다 이론적 배경과 실제 사례를 결합하여 총 11장으로 구성되어 있습니다. 제 1장, 2장, 3장 및 11장은 배문조, 제 4장, 5장, 6장, 7장, 8장은 전세송과 유재언, 제 9장과 10장은 박혜민이

집필하였습니다. 여러분이 가족생활교육사로서의 역량을 발휘하며 의미 있는 변화를 이끌어낼 수 있는 촉매제가 되기를 바랍니다.

끝으로 도서출판 신정의 최용구 사장님과 임직원 여러분들께 진심으로 깊은 감사의 마음을 전합니다.

2025년 1월

저자 일동

차례

PART Ⅰ
가족생활교육에 대한 개관

가족은 개인의 최초의 사회 경험이자, 삶의 기초를 이루는 중요한 단위이다. 가족생활교육은 이러한 가족의 본질을 깊이 이해하고, 건강한 가족관계와 기능을 증진하기 위한 체계적인 교육 활동이다. 이 교육은 다양한 가족 형태와 구성원들의 요구에 부응하며, 가족의 상호작용을 개선하고 갈등을 해결하는 데 초점을 맞추고 있다. 이 책에서는 가족생활교육의 다양한 측면을 체계적으로 다루고자 한다. 첫째, 가족생활교육의 정의와 범위, 목적, 필요성에 대해 명확히 알아보겠다. 둘째, 가족생활교육의 발달과정을 살펴보고, 가족센터의 역할과 역사를 통해 교육이 어떻게 진화해왔는지를 이해할 것이다. 마지막으로, 현대 가족의 트렌드와 이론적 관점을 통해 가족생활교육의 기초 이론 및 실제 적용방법에 대해서도 심도 있게 논의할 것이다. 이러한 내용은 단순히 교육적 지식을 나누는 것을 넘어, 각 가족이 자신의 고유한 맥락에서 건강하고 행복한 삶을 영위할 수 있도록 돕기 위한 중요한 기초가 될 것이다. 가족구성원 간의 이해를 높이고, 서로의 역할을 재정립함으로써, 모든 가족이 보다 나은 삶을 누릴 수 있게 기여하고자 한다.

CHAPTER 01

가족생활교육의 이해

CONTENTS

이 장에서는 가족생활교육의 정의와 그 범위를 살펴보고, 이 교육이 왜 필요한지, 그 목적은 무엇인지에 대해 깊이 있게 논의할 것이다. 또한 가족생활교육의 기본 가정과 가족 기능 강화를 위한 방향성에 대해서도 다뤄, 가정의 역할을 수행하는 데 있어 필요한 지식과 기술을 제공할 것이다. 현대사회는 점점 더 다양해지고 있으며, 가족의 형태와 역할도 변화하고 있다. 이러한 변화에 적응하고, 긍정적인 가족관계를 유지하기 위해서는 효과적인 가족생활교육이 필수적이다. 따라서 이 장에서는 가족생활교육이 어떻게 개인과 사회에 기여할 수 있는지를 탐구하여, 나아가 행복한 가족의 기반을 마련하는 데 필요한 지식을 전달하고자 한다.

1. 가족생활교육의 정의와 범위

「건강가정기본법」이 본격적으로 시행되면서 가족생활교육에 대한 논의와 관심이 증가하고 있다. 가족생활교육은 가족의 문제를 예방하고 해결, 향상시키는 다양한 활동들로 가족센터를 중심으로 이루어지고 있으며, 가족생활교육은 가족학 영역 중 가족상담 및 치료, 가족 향상을 모두 포괄하는 개념으로(정현숙, 2007) 가족정책과 더불어 실천과 응용이 중심이 되는 분야이다.

1) 가족생활교육의 정의

가족생활교육은 실시 목적과 대상, 내용, 방법에 따라 그 범위가 광범위하고 다양하여 정의내리기가 쉽지 않다. 가족생활교육이 처음 시작된 미국에서도 매우 다양하게 정의하고 있으며, 미국가족관계학회(NCFR)에 따르면 가족생활교육은 예방적(preventive), 교육적(educational), 강점중심(strength-based) 접근을 통해 가족이 최적의 기능을 수행하는 데 필요한 지식과 기술을 갖추도록 하는 활동이라고 정의하고 있다.

국내의 정의들을 살펴보면, 개인의 삶의 질을 높이기 위한 내적 성장 활동, 개인과 개인, 가족 간 관계를 향상시키는 활동, 다양한 형태의 가족들의 적응을 위한 활동으로 문제 해결을 위해 행해지는 예방적이고 평생교육적인 활동이라고 정의하였다(김보미, 정현숙, 2007). 전세경(2013)은 가족생활교육을 모든 연령층의 각 개인과 가족생활주기에 있는 전체 가족 단위가 대상이 되어 이들의 정상적인 성장 · 발달을 돕고 가족발달상의 문제들을 예방하며, 대인관계의 기술과 생활의 역량을 습득하도록 도와주고 잠재력을 개발하여 풍요로운 삶을 살도록 하는 일련의 교육적 지원 활동이라고 정의하고 있다. 정현숙(2007)은 '아동에서 노인까지 개인과 가족의 전반적인 삶의 질을 높이고 가족 및 사회에서 나타나는 다양한 문제 해결을 돕기 위한 개인과 가족의 잠재력을 계발하고 강화시키는 평생교육'으로 정의하고 있다.

정리하면, 가족생활교육은 전 생애에 걸쳐 개인과 가족의 전반적인 삶의 질을 향상시키고 가족과 사회에서 나타나는 다양한 문제를 예방하고 해결할 수 있는 역량을 강화시키는 평생교육이라고 할 수 있다. 이러한 교육을 담당하는 전문가를 가족생활교육사라고 칭하고 있으며, 「건강가정기본법」에서는 건강가정사가 이러한 업무를 담당할 수 있도록 규정하고 있다. 가족생활교육사는 가족구성원의 성장과 발달에 대한 이해, 가족관계 향상에 필요한 지식을 기반으로 가족생활 관련 프로그램을 개발, 평가, 교육을 담당하는 직무를 수행하는 전문직으로 가족센터에서 가족생활교육사로 직무를 수행하기 위해서는 건강가정사 자격이 필요하며 관련 교과목을 대학에서 이수해야 한다.

2) 가족생활교육의 범위

미국가족관계학회(NCFR)에서는 가족생활교육의 10가지 내용 영역을 다루면서, 가족생활교육의 방법론을 토대로 광범위한 지식을 기반으로 교육과 예방에 초점을 맞추었다. 구체적인 내용은 다음과 같다(https://www.ncfr.org/cfle-certification/what-family-life-education).

① **사회적 맥락에서 개인과 가족**: 가족 및 가족과 다른 사회제도(교육, 정부, 종교, 의료, 직업 등)에 대한 이해

② **가족의 내부 역동**: 가족의 강점 및 약점에 대한 이해, 가족구성원의 상호의존성에 대한 이해

③ **인간의 성장과 발달**: 전 생애에 걸쳐 가족 안의 개인이 경험하는 발달적 변화에 대한 이해. 신체, 정서, 인지, 사회, 도덕, 성격 측면에 대한 지식을 토대로 함

④ **인간의 성**: 건강한 성적 적응을 위해 전 생애에 걸친 생리적, 심리적, 사회적 측면의 성적 발달에 대한 이해

⑤ **대인관계**: 대인관계의 발달과 유지에 대한 이해

⑥ **가족자원관리**: 개인과 가족이 목적을 달성하기 위해 시간, 돈, 물적 자산, 에너지, 친구, 이웃, 공간 등의 자원에 대해 내리는 의사결정에 대한 이해

⑦ **부모교육 및 지도**: 부모가 아동과 청소년을 어떻게 가르치고 지도하며, 부모가 아동과 청소년에게 어떻게 영향을 미치는지에 대한 이해. 그리고 전 생애에 걸쳐 변화하는 부모-자녀 관계의 속성, 역동, 요구에 대한 이해

⑧ **가족법 및 공공정책**: 가족의 복지에 영향을 미치는 법과 법적 이슈, 정책에 대한 이해

⑨ **직업윤리 및 실천**: 인간 대상 사회 서비스의 특성과 품질에 대한 이해. 사회 서비스의 전문적 수행과 관련한 윤리적 문제와 이슈를 비판적으로 알아보는 능력

⑩ **가족생활교육 방법론**: 가족생활교육의 철학과 원칙에 대한 이해, 가족생활교육 프로그램을 설계, 실시, 평가할 수 있는 능력

이상에서 살펴본 바와 같이 가족생활교육의 범위는 가족생활과 관련된 지식과 기술을 습득하여 가족이 최적의 수준에서 기능할 수 있도록 역량 강화를 지원하는 내용들로 구성되어 있다. 가족들에게 바람직한 가치관을 정립하고 책임감을 가질 수 있도록 하며, 비판적 사고를 통한 합리적인 지식을 통해 선량한 가정을 운영할 수 있는 능력을 갖추게 하고, 민주시민으로서의 역량을 증진시켜 그들 자신이 속한 지역사회와 국가를 건강하게 유지해 나가는데 도움을 주는 내용들로 구성되었다. 또한 가족생활교육 내용을 배운 가족 구성원들은 미래에 발생할 여러 가지 문제에 대하여 능숙하게 대처할 수 있는 실용적 능력을 가진 인간으로 계발되어 지속적으로 사회에 기여하게 될 것이다.

2. 가족생활교육의 목적

급변하는 현대사회에서 가족은 형태와 구조가 다양해지고 가족 기능과 가족에 대한 가치관이 변하고 있다. 가족 기능의 변화, 가족에 대한 가치관의 변화와 물질주의, 개인주의 성향의 가족구성원들이 함께하는 가족생활 속에서 가족생활교육에 대한 사회적 관심과 필요성은 그 어느 때보다 더욱 증가하고 있다. 이에 따라 가족생활교육의 목적을 정립하고 나아가 그 방향을 명확히 정의할 필요성이 높아졌다.

미국가족생활교육위원회는 강한 가족을 형성하고 개인과 가족이 생애주기 전반에 걸쳐 가정에서 인간 성장, 발달과 행동에 관한 지식을 돕는 것, 그리고 현재와 미래의 가족 역할에 대한 개인의 잠재력을 발달시키는 것을 가족생활교육의 궁극적인 목적으로 보았다. 주된 학습 목표로 가족, 개인과 가족의 발달, 대처 과정 학습, 인지능력과 행동평가능력 발달시키기, 새로운 행동방식 추구하기를 제시하였다. 미국가족관계학회의 가족생활교육 목적은 건설적이고 성취적인 개인생활과 가족생활을 발달시키는 데 있어서, 개인을 돕고 대인관계를 향상시키며 발달을 최대한 촉진하도록 개인과 가족을 안내하고 삶의 질을 향상시키는 것으로 보았다(유민희, 전세경, 문영소, 2006).

종합해 보면, 가족생활의 궁극적인 목적은 "개인과 가족의 성장 및 발달을 통해 가족의 안녕을 강화하고 삶의 질을 풍부하게 하는 것, 가족의 다양한 문제를 예방하고 가족원의 잠재력을 개발하여 건강한 가족을 육성"하는 것이다. 이와 같은 목적을 달성하기 위해 가족생활교육은 개인과 가족 모두를 대상으로 인간의 성장 및 발달에 관한 지식, 행동, 정보 등이 가족의 생애주기에 따른 다양한 내용으로 구성되어야 할 것이다(박경아, 이경자, 김은아, 윤명자, 2019). 아울러 가족문제는 사회문제와도 연결되므로 가족생활교육은 건강한 가족생활이 되도록 돕는 것에서 더 나아가 사회문제를 감소시키는 역할도 담당해야 한다.

3. 가족생활교육의 필요성

1) 가족 가치 변화에 대응

가족 가치는 강한 전승의 성격을 갖고 있어 부모 세대의 가치가 자녀 세대로 이어지는 경향이 높다(은기수, 2006). 그러나 현대사회는 변화의 속도가 빨라 가족 가치에 대한 세대 간 차이가 발생하며, 특히 청년 세대를 중심으로 나타나는 자유주의, 개인주의, 성평등적 가치관이 가족의 모습을 바꾸어 놓고 있다.

최근 몇 년간 우리나라의 출산율은 빠르게 하락하고 있는데, 이는 기혼가구의 출산율 하락과 미혼 남녀의 결혼 지연 또는 결혼 기피에 기인한다. 저출산현상은 가족과 결혼에 대한 가치나 인식의 변화를 보여주는 지표 중 하나로 자녀 양육에 대한 부담, 선택으로서의 결혼, 개인의 자유 중시 가치, 물질주의 가치, 성역할 가치 등이 반영된 결과이다. 이러한 가치의 변화는 혼인을 기반으로 한 가족 형성과 가족확대현상의 감소로 이어진다. 여성의 교육 수준 향상과 사회경제적 지위 향상으로 노동시장의 성역할 가치는 과거보다 평등해졌으나 가정 내에서는 여전히 자녀 양육과 가사에 전통적인 성역할 가치가 남아 있다.

이와 같은 가족 가치의 변화로 비혼의 증가, 다양한 가족 형태의 증가 및 기존의 정형화된 가족생애주기와는 다른 방식으로 가족생애가 전개되고 있다. 따라서 이러한 가족 가치의 변화에 맞게 기존의 가족문제와 해결 방안, 정책을 평가하고, 오늘날의 가족들이 공감할 수 있는 가족정책의 방향성 외에도 결혼관이나 가족의례문화의 변화를 적극적으로 수용한 가족생활교육의 방향이 제시될 필요가 있다.

2) 가족의 기능 보완

가족의 기능이란 가족이 수행하는 역할과 행위를 의미한다. 구체적으로 의식주의 충족을 위한 생계 유지 기능, 자녀의 양육과 사회화 기능, 환자와 고령자를 돌보는 부양 기능, 정서적 지지를 제공하는 정서적 기능 등이 해당된다. 과거 전통사회에서는 이러한 기능들이 가족 내에서 거의 이루어졌지만 최근에는 가족 구조의 변화로 인해 이러한 가족의 기능을 한 가족이 모두 감당하기는 어려운 시대가 되었다. 특히 이혼율의 증가, 재혼가족, 1인 가구, 한부모가족, 재혼가족, 조손가족, 다문화가족, 분거가족 등 다양한 가족 형태가 급증하고 있다. 이러한 가족의 구조적 다양성으로 인해 가족의 기능에 있어서도 가족구성원들의 다양한 욕구와 관련한 변화가 요구된다. 따라서 가족생활교육은 가족의 구조나 형태에 관계없이 가족이 잘 기능할 수 있도록 기능적 접근이 필요하다. 기능면에서 취약한 상태인 가족을 파악하고 그러한 기능을 보완해 줄 수 있는 지역사회 자원이 무엇인지, 이러한 자원에 접근할 수 있는 방법에 대한 교육이 필요하다. 예를 들어, 1인 가구의 경우에는 가족과 떨어져 있기 때문에 고립과 고독에 대처하기 위한 정서적 기능이 필요하며, 스스로 돌봄 공백이 발생할 때는 돌봄 역량을 강화하거나 지역사회 관계망 서비스를 통해 부양기능을 제공받을 수 있도록 교육할 필요가 있다.

3) 가족 역할 강화

가족의 역할은 의무적인 것에서 자발적인 것으로 변하고 있다. 기대되는 역할 내용도 부, 모, 자녀 등과 같은 전통적인 역할에 의해 규정되기보다는 개별 가족의 상황에 따라 특수하게 변하고 있다(변화순, 2010).

우리나라의 중년 남성들은 내면화된 가부장적 남성상과 양성평등의 사회적 가치 간의 충돌로 인해 정체성 혼란뿐 아니라 가족, 친구, 직장동료 등과의 관계나 역할에 있어서 새로운 갈등을 경험하고 있다(최태산, 박혜경, 2011). 남성이 일을 열심히 하면 할수록 가족구성원과 친밀하게 교류할 시간과 기회가 줄어들어 소외당하고, 일자리에서 벗어난 다음에는 더욱더 소외당한다. 남성의 직업 역할이 상실되거나 약화될 때, 또는 부부관계에서 어려움을 경험하여 부부 역할에 효능감을 갖지 못할 때는 이러한 역할을 보완할 요인으로 아버지 역할을 통해 자신의 정체성을 확립하거나 심리적 위기를 극복할 수 있음을 지적한다(서미경, 최은실, 2020). 즉, 개인이 가진 여러 가지 역할 중 하나의 역할이 상실되거나 약화되어도 다른 역할을 강화함으로써 개인의 정체감을 유지할 수 있다는 것이다. 따라서 개인의 다양한 역할들 중 개별 가족의 상황에 맞는 욕구를 토대로 연인 역할, 남편 역할, 아버지 역할에 대한 지식과 역할행동을 습득할 수 있는 가족생활교육이 필요하다.

여성은 본능에 기초한 여성 고유의 능력이라고 단정하는 모성 이데올로기에 의해 여성의 운명이라고 인식하게 만들었다. 모성 이데올로기는 정신적으로나 육체적으로 매우 힘든 모성의 역할을 성공적으로 수행함으로써 사회에서 인정하는 미덕을 실천한다는 자부심과 자기성취감을 갖도록 강요하고 있다(허혜경, 박인숙, 2010).

그러나 현대사회의 여성은 양성평등을 지향하면서 가족이나 사회에서 어머니 역할, 아내 역할, 직업 역할을 모두 잘 수행하고 싶어한다. 가족의 많은 기능이 사회화되면서 가족이 사회화된 기능과 서비스를 향유하고 여러 가지 역할을 잘 수행하기 위해 임금소득에 더욱 의존하게 되었고 상대적으로 가사노동의 중요성은 감소되었다. 특히 임신과 출산, 자녀 양육으로 이어지는 여성의 생애 경로는 시장에서 여성의 역할을 감소시키고 여성을 경제적 약자로 전락시키며, 여성에게 보이지 않는 고통스러운 역할을 강요하였다. 그중 어머니 역할은 자녀의 조기교육부터 대학입시, 자녀의 결혼 후 손자녀 양육 지원까지 점점 더 그 역할이 강화되었다.

이러한 상황에서 최근에는 다양한 형태와 구조의 가족이 등장하면서 이제는 어머니 역할이나 아버지 역할을 어머니나 아버지가 직접 수행하기가 어렵고 가족구성원 누구라도 필요에 따라 다양한 역할을 수행해야만 하는 상황이다. 즉, 개별 가족에게 필요한 역할이 있을 뿐이며, 그 역할을 반드시 특정 가족원이 수행해야 할 필요가 없다. 아버지 역할이 필요한 대상이 있으면 그러한 역할을 필요로 하는 가족구성원이 그 역할을 담당할 수 있게 지식과 역량을 강화하는 방향으로 가족생활교육을 제공하여 가족건강성을 유지할 수 있다.

4) 새로운 가족규범과 문화 형성

역동적으로 변화하는 현대사회에서는 다양한 세대가 공존하고, 세대마다 다양한 가치관과 생활양식의 차이가 있으며, 이러한 세대 간 차이로 인한 독특한 가족문화가 형성되고, 독립성과 자율성을 허용하는 방향으로 가족규범도 변화하고 있다.

여성에게 과거의 가정은 타 가족원을 위한 안식처를 제공하기 위한 또 하나의 일터였지만 이제는 여성에게만 보살핌과 희생을 기대하기는 어려워졌다. 남성들도 일, 남편 역할, 아버지 역할의 조화를 위해 새로운 가족규범에 적응해야 하고 더 이상 가정 밖에 머물러 있을 수 없게 되었다.

20~30대를 주축으로 하는 청년 세대는 가족문화에 대해 자유주의적이고 성평등적인 가치를 지니고 있으며, 가족돌봄, 가족의례, 가족자원관리에 있어서도 이전 세대와 다르다. 돌봄에는 성별, 나이, 가족과 국가가 구분되지 않고 함께 돌봄을 주고받아야 한다는 인식이 확대되었다. 청년들의 자발적 비혼률은 높아졌고 결혼에 대한 긍정적 인식은 감소하였으며, 가사 및 신혼집 마련에 대해 평등분담, 일우선주의는 감소하고, 가족우선주의는 증가하였다(오영은, 추주희, 2020). 제사와 관련한 가족의례 및 가부장적 가족 호칭과 같은 부계 중심의 생활문화는 젊은 세대로 올수록 점차 약화되는 경향이다. 혼례, 출산, 상례, 제례 등의 의례문화는 이미 사회화가 정착되어 가정에서 이루어지던 의례는 사회서비스로 의례 장소가 바뀌었다. 또한 전통적인 의례가 사라지기도 하고 없던 의례가 생겨나기도 한다. 이와 같이 가족은 바람직한 생활양식을 추구하는 과정에서 새로운 가족규범과 문화를 선택하는데, 올바른 가족규범과 문화를 형성할 수 있게 돕는 가족생활교육이 필요하다.

생각해 봅시다

가족 간 호칭 지금 이대로 맞는가?

전통사회에서는 가부장적 가치관으로 여성은 결혼하면 출가외인이라는 의식이 강했기 때문에 가족 간 호칭 대부분이 남성 중심적이었다. 남편의 누나는 '형님', 형은 '아주버님', 여동생은 '아가씨', 남동생은 미혼이면 '도련님', 기혼이면 '서방님'이라 부르고 여기에는 존칭의 의미가 담겨 있다. 처가쪽을 살펴보면 아내의 남동생은 '처남', 남동생의 아내는 '아주머니', 여동생은 '처제', 언니는 '처형'이라고 하여 '님'자가 빠져 있다. 또한 남편의 집은 '시댁', 아내의 집은 '처가'라고 한다. 이와 같이 우리나라의 가족 간 호칭은 윗세대로부터 전수되어 그대로 사용되어 왔으나 최근에는 이러한 가부장적이고 성차별적 호칭이 불편하다는 지적이 제기되어 왔다.

그렇다 보니 여성가족부는 남편이나 아내 양가의 호칭체계를 개선하는 방안으로 부모는 양가 구분 없이 '아버님, 어머님'으로 통일하고 시댁과 처가는 '시댁, 처가댁'으로 바꾸는 것을 제안했다. 결혼한 여성이 아랫사람이 아닌데도 시댁이라는 이유로 무조건 존칭을 써야 하고 며느리를 아랫사람의 위치에 머무르게 강요하는 가족호칭은 분명 바뀌어야 한다.

드라마로도 제작된 웹툰 '며느라기'에 나오는 큰며느리는 시동생과 시누이를 부를 때 'OO씨'라고 이름을 부르는 장면이 나오는데, 기존의 어른세대는 받아들이기가 어려운 것도 사실이다. 따라서 오랫동안 내려온 관행이 바뀌는 데는 시간이 걸릴 것이며, 양가를 존중하며 가족 모두가 동의하는 가족호칭을 찾는 것이 필요하다.

5) 가족의 위기와 스트레스에 대처

사회가 급격히 변하고 경쟁이 심화되면서 가족에게도 스트레스로 작용하게 된다. 가족은 여러 가지 생활사건과 가족의 변화를 겪으며 다양한 가족문제와 위기에 직면하게 된다. 한 가족원이 경험하는 생활사건이나 변화는 상호의존적인 가족체계의 특성상 전체 가족에게 변화를 가져오고 가족 스트레스로 작용하게 된다. 가족이 경험하는 생활사건에는 질병, 학업 실패, 가족원의 죽음, 실직, 사고, 불임, 상해, 별거, 이혼 등과 같은 예측 불가능한 사건과 은퇴, 자녀출산, 자녀의 입학, 군 입대, 자녀의 결혼 등 예측 가능한 사건이 포함된다. 이러한 생활 사건들은 스트레스를 유발하며 적응을 요구하는데, 가족의 위기와 스트레스에 대처하기 위해서는 스트레스를 유발하는 상황을 변화시키거나 환경을 개선시켜 적극적으로 해결하려는 창조적인 노력이 필요하다. 가족이 처한 위기와 스트레스에 따른 다양한 방향의 해결점을 제시하는 가족생활교육이 이루어진다면 가족의 스트레스 극복과 적응에 긍정적 영향을 줄 것이다.

6) 가족의 삶의 질 향상

사회의 발전과 더불어 전반적인 경제 수준의 향상에 따른 개별 가족의 경제생활 수준의 향상은 삶의 질에 대한 관심을 불러일으키고 가족이 지향하는 행복한 가족의 모습에 대한 생각을 변화시켰다. 삶의 질은 일종의 심리적 상태이자 신체, 정신, 경제, 관계, 사회활동 등 전반적인 삶에 대한 주관적 판단과 관련된 개념이며, 가족의 삶의 질은 가족이 처한 환경 안에서 가족이 얼마나 잘 기능하고 있는가, 설정한 삶의 목표 및 가치를 얼마나 잘 실현하고 있는가에 대한 평가라고 할 수 있다(윤민주, 전하람, 2023). 또한 자신이 살아가는 문화권과 가치 기준에서 자신이 세운 목표, 기대, 규범 등과 관련한 주관적 지각이라고 할 수 있다(박세호, 2021). 현대사회에서는 소득이 늘고 사회가 다양화되면서 가족은 안정된 생활의 안식처 그 이상으로 삶의 질을 높이고자 하는 욕구가 있다.

MZ 세대의 등장과 베이비부머 세대, 노인집단이 함께 살아가는 현시대의 가치 기준에서 가족은 단순히 가족의 안정된 삶이 목표가 아니라 보다 질적인 삶을 원하게 되었다. M 세대(1980~1994년 출생자인 밀레니얼 세대)와 Z 세대(1995~2005년 출생자)를 아우르는 MZ 세대의 인구는 2022년 기준으로 총인구의 32.5%를 차지한다(박시내, 박혜균, 2022). MZ 세대는 사회관계망이나 디지털 기기를 적극적으로 활용하는 온라인 경험 가치를 추구하고, 워라

밸(work-life balance) 가치관이나 자기만족을 지향하는 인식이 뚜렷하다(최형준, 2022). 그리고 베이비부머라고 불리는 50~60대는 학력과 소득 수준에 따라 사회경제적 배경이 달라지는 경험을 한 세대로, 배움에 대한 열망이 크고 도전정신이 강하고 성취 지향적인 성향을 보이며 자신에 대한 투자를 아끼지 않는다는 특징을 보인다(방태완, 2012). 이들은 다양한 소셜미디어를 활용하고 젊은 세대와 유사하게 애플리케이션에 대한 관심과 활용도가 높아 온라인 커뮤니티를 통한 정보 공유가 활성화되어 있어 가족의 소비 패턴과 라이프 스타일을 바꾸어 놓았다. 뿐만 아니라 온라인 프로그램 활용의 증가로 재택근무, 일 · 가정 양립을 위한 유연근무, 온라인 쇼핑, 온라인 커뮤니티를 통한 정보 공유 등으로 가족생활의 변화가 두드러지고 있다(장여옥, 조승희, 2022). 이처럼 변화하는 가족의 욕구에 맞는 콘텐츠의 개발이 필요하며, 일 · 가정 · 개인의 균형을 고려한 가족생활교육 프로그램을 실시한다면 가족의 삶의 질을 향상시키는 데 도움이 될 것이다.

7) 가족관련 정보의 올바른 선택

정보 기술의 빠른 발전은 생활의 편리함과 다양한 혜택을 가능하게 해주었다. 트위터, 페이스북, 인스타그램, 카카오톡 등으로 대표되는 소셜 네트워크 서비스의 등장은 사람들에게 자유롭고 적극적인 사이버 공간의 참여 기회를 제공하였다. 사람들이 사이버 공간에 참여하고, 새로운 정보기술을 쉽게 사용할 수 있게 되면서 네트워크 의존도가 높아지고 스마트폰을 이용하여 다양한 정보에 쉽게 접근할 수 있게 되었다.

소셜미디어 사용 인구가 급증하면서, 기업, 교육기관, 정부 및 공공기관 등 다양한 영역에서 기관이 수행하는 기능이나 사업의 홍보 등의 목적으로 소셜미디어를 사용하고 있다. 유튜브는 전 세계 최대 동영상 공유 사이트로, 2022년 기준 소셜미디어 서비스 중 이용자들이 가장 많이 가입한 서비스인 동시에 가장 많이 이용하는 플랫폼이다(디엠씨미디어, 2022). 유튜브는 동영상이라는 정보매체를 활용하여 비전문가인 개인이 기술의 장벽 없이 동영상을 제작하고, 공유할 수 있다는 점에서 소셜미디어 이용자에게 큰 인기를 얻고 있다(김기욱, 강한나, 2022). 그렇다 보니 가족과 관련된 다양한 정보 역시 무분별하게 넘쳐나고 있으며, 인터넷 중독, 가짜뉴스 양산, 개인정보 유출, 허위 · 과대광고 피해, 보이스 피싱을 비롯한 사이버 범죄 등에 대한 신중한 대응이 요구된다. 따라서 정보화 사회가 고도화될수록 개인과 가족은 양질의 정보를 선택하는 의도적인 노력이 필요하고 정보 취약계층의 요구와 특성에 맞는 가족생활교육이 필요하다.

4. 가족생활교육의 기본 가정

가족생활교육의 가장 중요한 첫 번째 가정은 어떤 가족 형태도 건강하게 기능할 수 있다는 것이다. 과거에는 정상가족 대 비정상가족, 결핍가족 대 온전한 가족으로 나누어 가족의 구조나 형태에 따라 특정 가족은 건강하게 기능할 수 없다고 여겼으며, 부모와 자녀로 구성된 가족을 가장 이상적인 가족이라고 여겼다. 그러나 현대사회에는 다양한 가족 구조가 생겨났고 오히려 가장 이상적이라고 생각되었던 부모와 자녀로 구성된 가족 형태는 점차 줄어들고 있는 추세이다. 사람들의 삶의 방식이 다양해진 것과 더불어 가족의 모습 역시 다양해지고 있다. 가족의 형태나 구조에 관계없이 어떤 가족구성원이든 가족에게 필요한 기능을 잘 수행하고 살아간다면 그 가족도 건강하게 기능한다고 볼 수 있다. 가족의 형태가 가족을 잘 기능하게 하는 것이 아니며, 가족구성원이 각자 주어진 환경 속에서 최대로 만족스럽게 기능하도록 지지하고 지원해 준다면 어떤 가족도 건강하게 잘 기능할 수 있다.

두 번째 가정은 가족 다양성의 포용은 인간 개인에 대한 존중에서 시작된다는 것이다. 부모와 자녀로 이루어진 전통적인 가족 형태를 포함하여 다양한 가족 형태를 포용하는 것은 개인의 행복할 권리를 인정하는 데서 출발한다(신혜영, 2023). 공동체가족, 한부모가족, 무자녀가족, 조손가족, 미혼동거가족, 청소년부모가족, 미혼부모가족, 동성가족 등 그 가족구성원 개개인에 대한 존중은 곧 다양한 가족 형태를 포용하는 것이 된다. 현대사회는 이성애규범적인 가족 중심 모델에서 벗어나 다양한 관계성이 평등하게 공존하는 사회로 빠르게 전환되고 있다. 다양한 가족 형태를 포용한다는 것은 급속한 사회변화에 따른 다양한 가족 형태 속에서 그 가족구성원의 개인적 안녕과 발달을 해치는 상황의 개선을 포함하여 개개인에 대한 인간적인 존중을 의미한다. 내가 나로 살 수 있고, 내가 맺고 있는 관계가 사회적인 편견으로부터 자유로울 때 서로에게 의지할 수 있고 나와 이웃이 고립되지 않고 연결되어 모든 인간관계가 더 나은 관계로 발전할 수 있다.

세 번째 가정은 성공적인 개인생활과 가족생활을 위한 관계 형성에 대한 방법을 배울 수 있다는 것이다. 가족과 가족구성원이 성공적인 관계를 형성하기 위한 방법으로 미국가족관계학회에서 평생발달적 접근으로 가족생활교육 내용을 10가지 영역으로 제시하고 있다. 가족과 사회, 가족의 상호 역동성, 인간의 성장과 발달, 인간의 성, 대인관계, 가족 자원 관리, 부모교육과 지도, 가족법과 공공정책, 윤리, 가족생활교육 방법론이 이에 해당되며, 각각의 내용 영역에서 학습할 지식, 태도, 기술 등을 구체적으로 제시하여 평생발달적 단계에 따라 방법을 제공하고 있다(박주희, 2006). 이러한 교육 내용을 통해 가족구성원은 사회의 변화에 따른 문화적 다양성과 구성원의 이질성에 따른 특수한 요구를 포함하여 인간으로서 성공적인 관계를 형성하는 방법을 습득할 수 있다.

결론적으로 가족생활교육은 사람들에게 문제가 발생하기 전에 미리 준비하도록 돕고, 인간관계와 가족관계의 중요성을 인식하게 하며, 삶에서 직면하게 될 다양한 문제에 대한 인식과 해결책에 대한 지식 습득을 통해 효과적으로 어려움을 극복하도록 돕는 예방적 교육이다. 이를 통해 개인과 가족의 성장잠재력을 높이고 가족 중심적인 교육 기회를 통해 사회문제를 감소시키게 된다(정현숙, 2007).

5. 가족 기능 강화를 위한 가족생활교육의 방향

가족생활교육의 내용은 주요 관심 영역에 따라 주제와 생애주기 중심으로 접근하는 방법이 일반적이었다. 즉 결혼준비교육, 부부교육, 부모교육, 성교육, 가족재무설계교육, 직업준비교육, 노후준비교육 등이 이에 해당하며 지금도 다양한 현장에서 많이 이루어지고 있다.

주제 중심적 가족생활교육은 시대의 변화에 부응하면서 변천, 발전되어 왔음에도 불구하고 현대의 다양한 가족의 욕구를 수용하기에는 아쉬운 점이 있다. 생애주기별 가족생활교육은 인구구조의 변화, 생활양식의 변동성 증가로 특정 생애주기가 반복되기도 하고, 어떤 주기는 공백이 발생하고 장기화되기도 하여 기존의 가족생활주기를 적용하는 것이 어려워졌다.

이처럼 가족구성과 가족생활주기의 변화로 인해 가족은 다양한 영역에서 가족 기능이 취약해질 수 있다. 가정 내 인적 자원을 활용했던 출산, 육아, 노인부양, 가사노동, 생활문화 전달 기능은 약화되었고, 정보화로 인해 가사노동의 사회화 경향이 더욱 강해졌다. 가정 내 교육문화활동 기능도 강화되어 가정에서 영화 관람, 디지털 플랫폼을 활용한 교육, 원격교육 등이 가능해졌다. 1인 가구의 급격한 증가는 가족생애주기별 접근이 어려움을 보여준다. 1인 가구는 환경의 변화에 따라 어느 생애주기에서나 등장할 수 있으며, 가족단위에서는 아무 문제가 없었던 가족 기능에 공백이 발생하여 어려움을 경험하게 된다.

오늘날의 가족구성원은 가족의 가치보다 개인의 가치를 우선시하며, 가족형성에서부터 자유주의를 지향하고 있다. 성별, 나이와 관계없이 자신이 원하는 대상과 자유롭게 유대할 권리를 주장하며, 가족의 구성도 생활공동체의 관점에서 자유롭게 형성되고 해체되는 현시대에는 대상과 주제와 생애주기에 따른 가족생활교육이 아닌 가족으로서 잘 기능할 수 있는 방향인 가족 기능 강화를 위한 가족생활교육이 필요한 시점이다.

가족 기능 강화를 위한 가족생활교육이란 가족의 형태나 구조에 관계없이 가족이 스트레스와 위기 혹은 다양한 문제에 있을 때, 그리고 가족들이 필요로 하는 기능에 대한 요구가 있을 때, 가족의 문제를 예방하고자 할 때, 이들 가족에게 필요한 기능을 지원하고 교육하여 가족이 건강하게 잘 기능할 수 있도록 하는 가족생활교육이다.

가족에게 필요한 기능을 충족시키기 위해서는 반드시 가족단위가 아니어도 참여가 가능한 프로그램들을 개발하고, 가족은 아니지만 가족의 기능을 담당할 수 있는 사회적 관계망을 연결해 주는 서비스도 함께 요구된다.

CHAPTER 02

가족생활교육의 발달

CONTENTS

가족생활교육은 언제부터 시작되었고, 그 과정에서 어떤 변화를 겪어왔을까? 이 장에서는 가족생활교육의 발달과 역사, 가족센터의 발달과 역사, 그리고 가족생활교육사와 건강가정사에 대해 자세히 다루고자 한다. 이 장을 통해 가족생활교육의 역사와 발전을 체계적으로 이해함으로써, 현재의 가족생활교육이 어떤 기초 위에 세워졌는지를 알고자 한다. 가정의 건강성과 관계 증진을 위한 교육적 접근이 어떻게 형성되었는지를 탐구하며, 가족센터의 역할과 그 발달과정을 통해 현대사회가 가족의 필요에 어떻게 반응하고 있는지를 살펴보겠다. 가족생활교육의 발전과정을 반영하여, 오늘날 우리가 필요로 하는 다양한 프로그램과 서비스가 어떻게 탄생하게 되었는지를 발견하고자 한다.

1. 가족생활교육의 발달과 역사

인류는 가족공동체를 형성하면서 자신들의 고유한 가족 가치와 행동양식, 규범, 도덕, 윤리 및 문화를 가족공동체를 통해 세대 전수하였다. 가족은 윗세대로부터 바람직한 생활양식과 문화, 가치관을 전수받아 가족구성원의 사회화를 도왔으며, 시대적 변화에 맞춰 가족 기능을 잘 수행할 수 있도록 이끌었다. 가족생활교육은 이러한 비형식적 형태의 가정교육에서부터 출발했다고 볼 수 있다.

가족생활교육의 발상지는 미국이다. 시민을 대상으로 교화 차원의 교육이 먼저 이루어졌고, 대학에서 가정학이라는 과목을 교육과정으로 도입하면서 가족생활과 관련된 교육이 공식적으로 시작되었다. 초기 교육은 부모교육에 중점을 두었고 정규교육으로 확대되면서 가족구성원의 개인적 역량 강화에 초점을 두게 되었다(정현숙, 2007).

우리나라의 가족생활교육은 평생교육 차원에서 다양한 사회단체에서 이루어졌다. 1970년대는 신부교육의 일환으로 이루어졌고 1980년대에는 사목을 목적으로 교회로 확대되었으며, 1990년대 이후에는 전문적인 가족생활교육이 사회복지기관, 평생교육기관, 종교기관, 민간기관 등 다양한 방면으로 확대 실시되었다. 2000년대에는 「건강가정기본법」이 만들어지면서 건강가정지원센터, 다문화가족지원센터, 가족센터를 중심으로 가족생활교육이 실시되고 있다.

대구대교구에서는 1964년 혼전교육 ‘가나강좌’를 시작으로 1967년 6월 25일 가톨릭액션단체협의회가 결성되면서 첫 사업으로 혼인강좌를 개설하였는데, 이 강좌는 지금까지도 이어져 오고 있다. 1970년대에 이르러 ME 가족주말경험(Marriage Encounter family weekend experience)이 1976년 2월에 영어로 처음 시작되었다. 1977년 3월에 한국인을 대상으로 하는 프로그램이 실시되어 2020년 기준 4,772회의 프로그램이 진행되며 지금에 이르고 있다(ME한국협의회 홈페이지). 그 밖에도 계명대학교 사회교육원의 ‘신부대학’ 강좌, 포항 여성회관의 ‘신부대학’ 강좌, 경상남도 여성회관의 ‘숙녀대학’ 강좌 등이 개설되었다. 이 시기에는 미혼여성과 예비신부를 대상으로 요리, 예절, 살림살이와 부덕 등의 일반 교양교육과 가정관리, 결혼관 등에 대한 내용이 주로 다루어졌다(박미경, 김득성, 1997).

1980년대에 들어 YMCA의 결혼강좌, 새 세대 육영회의 ‘예비부모교육’, 한국가정법률상담소 교육원의 ‘혼인준비교실’, 서강대 철학과의 ‘결혼준비 특강’, 두란노 서원의 ‘결혼예비학교’, 순복음교회의 ‘결혼예비교실’ 강좌가 시작되었다(박미경, 김득성, 1997). 1982년 12월에 제정된 「사회교육법」 제2조에서는 가족생활교육은 "다른 법률에 의한 학교교육을 제외하고 국민의 평생교육을 위한 모든 형태의 조직적인 교육활동을 말한다."라고 정의하였다. 이어서 1983년 9월 공포된 대통령령 동법 시행령에서 사회교육의 10개 영역 중 4번째로 가족생활교육 영역이 명시됨으로써 법적 기반이 마련되었다(박경아, 이경자, 김은아, 윤명자, 2019).

1990년대는 국내 가족학자들을 중심으로 전문적인 가족생활교육이 이루어지던 시기이다. 서울대학교를 필두로 대학에서 가족생활교육 전공 교과목이 개설되기 시작하였고, 한국가족관계학회에서 가족생활교육사 자격규정을 제정한 것도 1996년도이다. 1997년에는 제7차 교육과정에 따라 가정 교과목이 기술가정 교과목으로 확대되면서 남학생도 가족에 대한 내용을 배우게 되었다. 2004년 「건강가정기본법」이 제정되면서 민간영역에서 개발, 실시하던 한국의 가족생활교육 프로그램이 건강가정지원센터, 다문화가족지원센터 등의 설립에 따라 공공영역에서 체계적으로 실시하게 되었다. 이 밖에도 교회단체를 중심으로 실시하는 프로그램은 더욱 증가했으며, 가족생활교육 프로그램의 대상과 내용도 다양해졌다.

2. 가족센터의 발달과 역사

1) 가족센터 연혁 및 설치 현황

2004년 「건강가정기본법」이 제정되면서 건강가정지원센터는 시범운영을 거쳐 2005년 전국 15개 시 · 군 · 구에 설치되어 본격적으로 운영되었다. 2006

년 결혼이민자가족지원센터에서 시작된 다문화가족지원센터는 2008년「다문화가족지원법」이 제정되면서 전국적으로 확대, 설치되어 운영되었다.

가족 유형에 상관없이 한 곳에서 다양한 가족을 대상으로 보편적이고 포괄적인 서비스 제공이 이루어지도록 2016년부터 건강가정지원센터와 다문화가족지원센터는 건강가정 · 다문화가족지원센터로 통합 운영되어 전국의 통합서비스기관은 총 78개소였다. 그러나 '정상가족' 혹은 '다문화가족'만 이용하는 곳으로 오해의 여지가 많아 서비스 이용 활성화를 촉진하기 위해 2021년부터 '가족센터'로 명칭을 변경하였다. 전국의 모든 건강가정지원센터와 다문화가족지원센터가 통합운영되는 것은 아니며, 시 · 도센터이거나 위탁운영기관이 달라 통합운영이 어려운 경우 별도로 운영되는 곳도 있다. 2024년 현재 가족센터 212개소, 건강가정지원센터 13개소, 다문화가족지원센터 19개소가 운영되고 있다(한국건강가정진흥원 홈페이지).

2019년에는 생활 SOC(Social Overhead Capital, 사회간접자본) 복합화 사업에 가족센터와 공동육아나눔터가 대상 시설로 포함되어 2022년 기준 전국 103개 지역의 가족센터SOC가 건립되었다(가족센터SOC 홈페이지). 생활 SOC는 '보육, 의료, 복지, 교통, 문화, 체육시설, 공원 등 일상생활에서 국민의 편익을 증진시키는 모든 시설'을 의미하는 생활밀착형 사회 기반 시설을 의미한다(한국건강가정진흥원, 2022). 생활 SOC 가족센터는 가족이 직면하는 돌봄, 소통 등 생애주기별 어려움을 해결하고 가족구성원의 욕구를 통합적으로 지원하는 서비스 공간이자, 부모, 노인, 자녀 등 온가족이 함께 참여하여 이용할 수 있는 공간을 지향하고 있다. 그리고 지방자치단체 특성과 여건을 고려해 가족상담, 교육, 돌봄을 기본으로 한 "기본형"과 이웃, 세대 간 소통하고 교류할 수 있는 다목적 소통공간을 추가한 "확장형"으로 조성된다(여성가족부 보도자료, 2019.6.14).

〈표 2-1〉 가족센터, 건강가정지원센터, 다문화가족지원센터 연혁

구분	연혁
2004	• 건강가정기본법 제정 • 건강가정지원센터 시범사업 실시
2005	• 건강가정지원센터 본격 실시 • 시 · 군 · 구센터 15개소 신규 설치
2006	• 결혼이민자가족지원센터 지정 · 운영
2008	• 다문화가족지원법 제정 및 '다문화가족지원센터'로 명칭 변경
2013	• 건강가정지원센터 151개소 • 다문화가족지원센터 211개소
2014	• 통합서비스 시범 운영
2015	• 통합서비스 시범 운영 22개소
2016	• 통합서비스 운영기관 78개소
2019	• 생활 SOC(social overhead capital, 사회간접자본) 복합화 사업에 가족센터 포함
2021	• 통합서비스 운영기관의 명칭을 '가족센터'로 변경
2024	• 가족센터 212개소 • 건강가정지원센터 13개소 • 다문화가족지원센터 19개소

출처: 한국여성정책연구원 (2023). '가족변화 관점에서 가족센터사업 현황 분석 및 개편방안연구' 참고하여 재구성, 가족센터SOC 홈페이지, 한국건강가정진흥원 홈페이지 제공

2) 가족센터의 사업 현황

건강가정지원센터와 다문화가족지원센터의 통합 이후 가족센터는 지원 대상 및 서비스, 시간을 확대하는 방향으로 사업을 수행하고 있다. 구체적으로 보면 일반가족, 다문화가족 중심에서 취약위기가족, 한부모가족, 맞벌이가정, 1인 가구 등으로 지원 대상을 확대하고 있으며 수요자의 특성 및 수요에 적합한 프로그램 제공, 서비스 제공방법의 다양화, 지역사회 다양한 유관기관과의 연계 및 협력을 통해 지원 서비스를 확대하고 있다. 또한 서비스 이용

제고를 위해 주중, 야간, 주말 등 서비스 제공 시간을 다양화하고 있다.

가족센터의 사업은 크게 기본 사업과 별도의 예산에 의해 추진되는 사업으로 나누어진다. 기본 사업은 가족관계, 가족돌봄, 가족생활, 가족과 함께하는 지역공동체의 네 영역으로 구분되며 교육, 상담, 정보 제공, 사례관리, 문화 프로그램, 돌보미 파견, 자조모임 등의 방법을 이용하여 지역 여건이나 특성, 수요에 맞게 운영할 수 있다.

〈표 2-2〉 사업 영역별 주목적과 내용

사업 영역	사업 목적 및 내용
가족관계 영역	부모 역할 및 가족관계 개선, 가족의사소통 향상, 가족 형태 · 생애주기 · 문제 유형별 가족갈등과 문제 해결, 성평등 · 인권의식 고취
가족돌봄 영역	가족구성원의 일시적 장기적 부재, 상황적 위기 등으로 가족 기능이 약화된 가족에 대한 돌봄서비스 지원, 가족 유형 특성에 따른 맞춤형 가족 기능 강화 서비스 운영
가족생활 영역	가족 특성에 따른 고충 상담, 생활정보 제공, 초기 정착 지원 등 맞춤형 가족생활 프로그램 운영
가족과 함께하는 지역공동체 영역	양성평등한 가족문화, 지역사회 공동체 문화 및 가족친화 사회환경 조성, 다문화 인식 개선 등 가족과 지역사회 연계 프로그램 운영

출처: 여성가족부 (2023). 가족사업안내(I).

가족센터는 가족 유형별 맞춤형 서비스에 중점을 두고 프로그램을 진행해 왔다. 그러나 가족구성에 관계없이 가족이나 개인이 생애 기간에 직면하는 과제, 경험하는 이슈 등을 중심으로 하는 사업 내용 구성도 필요하다. 또한 4차 건강가정기본계획(2021-2025)은 '가족 다양성 인정'을 정책목표로 선정하였다. 가족 다양성 인정이라는 정책 목표를 달성하기 위해서는 가족을 단위로 한 접근에서 한 걸음 더 나아가 가족구성원 개인의 권리를 보장하는 과제들이 필요하다. 가족을 단위로 한 접근에 익숙한 가족센터에서는 1인 가구를 위한 사업을 할 때도 원가족과의 관계를 중시하거나 앞으로 가족생활을 잘 영위할 수 있는 콘텐츠 구성에 관심을 두고 활동하고자 하는 1인 가구의 욕구가 충돌해 사업의 방향성을 고민하는 경우도 있다고 한다. 따라서 앞으로는 가족 중심으로 운영하던 가족센터 사업을 가족과 개인, 지역사회가 함께 참여하는 사업으로 확대해 나가는 전략이 필요할 것이다(한국여성정책연구원, 2023).

3) 가족센터SOC 사업현황

여성가족부와 한국건강가정진흥원은 가족센터SOC(social overhead capital, 사회간접자본) 복합화 시설을 준비하는 지방자체단체와 함께 가족의 삶을 증진하기 위해 가족센터SOC 건립을 지원하고 있다. 가족센터를 대상으로 건립비와 컨설팅을 지원하며, 가족센터가 보편적인 가족서비스를 제공하기 위해 욕구나 문제 해결 서비스뿐만 아니라 가족 누구나 편하게 참여하고 이용할 수 있는 소통과 교류의 공간을 제공하기 위해서이다. 영유아부터 노인까지 연령대별 맞춤형 서비스 제공, 한부모, 다문화, 1인 가구 등 다양한 가족 형태별, 가족친화서비스 제공, 함께 어울리며 서로 소통하여 이웃 간의 커뮤니티 및 인적 네트워크 구축, 가족과 이웃이 함께 즐기는 교육, 문화, 여가활동 등을 즐길 수 있는 공간으로 가족센터가 거듭날 수 있도록 지원하고 있다. 2024년 현재 전국 103개 지자체에서 건립을 추진하고 있으며, 기본형이 9개, 확장형이 94개로 건립 추진되고 있다(가족센터SOC 홈페이지).

3. 가족생활교육사와 건강가정사

가족생활교육의 전문인력으로는 가족생활교육사와 건강가정사를 들 수 있다. 우리나라에서는 1996년 처음으로 가족생활교육사 자격규정이 제정되었고 그 다음해부터 가족생활교육사가 배출되어 한국가족관계학회 주관으로 가족생활교육사 제도가 시행되고 있다. 2005년부터는 「건강가정기본법」을 근거로 가족서비스 전문인력으로 여성가족부가 주관하여 그 자격을 인정하는 건강가정사가 배출되고 있다. 이들이 현재 전국의 가족센터에서 가족생활교육을 포함한 폭넓은 건강가정사업을 담당하고 있으므로 건강가정사도 가족생활교육사라고 볼 수 있다.

가족생활교육사가 되기 위해서는 일정한 자격요건을 갖추어야 하는데, 우리나라의 경우 한국가족관계학회를 통해 그 자격을 인정받을 수 있으며, 자격규정의 모태는 미국가족관계학회의 규정에 준하며 민간자격증이다. 건강가정사 자격은 「건강가정기본법」에 자격에 대한 조건을 규정하고 있으며, 자격증의 형태로 발급되지는 않고 졸업과 과목 이수 확인을 통해 자격을 인정하고 있다.

1) 가족생활교육사의 자질

미국가족관계학회(NCFR)에서는 가족생활교육사가 되기 위해서는 가족생활교육의 10가지 내용 영역(1장 참고)에 대한 지식을 갖고 있어야 함을 명시하고 있으며, 가족생활교육사의 윤리강령(www.ncfr.org/cfle-certification/cflc-code-ethics)을 개인과 가족관계, 동료와 전문가와의 관계, 그리고 지역사회/사회와의 관계로 나누어 다음과 같이 제시하고 있다.

개인과 가족과의 관계에서 가족생활교육사의 윤리강령

1. 개인과 가족에게 미치는 영향력을 인식하여 이들에게 피해를 주거나 이들과의 관계가 착취적인 관계가 되지 않도록 노력해야 한다.
2. 개인과 가족이 가지고 있는 문화적 신념, 배경, 차이를 존중하고 현장에서는 다양성에 민감하게 행동해야 한다.
3. 개인과 가족의 사생활을 존중하고 이들에게 피해가 될 수 있는 상황을 제외하고는 어떤 상황에서도 비밀을 유지해야 한다.
4. 개인과 가족이 성장할 수 있도록 이들의 욕구와 권리에 따뜻하고 존중하는 마음으로 민감하게 접근해야 한다.
5. 개인과 가족을 복잡하고 상호작용하는 체계로 인식해야 한다.
6. 개인과 가족 및 지역사회를 맥락 속에서 이해하려고 노력해야 한다.
7. 강점에 근거한 관점으로 겸손한 자세로 현장에 임해야 한다.
8. 건강한 대인관계를 지원해야 한다.
9. 문제 해결과 의사결정을 할 때 개인, 가족 및 지역사회를 파트너로 참여시켜야 한다.
10. 개인, 가족 및 지역사회와 협력해야 한다.
11. 개인, 가족 및 지역사회와 업무를 수행할 때 존중하는 자세를 가지고 명확하게 의사소통해야 한다.
12. 가족생활교육프로그램을 실시할 때 개방적이고 신뢰할 수 있게 의사소통을 해야 한다.
13. 안전하고 성장을 지원하는 환경에서 서비스와 프로그램을 제공해야 한다.

14. 가족생활교육 프로그램과 서비스를 설계, 실행, 평가를 할 때 개인, 가족 및 지역사회와 협력해야 한다.

15. 개인, 가족 및 지역사회의 욕구를 충족하기 위해 자원 사용에 관한 의사결정을 할 때 이들을 지원해야 한다.

16. 개인, 가족 및 지역사회가 자시들의 가치를 성찰하며 자신들의 건강한 발달과 복지를 향상시킬 수 있도록 격려해야 한다.

17. 모든 개인과 가족이 질 높은 교육, 건강, 지역사회 자원에 접근할 권리를 지원해야 한다.

18. 개인과 가족을 착취하지 않도록 전문가가 지켜야 할 경계를 준수하고 이들과 다중관계가 되지 않도록 노력해야 한다.

19. 잠재적인 갈등을 공개적으로 인정해야 한다.

20. 모든 개인, 가족 및 지역사회가 가족생활교육에 접근 가능하고 참여할 수 있도록 장려해야 한다.

동료, 전문가와의 관계에서 가족생활교육사의 윤리강령

1. 다양성에 가치를 두고 노력하며 동료와 협력하여 일해야 한다.
2. 진실성을 가지고 윤리적으로 의사결정을 하도록 노력해야 한다.
3. 상호작용을 할 때 개인적 가치와 직업적 가치의 차이를 인식해야 한다.
4. 가족생활교육사로서 역할을 정의하고 우리의 역량 내에서 실천해야 한다.
5. 현재에 입각하여, 입증된 정보에 기초해서 서비스를 실천해야 한다.

6. 가족생활교육사로서 자신의 지식과 기술을 향상시키기 위해 지속적으로 전문성 개발에 전념해야 한다.
7. 가족생활교육 서비스를 제공하거나 연구를 수행할 때는 사전에 동의를 구해야 한다.
8. 어려운 상황을 해결하기 위해 정책과 지원 시스템을 사용해야 한다.
9. 정중하고 신중한 방식으로 학대행위에 대해서는 의무적으로 신고해야 한다.

지역사회/사회와의 관계에서 가족생활교육사의 윤리강령

1. 지역사회 자원에 대해 잘 알아야 하고, 이를 바탕으로 적절한 정보를 제공하거나 추천을 받아야 한다.
2. 가족생활교육 업무의 경계를 인식하고 개인과 가족의 이익을 위해 다른 지역의 사회자원을 언제 어떻게 활용하는지에 대해 알고 있어야 한다.
3. 개인과 가족의 욕구를 잘 충족시키기 위해 다른 프로그램이나 기관과 명확하게 의사소통하고 협력해야 한다.
4. 개인, 가족 및 지역사회에 권한을 주고 변화하는 지식기반을 반영하는 법률과 정책을 옹호해야 한다.
5. 가족생활교육사로서 실무와 관련된 법률 및 규정을 존중하고 따르며, 전문지식을 바탕으로 사법당국에 전문적 지원을 제공할 수 있어야 한다.

가족생활교육사는 이상의 윤리강령을 준수함과 동시에 교육자로서의 전문적 자질과 인간적 자질을 모두 갖추어야 한다. 가족생활교육사에게 요구되는 자질은 다음과 같다.

(1) 가족생활교육의 철학과 가치를 인식하고 통합적 시각을 가져야 한다.

가족생활교육사는 가족생활교육의 철학과 가치를 인식하고 통합적 안목을 갖고 역할을 수행해야 한다. 이렇게 함으로써 '왜?' 가족생활교육을 해야 하는가라는 질문에 답을 할 수 있고 가족생활교육사로서 하는 행동에 일관성과 방향성을 부여할 수 있기 때문이다.

가족생활교육사가 가족생활에 대한 철학과 가치를 갖추기 위해서는 바람직한 것과 그렇지 않은 것, 개인과 가족, 사회의 변화에 대해 관심을 기울여야 한다. 또한 자신의 신념이 타인 및 조직의 이념과 강령에 어떠한 영향을 주는지에 대해서도 인식하는 통합적 시각을 가져야 한다.

(2) 가족생활교육과 관련된 다양한 전문지식과 이론을 갖추어야 한다.

가족생활교육사는 가족생활교육에 필요한 여러 분야의 학문에 대한 지식과 이론을 갖추어야 한다. 가족생활교육에 사용되는 개념에는 아동학, 가족학, 경제학, 법학, 사회학, 사회복지학, 심리학, 인류학, 상담학 등 다양한 영역의 학문적 배경이 요구된다. 가족생활교육의 내용들은 이러한 지식들을 서로 접목하고 통합하여 구성되므로 이러한 각 부분을 연결할 수 있는 능력이 필요하다. 따라서 가족생활교육사 혹은 건강가정사가 되기 위해서 이수해야 할 과목들은 모두 가족생활교육에 필요한 전문지식과 이론을 갖추기 위한 것으로 구성되어 있다.

(3) 프로그램의 계획, 수행, 평가에 이르는 가족생활교육 방법의 전문가가 되어야 한다.

가족생활교육사는 프로그램을 설계하고 수행하고 평가하는 전문성이 필요하다. 이를 위해서는 프로그램 참여자의 욕구와 특성을 잘 이해하고, 교육의 목적, 목표를 정확히 인식하여 내용을 구성해야 한다. 또한 이러한 내용을 잘 전달하기 위해 다양한 교수 전략과 교육 매체를 알고 선택할 수 있어야 하며, 필요에 따라 적절한 전문가를 초빙하거나 직접 교육을 수행하는 교육의 주체자가 되어야 한다. 이 외에도 프로그램이 효과적으로 달성될 수 있도록 평가지표를 만들고 교육 내용을 평가할 수 있어야 한다.

(4) 자신의 역량을 알고 역할과 책임을 분명히 해야 한다.

가족생활교육사는 다양한 역할을 담당하고 있다. 가족생활과 관련된 교육활동의 지도자, 교사, 변화와 성장을 유도하는 촉진자, 가족들에게 필요한 지지망을 구축하는 지원자, 지역사회의 지도자, 봉사자, 가족을 보호하고 교육하는 옹호자이다(송정아, 전영자, 김득성, 2005). 그러므로 가족생활교육사는 이렇게 다양한 역할 가운데 자신의 역량 내에서 책임을 분명히 인식하고 이해하여 교육을 실천하여야 한다. 특히 다른 동료 및 전문가와 협력하여 수행할 때는 바람직한 의사소통 능력도 요구되며, 자신의 역할과 책임을 분명히 하여 교육이 원활히 진행되도록 해야 한다.

(5) 대인관계가 원만하고 건강한 인격의 소유자가 되어야 한다.

가족생활교육사는 긍정적인 인간관을 가지고 대인관계에서 원만하고 건강한 인격을 갖추어야 한다. 인간관계에서 진실하고 신뢰를 줄 수 있어야 하며, 친절하고 친밀한 교육적 관계를 형성하여 프로그램 참여자 및 다양한 협력자들과 원만하게 교류할 수 있어야 한다. 가족생활교육사의 철학과 가치는 프로그램과 참여자들에게 직간접적으로 영향을 미치므로 다양성을 존중하는 태도, 편견을 가지지 않는 자세, 변화에 대한 민감성을 겸비한 건강한 인격을 가져야 한다.

2) 가족생활교육사의 자격기준

가족생활교육사의 자격을 취득하기 위해서는 한국가족관계학회의 가족생활교육사 규정에 따라 자격을 취득할 수 있다. 가족생활교육사는 2급, 1급, 전문가로 나누어지며 각각의 역할은 다음과 같다. 2급 가족생활교육사는 가족생활 전반에 걸쳐 필요한 지식과 기술을 체계적으로 가르치는 일을 수행하며, 가족생활교육사의 교육 업무를 수행하는 역할을 수행한다. 1급 가족생활교육사는 가족생활교육 책임자로서의 역할을 수행하며, 2급 가족생활교육사의 훈련과 평가를 담당한다. 가족생활교육전문가는 가족생활교육 책임자로서의 역할을 수행하며, 가족생활교육프로그램의 개발을 위한 전반적인 업무를 담당하고 2급 또는 1급 가족생활교육사의 훈련과 평가를 할 수 있다.

가족생활교육사 자격을 취득하기 위해서는 필수과목을 이수하고 자격시험과 가족생활교육 프로그램, 교육, 워크숍 등에 참여하여야 한다. 한국가족관계학회에 회원으로 가입한 이후에 실시한 상담 활동 및 수련, 교육만 인정된다.

가족생활교육사가 되기 위한 필수 교과목은 다음과 같으며 유사한 과목은 자격관리위원회의 심의를 거쳐 동일 교과목으로 인정받을 수 있다.

① 가족학 및 가족관계 관련 과목(2과목): 가족학, 한국가족론, 가족관계,

부부관계, 결혼과 가족, 가족발달, 건강가족(가정)론, 한국가족생활문화

② 인간발달 및 인간의 성 관련 과목(1과목): 인간발달, 발달이론, 아동발달, 청년발달, 중·노년기 발달, 노년학, 발달이론, 부부의 성

③ 가족자원관리 및 가족복지 관련 과목(1과목): 가정경영, 가족자원관리, 가정경제, 가족법, 가족복지, 가족정책, 가족상담

④ 가족생활교육 관련 과목(1과목): 가족생활교육, 가족생활교육 프로그램, 부모교육, 부부교육

3) 건강가정사의 자질

건강가정사는 2005년 「건강가정기본법」의 시행과 더불어 가족정책을 전달하기 위한 전달체계인 건강가정지원센터에서 서비스 전달자로 제시되었다. 건강가정사는 가족과 관련된 문제를 예방하고 해결하며, 가족의 건강성을 구현하기 위해 전문지식과 역량을 가지고 건강가정사업을 실시해야 하므로 그에 맞는 적절한 자격이 필요하다. 특히 건강가정사업은 휴먼서비스로 인적자원이 무엇보다 중요하므로 건강가정사는 전문적 자질과 인격적 자질 모두 요구되는 전문직종이라고 할 수 있다.

건강가정사의 전문적 자질을 위해 필요한 능력으로는 사업실천 능력, 사업행정 능력, 일반행정 능력 3가지로 제시하였다. 사업실천 능력은 조직 내 의사소통 능력과 이용자 모집 및 관리능력, 직접적인 대민서비스 능력, 조직 내 역할분담 및 인력관리 능력, 자원봉사 모집 및 교육 능력, 기관 연계 및 보고서 작성 능력이다. 사업행정 능력은 사업계획 및 보고서 작성, 기안문 등 사무문서 작성 능력, 프로그램 기획 및 준비, 평가 능력, 정보수집 및 전문인력 섭외관리 능력, 사업 및 센터 홍보 능력이다. 일반행정 능력으로는 시설 및

비품관리 능력, 홈페이지 운영 능력이 해당된다(서종수, 조희금, 2017).

건강가정사가 하는 일을 구체적으로 살펴보면 첫째, 가정문제의 예방과 상담 및 개선, 둘째, 건강가정의 유지를 위한 프로그램의 개발, 셋째, 건강가정교육(민주적이고 양성평등한 가족관계 교육을 포함), 넷째, 가정생활문화운동의 전개, 다섯째, 가정 관련 정보 및 자료 제공, 여섯째, 가정에 대한 방문 및 실태 파악, 일곱째, 아동보호전문기관 등 지역사회자원에의 연계, 여덟째, 그 밖에 건강가정사업과 관련하여 여성가족부장관이 정하는 활동들이다.

이상과 같이 건강가정사는 다양한 전문지식과 실천 능력뿐만 아니라, 의사결정 능력, 공감 능력, 의사소통 능력, 성장을 위해 노력하는 태도, 자신의 철학과 가치 및 신념에 대한 이해, 정서적 안정, 융통성, 다양성에 대한 이해, 원만한 대인관계 능력 등을 갖추어야 한다.

4) 건강가정사의 자격기준

건강가정사는 「건강가정기본법」에 규정된 이러한 건강가정사업을 수행하기 위하여 관련분야에 대한 학식과 경험을 가진 전문가로 건강가정사 자격은 대학 또는 이와 동등 이상의 학교에서 사회복지학 · 가정학 · 여성학 등 관련 교과목을 이수하고 졸업한 자에게 주어진다(건강가정기본법 제35조 제2, 3항).

건강가정사가 되기 위해 이수해야 할 과목은 〈표 2-3〉과 같다.

〈표 2-3〉 건강가정사 자격 과목

구분		교과목
핵심 과목(5)		건강가정론, (건강)가정(족)정책론, 가족상담(및 치료), 가정(족)생활교육, 가족복지론, 가족과 젠더, 가족(정)과 문화, 건강가정현장실습, 여성과 (현대)사회, 비영리기관 운영관리 중 5과목 이상
관련 과목	기초이론(4)	가족학, 가족관계(학), 가족법, 아동학, 보육학, 아동(청소년)복지론, 노년학, 노인복지론, 인간발달, 인간행동과 사회환경, 가족(정)(자원)관리, 가계경제, 가사노동론, 여가관리론, 주거학, 생애주기 영양학, 여성복지(론), 여성주의이론, 정신건강(정신보건사회복지)론, 장애인복지론, 가정생활복지론, 상담이론, 자원봉사론, 성과 사랑, 법여성학, 여성과 문화, 일과 가족(정), 사회복지(개)론 중 4과목 이상
	상담 · 교육 등 실제(3)	생활설계상담, 아동상담, 영양상담 및 교육, 소비자 상담, 주거상담, 부모교육, 부부교육, 소비자교육, 가정생활과 정보, 가계재무관리, 주택관리, 의생활관리, 지역사회 영양학, 프로그램 개발과 평가, 사회복지실천기술론, 지역사회복지론, 연구(조사)방법론, 부부상담, 집단상담, 가족(정)과 지역사회, 여성과 교육, 여성과 리더십, 여성주의 상담, 사회복지실천론, 위기개입론, 사례관리론 중 3과목 이상

출처: 한국건강가정진흥원 홈페이지.

이상의 내용과 같이 건강가정사 자격 규정은 「건강가정기본법」 제정 이후 개정 없이 20년간 유지되어 왔다. 그러나 센터의 운영방식, 사업 특성, 직무 등은 계속 변화되어 왔고, 사업의 대상이 되는 가족들 역시 변화되었다. 따라서 앞으로는 건강가정사의 전문적 역량을 향상시키기 위해서 건강가정사의 양성 과정과 자격 유지 등에 대한 관리가 필요하며, 무엇보다 국가자격화 도입이 시급하다.

CHAPTER 03

가족생활교육의 이론적 관점

CONTENTS

가족생활교육은 우리가 이해하고 실천해야 할 중요한 교육 분야이다. 이 장에서는 가족생활교육의 다양한 이론적 관점에 대해 살펴보며, 현대 가족의 변화와 이에 따른 교육적 접근을 이해하려고 한다. 이 장을 통해 가족생활교육의 다면적이고 복합적인 이론적 배경을 이해할 수 있을 것이다. 또한 현대 사회의 다양한 가족 구조를 반영하여, 관련 교육이 어떻게 변화하고 진화해야 하는지를 탐구하는 기회를 제공할 것이다.

1. 현대 가족의 트렌드

대부분의 가족은 혈연, 결혼, 입양으로 연결된 일정 범위의 사람들로 구성된 친족집단을 의미한다. 우리나라는 오랫동안 혈연가족 중심으로 공동체적 연대의 기반을 형성해 왔다. 그러나 앞으로의 가족은 저출생 · 고령화와 같은 인구학적 변화, 가치관의 변화, 첨단과학기술의 발달, 문화 다양성 등 급변하는 환경에 적응해야 하는 도전에 직면해 있다. 그럼에도 가족은 건강한 인적 자원의 중요한 원천이므로 가족의 변화에 주목할 필요가 있다.

1) 가족 형성 방식의 다양화

오늘날에는 공식적인 법률혼을 거치지 않고 가족을 형성하는 이들이 증가하고 있다. 결혼은 하지 않고 동거 형태로 살기도 하고, 비혼 상태로 자녀를 낳아 양육하며 사는 비혼 한부모도 늘어나고 있다. 홀몸 노인들이 여럿이 함께 모여 살기도 하는 등 각자의 필요와 욕망에 따라 가족과 같은 보호와 돌봄을 나누며 살아가는 사람들이 늘어나고 있다. 결혼을 하지 않아도 건강한 파트너십을 만들어 갈 수 있고, 비혼자나 출산을 원하지 않는 부부에게도 입양을 자유롭게 받아들일 수 있는 좀 더 열린 사고로 전환되고 있다. 가족 형성에 대한 전통적 규범이 변화하고 있으며 친밀성에 기반한 관계의 중요성이 더 강조되고 있다. '가족은 내가 선택하고 구성할 수 있는 관계'라고 인식하는 사람이 늘어나고 있으며 가족에 대한 생각이 혼인과 혈연에 기반한 고정된 관계에서 선택 가능한 관계라는 인식으로 변화되고 있다(김영란, 주재선, 정가원, 배호중, 선보영, 최진희, 김수진, 이진숙, 2021). 이제는 결혼했든 하지 않았든, 혼자 살든 같이 살든, 자유롭게 유대를 맺고 가족을 형성하고 있으므로 모든 개인이 지속가능한 삶을 살아갈 수 있는 새로운 가족 모델을 정립해야 할 시점이다.

2) 가족 재생산방식의 변화

과학 기술의 발전으로 전 세계적으로 난자 및 정자 공여, 대리출산 등 보조생식기술(Assisted Reproductive Technology)을 통한 출생이 급속히 증가하는 추세이다. 유명 축구선수 크리스티아누 호날두도 결혼하지 않고 대리모를 통해 자녀를 얻었다고 알려졌으며 해외에서는 보조생식기술을 이용한 출산이 늘어나고 있다.

대리모 제도란 한 여자가 타인을 위하여 아이를 임신 및 출산해 주는 의학적 보조생식을 의미한다(김현진, 2024). 우리나라는 대리모 출산을 허용하지 않고 있고, 결혼한 부부가 아닌 경우 보조생식기술을 통한 출생신고가 받아들여지지 않는다. 그렇다 보니 대리모 출산은 음지화되어 발생하고 있으며, 미혼인 여성과 동성커플들이 자녀를 원할 경우 해외출산을 할 가능성이 높아

해외출생자 중 이러한 보조생식기술을 통한 출생 사례가 앞으로 더욱 늘어날 것으로 전망한다.

> **생각해 봅시다**
>
> 2011년 캐나다 영화 〈미스터 스타벅〉은 마흔이 넘도록 사고만 치는 주인공 데이비드가 여자 친구의 임신 소식을 듣고 이제 마음잡고 한 아이의 아버지로 제대로 된 인생을 살아보고자 다짐한다. 하지만 다음날 그에게 533명의 자식이 있다는 소식, 즉, 주인공 데이비드가 젊은 시절 용돈벌이로 '스타벅'이라는 가명을 사용해 정자를 기증했는데 533명의 아이가 태어났고, 그 중 142명의 아이가 자신의 생물학적 아버지를 찾겠다는 집단소송을 제기하면서 벌어지는 헤프닝을 다룬 영화이다(위키백과).
>
> 이 영화는 헤피엔딩으로 마무리되지만 실제로 출산대리모를 이용한 난자 및 정자 공여는 자신과 유전적 관계가 성립하지 않는 아이를 출산하는 것이 가능하다. 이러한 경우 임신, 출산을 한 출산대리모/부(gestational parent)는 태어난 자녀와 유전적 관계는 없지만 임신과 출산으로 생물학적 관계가 성립하게 되어 생물학적 부모, 출산으로 인한 부모, 양육 부모 등 자녀 1명에 여러 명의 부모가 생기는 사례도 발생한다. 이와 같이 보조생식기술을 이용한 재생산 방식은 불임부모와 동성부모에게는 희소식이 될 수 있지만 자녀와 부모 모두 법적인 책임 소재가 불분명하여 혼란이 야기될 수 있으므로 사회적 합의와 제도적 뒷받침이 필요하다.

3) 가족의 개인화

글로벌 자본주의와 4차 산업혁명, 저출생 · 고령화 등 변화된 사회환경 속에서 초개인화시대(Hyper-Individual Era)가 도래하고 있다. 초개인화는 공동체 결속이 약화되면서 나노화된 개인들이 각자의 자율성, 자기표현, 권리를 최우선시하는 현상을 말한다. 이는 무연고, 외로움, 고독사, 인간 소외, 세대 단절, 공공성 침식, 인구절벽의 원인이 되는 심각한 사회문제로 주목받고 있다(Putnam, 2016). 최근에는 '핵개인'이라는 용어도 등장하여 사회의 기준들이 '가족'에서 '개인'으로 바뀌어 가고 있음에 주목하고 있다(송길영, 2023). 우리 사회의 여러 제도들은 개인을 집단보다는 개인으로 행동하도록 만드는 개인화 현상(Beck & Beck-Gernsheim, 2002, 2011)을 가속화시키고 가족에서도 개인화의 모습을 볼 수 있다. 결혼을 통해 자녀를 출산하고 가족을 영속시킨다는 인식은 점점 사라지고 있으며, 비혼과 무자녀현상은 가족의 개인화를 잘 보여주는 것이라고 할 수 있다(홍찬숙, 2013). 무자녀가족이 되기로 결심한 부부를 심층면접한 연구를 보면 그들은 국가가 육아를 완전히 도맡아 책임져 주지 않는 이상, 더 이상 부모들의 희생과 헌신이 요구되는 사회에서 자녀를 교육한다는 것은 매우 어려운 일이라고 생각하는 것으로 나타났다(양진희, 박지예, 2024).

이처럼 가족이 점점 개인화되는 과정에서 '협력가족'이 탄생하고 있다. 협력가족은 대안가족의 형태로, 돌봄이 필요한 곳에서 새로운 관계가 만들어진다는 것이다(송길영, 2023). '각자 존재하고 홀로 소멸해 가는 개인들의 사회'가 되어가는 요즘(김미경, 2016), 우리 사회도 이제는 혈연적 가족의 틀을 벗어나 비혈연적 공동체와 파트너십에 대해 생각하고 실천할 때가 되었다.

4) 삶의 방식의 다양화

가족에 대한 가치관이 다양해지면서 가족이 선택하는 삶의 방식도 다양해지고 있다. 펫팸족, 뷰니멀족, 비혼식, 결혼인턴제, 프래밀리, 졸혼 등 가족과 관련된 여러 신조어들의 등장은 다양한 가족의 삶을 반영한다.

반려동물과 관련된 펫팸족, 딩펫족, 뷰니멀족은 반려동물을 가족의 구성원으로서 받아들이는 분위기 속에서 만들어진 신조어이다. '딩펫족'은 기존의 자녀를 두지 않는 맞벌이부부를 뜻하는 '딩크(dink)'와 반려동물을 뜻하는 '펫(pet)'의 합성어이다. '펫팸족'은 반려동물을 뜻하는 '펫(pet)'과 가족을 뜻하는 '패밀리(family)'의 합성어로 1인 가구가 증가하고 저출생, 고령화 현상들이 맞물려 강아지와 고양이 같은 반려동물을 가족으로 받아들이는 라이프스타일을 공유하는 사람을 뜻한다(최시영, 이지수, 이영복, 2023). '뷰니멀족'은 '보다(view)'와 '동물(animal)'의 합성어로 반려동물을 직접 키우지 않고 온·오프라인에서 펫 문화를 즐기고 소비하는 사람들을 의미한다. 이처럼 반려동물은 이제 과거의 애완동물이 아닌 가족으로서 받아들여지고 있으며, 반려인들은 반려동물을 동반자 혹은 자녀와 같은 진정한 가족구성원으로 여기고 있다.

'비혼식'은 결혼을 하지 않는 비혼주의자들이 치르는 의식으로 싱글웨딩이라고도 불린다. 비혼식의 절차나 양상은 개인에 따라 다양한 형태를 보이는데, 일반적으로 결혼식처럼 예복을 입고 지인과 친지들을 모아 음식을 나누어 먹으며 축하하는 자리이다. 간혹 비혼 축의금을 걷는 경우도 있으며, 축의금 회수를 위해 비혼식을 한다는 비판을 받기도 한다.

'결혼인턴제'는 2017년 KBS 드라마 〈아버지가 이상해〉에 처음으로 등장했는데 결혼식을 올린 뒤 최소 1년은 지나 혼인신고를 하는 행위를 말한다. 공식적으로 결혼을 공표하므로 동거와는 다르며, 1년 뒤에는 두 사람이 결혼을 지속하고자 하면 혼인신고를 하고 헤어지기로 하면 이혼이라는 복잡한 절차를 거칠 필요가 없이 헤어진다는 장점이 있다.

'프래밀리'는 친구(friend)와 가족(family)의 합성어로 가족 같은 친구를 의미한다. 혈연이나 법적 관계로 맺어진 가족은 아니지만 식구처럼 함께 생활하는 사람이나 집단을 가리킨다. 혼자 지내는 노인들이 한 공간에서 서로 돕는 공동체를 이루거나 가정 해체에 따른 청소년들이 함께 사는 생활공간 등이 이에 해당된다. 프래밀리는 새로운 대안적 공동체 형태로 가족보다 덜 끈끈하고 덜 외롭게 사는 방식으로 주목받고 있다.

'졸혼(卒婚)'은 부부가 법적으로는 이혼하지 않고 독립적으로 생활하는 것을 말한다(한경닷컴, 2017.2.26). 졸혼이라는 단어는 2016년에 우리 사회에 소개된 이래 '결혼을 졸업한다'는 의미를 가진 신조어로 '졸혼'이라는 말을 처음 만들어 낸 스기야마 유미코(杉山由美子)는 '이제까지의 결혼생활을 지속하지 않는, 새로운 부부의 모습', '틀에 박힌 결혼을 졸업하고 새로운 인생을 시작한다는 뜻'이라고 설명했다(스기야마 유미코, 2017).

이상에서 살펴본 바와 같이 현대인들은 자유롭게 삶의 방식을 선택하고 있지만 삶의 방식이 다양하더라도 그 안에는 인간 본연의 애착, 소통, 유대감, 소속감을 가지고 싶어하고, 관계를 위해 에너지를 낭비하고 싶지는 않으면서 외로움과 고독은 해결하고 싶은 딜레마를 갖고 있다. 오늘날 개인과 가족에게 중요한 것은 자신이 가장 해결하기 원하는 욕구, 애착, 소통을 어떤 삶의 방식으로 충족시켜줄 수 있는가이며, 가족의 형태나 구조는 더 이상 의미가 없다.

2. 가족을 보는 관점

1) 건강가정 관점

건강을 세계보건기구(WHO)에서 정의한 개념을 보면, 완전한 신체적, 정신적, 사회적 안녕 상태를 의미하며, 건강의 주요 결정 요인은 사회적, 경제적,

물리적 환경과 개인의 특성과 행동을 포함한다. 따라서 건강하다는 것은 단순히 질병이 없거나 허약하지 않은 상태가 아니라 일상생활에 잘 대처할 수 있는 능력을 말하는 것으로 신체 역량뿐만 아니라 사회적, 개인적 대처 능력도 강조하는 개념이다.

건강가정은 「건강가정기본법」에서 가족구성원의 욕구가 충족되고 인간다운 삶이 보장되는 가정을 말한다. 따라서 건강가정 관점은 가족의 형태와 무관하게 가족이 안정되고, 잘 기능하며, 위기를 극복하고 서로의 관계에 만족하는 등 가족의 건강성 증진에 중점을 두는 관점으로 가족의 잠재력과 역량을 고취하는 것에 초점을 둔다(조희금, 김경신, 정민자, 송혜림, 이승미, 성미애, 이현아, 2013).

그러므로 건강가정 관점에서는 가족을 어떤 형태로 인식하기보다는 생활공동체 개념으로 접근하며, 성평등을 실현하고 구성원 개개인의 인격을 존중하는 삶의 토대, 나아가 가족이 단순히 사적인 공간이 아니라 시민사회를 형성하는 데 기초가 된다는 공동체적 입장을 가지면서 가족의 잠재력과 역량 향상에 초점을 둔다. 따라서 이러한 관점을 가족생활교육에 적용하면 가족의 형태보다는 생활공동체로서 가족의 기능이 잘 수행되고 있는가에 초점을 두면서, 개별 가족이 잠재력과 역량을 발휘하며 가족의 삶의 질을 높일 수 있는 가족생활교육 프로그램을 구성하고 설계해야 한다. 그리고 더 나아가 가족이 지역사회의 구성원임을 명확히 하면서 우리 사회가 지속 가능한 시민사회로 영속될 수 있는 프로그램도 내용에 포함되어야 한다.

2) 성인지적 관점

성인지적 관점은 성과 관련된 모든 정치, 경제, 사회, 문화적 요인과 가치관을 인식하는 시각으로 여성의 가족 및 사회적 지위, 불평등 정도, 성역할 고정관념 등 기존의 사고방식과 가치관에 대해 비판적 인식을 가지고 접근하는 관점을 말한다(김영화, 이진숙, 이옥희, 2002).

성인지적 관점을 가족생활교육에 적용할 때는 가족이 젠더에 따라 구분되는 체계임을 인식하고 같은 가족구성원이라 해도 젠더에 따라 경험하는 가족생활이 상이함을 알고 가족생활교육 프로그램을 계획해야 한다. 그리고 성인지적 관점의 궁극적 목적이 가족 안에서 성평등이 이루어지는 것임을 잊지 않아야 한다(기쁘다, 성미애, 이재림, 2020).

성인지적 관점을 갖기 위해서는 여성학적 관점을 이해해야 한다. 여성학적 관점은 남성 중심의 가부장적 문화와 제도가 갖는 모순과 부조리에 대해 문제를 제기하는 관점이다. 성평등의 가치나 사회적 불평등은 여성만이 주장하는 것이 아니라 보편적으로 추구해야 할 가치이며 이러한 가치를 추구하기 위해 가부장적 제도와 남성중심주의로부터 벗어날 필요가 있다. 그러나 우리 사회는 아식도 여성의 구조적 취약성이 존재하는 노동, 건강, 돌봄, 젠더 폭력 등의 영역에서 여성의 피해가 계속될 것이라는 지적이 있으며, 이러한 상황에 대비해 성인지적 관점에서의 대응이 필요하다(장은하, 김희, 2020).

노동의 영역을 보면 여성의 경력 유지에 대한 요구는 계속 증가하고 있지만 일 · 가정 양립에는 현실적인 어려움이 있기에 혼인과 출산을 선택하지 않는 추세로 변화하고 있다. 여성 건강 정책은 출산, 양육, 가족의 건강을 지키는 사람으로 인식하는 수준이며, 여성들 스스로도 자신의 건강을 주변적인 것으로 여겨 건강에 대해 소홀한 경향이 있다. 여성은 남성보다 오래 살지만 남성보다 이환율이 높고 말년에는 삶의 질이 떨어지며 이러한 현상은 거의 모든 국가에서 비슷하게 나타난다. 성별에 따른 건강불평등은 남성과 여성의 사회적 지위와 자원의 차이, 건강에 부정적인 영향을 주는 환경에 얼마나 노출되어 있는가와 관련이 있다. 노년기는 평생 누적되어 온 자원이나 사회적 경험의 차이가 극대화되는 시기로 남녀 건강불평등이 잘 드러나는 시기라 할 수 있다. 이처럼 가족의 삶 곳곳에 여전히 성차별적인 모습이 남아 있기에 성인지적 관점으로 가족의 문제와 가족정책을 인식하는 것은 매우 중요하다.

성인지적 관점은 궁극적으로 성평등화를 목표로 하며, 가족생활이 젠더에 따라 차별되는 부분이나 성역할 고정관념에서 벗어나 성평등한 가족관계를 이루는 것에 초점을 둔다. 나아가 사회제도나 문화에서 보이는 성차별적 관행이나 제도의 타파에 초점을 둔다.

따라서 가족생활교육 프로그램이나 서비스, 정책 등이 특정 성별에게만 유리한 측면이 있지는 않은지, 성역할 고정관념이 반영되어 있지는 않은지 등에 대해 검토하는 것이 필요하다(홍선영, 이옥경, 황인주, 2014). 즉 성인지 관점은 남성과 여성의 요구를 균형적으로 담은 양성평등적인 프로그램과 서비스를 도출하여 남성과 여성 모두의 행복하고 건강한 가정생활을 지원하는 것이 필요하다(손미정, 2014; 이은아, 2016).

3. 가족생활교육의 기초 이론

가족이론은 가족에게 나타나는 다양한 현상과 변화를 설명해 주는 이론적 틀이다. 따라서 가족생활교육 프로그램을 통해 가족문제나 사회현상을 진단하고 예방할 때 이론을 적용한다면 보다 효율적으로 프로그램을 구성할 수 있다.

1) 교환이론

교환이론에서 가정하는 인간의 본성과 관계의 본질에 관한 가정에 따르면, 인간은 보상을 추구하고 타인과 상호작용할 때 이익을 극대화하고 비용은 최소화하고자 한다. 인간은 관계에서 호혜성과 공정성의 규범을 중요시하며, 관계에서 자신이 경험한 것이 이후 교환에서 지침이 된다는 것이다. 호혜성은 교환이 상호 반응적인가와 관련이 있는데, 언제, 어떻게 상대방에게 자원을 보상해 주어야 하는가에 대한 기대를 포함한다. 호혜성의 시기는 즉각적인 것에서부터 먼 미래에 이르기까지 다양하며, 교환에서 자신이 받았던 바로 그 종류의 자원 제공을 요구받기도 하지만 다른 교환관계에서는 자신이 받은 자원과 무관한 자원 제공이 허용되기도 한다. 공정성은 관계에서 기대되는 균형의 정도로 상대방에 대한 투자와 그 관계로부터 얻은 이익이 같을 때 공정하다고 지각된다.

평균수명의 연장으로 가족의 생애 과정은 매우 길며, 교환이론의 측면에서 본다면 가족관계는 자원 교환의 연속으로 이루어져 있다. 결혼할 때 각 배우자는 자신의 자원(물질적, 비물질적)을 가지고 사회적 교환에 참여하게 되는데, 여기에는 호혜성의 규범이 작동된다(김정석, 2007). 이러한 호혜성이 지켜지지 않을 때 교환관계는 변하게 된다. 부모-자녀와의 관계만족도에 있어서도 교환의 불균형은 관계의 만족도를 낮추는데, 일방의 과도한 수혜는 상대의 불만을 증가시킬 수 있다(이여봉, 김현주, 이선이, 2013).

우리나라 청소년 자녀와 어머니의 관계에 교환이론을 적용해 본 연구에서는 자녀들의 경우, 대안적 비교 수준이 낮고 어머니로부터 많은 자원을 수혜하는 자녀들이 어머니와의 관계만족도가 가장 높은 것으로 나타났다(김현주, 이선이, 이여봉, 2019).

비교적 최근에 등장한 졸혼은 배우자 간에 과거 혹은 현재의 비대칭적 교환관계를 보상받으려는 노력으로 읽힐 수 있다. 가령 아내가 이전의 자녀 양육과 가사돌봄의 과도한 업무에서 벗어나기 위해 졸혼을 요구하는 경우도 자원 교환의 호혜성이 도전받은 상황이라 볼 수 있다(김정석, 김미선, 2020).

50세에서 69세에 해당하는 신중년의 부양 교환 수준을 정서적 부양, 도구적 부양, 경제적 부양의 세 가지 차원에서 살펴본 결과, 신중년은 부모 · 자녀에게 경제적인 지원을 받기보다 경제적인 지원을 제공하는 주체인 것으로 나타났다(진화영, 2020). 이러한 불균형적 교환 관계가 지속될 경우, 가족관계는 붕괴되고 해체될 가능성이 크다. 따라서 부모 · 자녀 간 균형적인 부양 환경 조성을 위해 노부모나 성인 자녀를 돌보는 신중년을 대상으로 실질적인 휴식 기회를 제공하며, 나아가 신중년의 이중부양에 대한 사회적 가치를 인정함과 동시에 적절한 보상체계를 마련하고 이들에게 필요한 가족생활교육을 제공할 필요가 있다.

이와 같이 불평등한 성역할과 성분리 규범이 약해지는 현대사회에서 가족의 역할 분담과 결혼생활에 대한 기대가 재구성될 수 있음에 주목하면서 가족의 교환 관계에 관심을 가진 가족생활교육 프로그램을 개발한다면 가족원 모두가 만족할 수 있는 바람직한 가족관계를 형성하는 데 기여할 것이다.

2) 상징적 상호작용이론

상징적 상호작용이론은 상징, 즉 공유된 의미와 상호작용에 초점을 둔다. 상징적 상호작용이론은 인간이 언어적, 비언어적 상호작용을 통해 상징적 세계를 만들어 가고, 이렇게 만들어진 상징적 세계는 어떻게 인간의 행동을 형성하는지를 이해하기 위한 이론틀이다. 상징적 상호작용이론의 핵심적인 가정을 살펴보면, 인간은 사물이 자신에게 가지는 의미에 근거해 행동하며, 의미는 사람들과 상호작용하는 과정에서 나타난다고 본다. 또한 개인의 자아개념은 사회적 상호작용을 통해 발달시키며 이러한 자아개념은 행동에 중요한 동기를 부여한다(유계숙, 최연실, 성미애, 1999).

상징적 상호작용이론은 부모됨, 배우자 선택, 세대간 가치관의 전이, 역할과 지위 관계, 가족 스트레스, 결혼의 질, 의사소통 등을 분석할 때 적용되어 왔다(김경신, 1993). 또한 세대와 젠더에 따라 공유된 의미와 상호작용 수준이 상이한 가족을 분석할 때에도 유용한 틀이 되며 가족관계 안에서 자아정체성 형성과 역할 취득, 의사소통의 맥락을 분석하는 데 이용된다.

최근에는 생활양식의 하나로 정착한 1인 가구의 증가와 더불어 소셜미디어를 통한 관계의 발달이 보편화되면서 상징적 상호작용이론은 온라인의 확장된 시공간에서 살아가는 현대인의 탈경계적 자아를 고찰하는 이론적 토대가 될 뿐 아니라(김소영, 2021), 정보통신기술의 발전에 따라 자아의 발달과 사회체계 간의 상호의존성이 점점 커지는 현상을 설명하는 데도 중요한 역할을 한다(박성희, 2004).

이처럼 상징적 상호작용이론은 가족생활교육 프로그램에 참여하는 대상자들에게 다양한 가족이 경험하는 생활사건이나 상호작용이 어떤 의미를 가지는지, 이러한 상호작용 행동들이 가족원에게 어떤 영향을 미치는지 의미를 파악할 수 있으므로 현장에서 매우 유용하게 적용될 수 있다(Duncan & Goddard, 2017).

3) 인간생태학이론

인간생태학이론은 생물학적 유기체로서 또 사회적 존재로서 환경과 상호작용하는 인간에게 초점을 둔 이론이다. 생태학(Ecology)이라는 말은 독일의 동물학자인 에른스트 헤겔(Ernest Haeckel)이 처음 사용한 용어로, 그리스어로 집이라는 'oik'에 기원을 두고 있다. 즉 생태학은 생물과 환경이 분리될 수 없음을 가정하고 있다(유계숙, 최연실, 성미애, 1999).

인간생태학이론은 인간 세계, 즉 개인과 집단, 사회 전체와 환경의 상호작용과 상호의존성에 초점을 맞추어 환경에 대한 인간의 적응과정을 강조한 이론이다. 그 과정에서 인간의 적응, 개인과 가족의 욕구, 가치, 의사결정, 삶의 질과 환경보호 등의 개념이 중요한 관심 주제로 다루어졌다. 인간생태학이론에서 가족은 환경 및 자원과 상호의존적이며 전지구적인 공동선을 추구한다고 본다. 따라서 소수집단, 빈곤한 사람, 노인, 장애인, 성소수자와 같은 차별과 편견을 경험하는 집단에 관심을 가지고 이들이 경험하는 자원, 정의, 권력, 자유에 대한 불평등 및 박탈과 같은 쟁점을 검토하는 데 적합하다.

이처럼 인간생태학이론은 환경과 상호작용하는 가족이 생태계를 구성한다는 기본 전제하에 가족을 둘러싼 인위적 환경, 사회문화적 환경, 생물학적 환경까지 고려하면서 가족의 현상을 설명하고 해결하고자 한다. 또한 요구, 가치, 목표, 자원, 관리, 의사결정, 의사소통, 인간발달, 인간생활의 질과 환경의 질 등을 고려하면서 가족생태계 안의 다양한 측면도 파악할 수 있다는 이점이 있다(유계숙, 최연실, 성미애, 1999).

특히 현대 가족은 세계화와 다양화, 정보화 과정에서 발생하는 가족문제는 단순히 가족 내부의 문제로 머물지 않고 개인-가족-사회-국가-세계-자연환경 등 개인 및 가족을 둘러싼 생태계의 연결고리가 강하고 빠르게 전달되어 상호간에 영향을 주고받기 때문에 인간생태학이론은 가족문제를 해결하는 유용한 분석틀이 될 수 있다. 또한 가족생활교육 프로그램을 구성할 때 인간생태학이론을 적용하면 가족에 영향을 미치는 다양한 차원의 체계를 고려하여 프로그램을 구성하고 적용할 수 있다(기쁘다, 성미애, 이재림, 2020).

4) 가족체계이론

가족체계이론은 일반체계이론에서 유래된 것으로 체계는 부분보다 전체로 이해되어야 하고, 인간체계는 자기성찰이 가능하다고 가정한다. 가족체계이론에 따르면 가족은 가족구성원 간의 경계, 규칙, 기대, 상호작용 패턴에서 작용하는 살아 있는 체계이다. 여기서 체계는 하나의 통일적 전체를 구성하는 상호의존적이며 상호작용하는 부분들의 집합으로서 체계의 한 요소가 변하면 다른 요소들도 따라서 변하며 그 변화가 다시 처음의 변화 요소에 영향을 준다. 또한 전체 체계는 부분들의 집합 그 이상이며 가족체계는 개방체계로서 끊임없이 내적 정합이 추구되는 동시에 외부를 향해 열려 있다고 가정한다(김경신, 1993).

가족체계이론은 가족을 하나의 상호의존적인 체계로 보면서 가족구성원, 가족구성원 간의 관계, 가족의 속성, 환경과의 상호작용을 설명하는 데 매우 적합한 이론이다. 특히 부부와 가족의 상호작용, 가족의 역기능적 측면으로 알코올 중독, 가정폭력 문제를 설명하고, 가족경계가 모호하거나 미분화되어 생기는 문제를 명확하게 설명하는 데 유용한 이론이다. 이런 이유로 가족체계이론은 가족상담 및 치료와 가족생활교육 현장에서 많이 적용된다(기쁘다, 성미애, 이재림, 2020).

가족체계이론에서는 한 하위체계의 변화가 다른 체계에 영향을 주고 전체 체계의 변화를 일으키기도 하지만 전체 체계가 기능적으로 변화되지 않은 상태에서는 한 하위체계의 변화도 결국은 의미가 없어지고 체계는 다시 이전 상태로 돌아간다고 본다. 따라서 가족체계이론을 적용해서 가족생활교육 프로그램을 진행할 때는 전체 체계의 변화와 하위체계의 변화가 함께 일어날 수 있도록 가족구성원 전원이 참여할 수 있도록 프로그램을 구성하는 것이 더욱 유용하다.

5) 가족발달이론

가족발달이론은 가족도 인간처럼 시간이 지나면서 단계별로 성장하고 변한다고 보는 이론이다. 가족생활주기에 따라 이루어지는 가족발달을 파악하는데 용이하며, 가족생활주기에 따른 생활수준, 결혼만족도, 역할분담의 변화 등 시간에 따른 가족의 변화를 설명하고 기술하는 데 중요한 역할을 담당하였다(조희금, 김경신, 정민자, 송혜림, 이승미, 성미애, 이현아, 2013).

그러나 가족발달이론에서 제시한 주기나 단계, 과업들은 1인 가족, 조손가족, 재혼가족, 한부모가족, 성소수자 가족 등 다양한 가족이 등장하면서 비판을 받고 있다. 가족사회학자 데이비드 모건(David Morgan)이 가족은 명사가 아니라 형용사, 나아가 동사로 보아야 한다고 주장한 것처럼(김순남, 2022), 가족은 시간에 따라 변화, 발달된다는 것이다. 그러므로 가족발달이론을 가족생활교육에 적용하기 위해서는 현대사회의 가족의 변화 트렌드를 파악하는 것이 무엇보다 중요하다. 현실적으로 다양한 가족을 포괄하는 가족생활주기는 없지만, 시간의 흐름에 따라 가족들이 어떻게 변화하고 적응하는지 파악하고, 이에 따라 가족의 현실에 맞게 유기적으로 가족생활주기가 변화할 수 있음에 주목할 필요가 있다. 따라서 가족발달이론은 변화하는 가족생활주기와 발달과업을 다양한 가족에게 적용할 수 있는 가족생활교육 프로그램을 개발하는 데 활용될 수 있을 것이다.

6) 가족갈등이론

갈등이론의 기본 가정은 사회 갈등이 인간 사회생활의 기본적인 요소라는 것이다. 갈등은 모든 유형의 사회적 상호작용에서 존재하므로 가족에게도 해당된다. 가족 안팎에서 갈등이 존재하는 이유는 인간은 일반적으로 자신의 이익에 따라 행동하려는 동기가 있으며, 각자가 추구하는 욕구, 가치, 목표, 자원을 가지고 있고 원하는 것이 다르거나 원하는 것이 같아도 자원이 제한될 때 갈등이 발생한다(유계숙, 최연실, 성미애, 1999).

갈등기능주의자 코저(Coser)는 사회적 갈등의 책임은 주로 '상대적 박탈감'에 있다고 주장한다. 즉 보다 박탈되었다고 느끼는 집단이 다른 집단에 의해 얻어진 자원의 몫과 자신의 몫을 비교하는 데서 갈등이 나타난다는 것이다(박태상, 2020). 그 예로 청년집단과 노인집단의 '세대 갈등'은 가족 내 노인 부양의 걸림돌로 작용하며, 생물학적 연령에 근거한 세대 구분은 인간발달과정에서 차이를 만들어 내고, 역사적 시기에 근거한 세대 구분은 고유의 가치관과 이념에 따른 차이로 갈등을 유발한다.

가족에 갈등이론을 적용한 대표적인 학자는 스프레이(Sprey)이다. 권위나 자원의 분배 과정에서 가족의 갈등이 존재하는 것은 필연적이므로 이를 잘 해결하기 위해서는 가족구성원의 적절한 대응방식이 필요하다고 보았다(김경신, 1993). 가족은 그 구성에 있어서 노인, 중년, 청년, 아동으로 연령 차이로 인한 갈등, 남과 여로 나누어진 성차로 인한 갈등, 부모와 자녀로 권력의 차이에서 오는 갈등, 젊은 세대와 나이든 세대의 정보 차이로 인한 갈등 등이 존재할 수밖에 없는 집단이다. 즉, 가족은 제한된 자원을 가지고 여러 세대와 구성원이 함께 하는 공동체로 세대 갈등과 성별 갈등, 자원 분배의 갈등 등 여러 가지 갈등이 유발되기 쉬운 집단이다. 따라서 스프레이는 가족 안에 갈등이 있는 것이 문제가 아니라 갈등을 어떻게 해결하는지가 중요하다고 보았다.

이처럼 갈등이론은 가족 안의 이해관계나 권력 분배, 자원의 불평등, 갈등관리나 갈등 규제를 다루는 과정에 초점을 두어 가족 내에서 불평등으로 발생하는 가족문제를 예방하는 가족생활교육 프로그램을 설계할 때 유용한 이론이다.

4. 가족생활주기와 가족생활교육

가족생활주기는 가족치료를 발달이론에 접목시킨 개념으로, 사회학으로부터 빌려온 모델이다(Nichols and Schwartz, 2001). 인간이 출생 이후 유아기, 아동기, 청소년기를 거치며 단계적으로 성장하듯이, 가족도 결혼, 자녀의 출산과 성장, 자녀의 독립, 배우자와의 사별 등의 과정을 거치며 단계적으로 변화하게 된다(Fuhrmans et al., 2014). 가족생활주기는 각 단계마다 가족이 어떠한 욕구와 기대가 있는지 알게 해주며, 그 단계에서의 발달과업 목표가 왜 중요한지를 제시해 주는 유용한 도구이다. 따라서 가족생활주기를 가족생활교육에 접목하면, 가족의 발달단계에서 발생할 수 있는 잠재적 문제와 어려움에 대한 파악이 가능하며, 문제를 예측하고 대처할 수 있다.

1) 가족생활주기의 개념

가족생활주기란 가족이 결혼, 출산, 자녀 양육, 자녀의 독립과 결혼, 배우자 사망 등의 일련의 과정을 겪으며 발달하고 변화하는 과정을 단계별로 정리한 것으로, 가족은 가족생활주기의 단계에 따라 고유한 발달 문제와 과업을 갖게 된다. 이와 같이 가족이 형성되고 확장되었다가 다시 수축되고 해체되는 일련의 단계를 가족생활주기라고 한다.

가족생활주기는 개인의 일생의 과정을 포함하면서 동시에 전체로서의 가족의 생활 모습을 반영한다. 학자들마다 가족생활주기 단계를 다양하게 구분하였는데, 가장 대표적인 것이 듀발(Duvall, 1977)의 가족생활주기이며 〈표 3-1〉과 같다.

듀발의 가족생활주기를 보면, 결혼을 통해 가족생활주기의 단계가 시작되며, 하나의 단계에서 다음 단계로 넘어갈 때마다 가족구성원과 가족체계의 변화가 있음을 알 수 있다. 가족이 가족생활주기의 단계를 거치면서 각 단계에서 다음 단계로 넘어갈 때 적응상의 문제가 발생하게 되는데, 이러한 적응문제는 가족문제의 중요한 요인이 될 수 있다(〈표 3-1〉).

〈표 3-1〉 가족생활주기와 발달과업

단계		시기	발달과업
1	결혼한 부부(신혼기)	결혼~첫 자녀 출산 이전	• 부부 정체감 확립, 만족스러운 결혼생활 • 배우자와 확대가족 간의 관계 형성 • 부모 역할에 대한 계획과 준비
2	양육기 가족	첫 자녀 출산 ~30개월	• 첫 자녀에 대한 적응 • 양육에 대한 역할분담(상호합의) • 확대가족과의 원활한 관계 형성(조부모 역할)
3	학령전기 (유아기) 가족	첫 자녀 30개월~6세	• 자녀의 사회화 촉진 • 자녀의 개별적 욕구 충족 • 건강한 가족관계, 지역사회관계 형성
4	학령기(아동기) 가족	첫 자녀 7세~12세	• 자녀의 학업 성취와 건강한 또래관계 증진 • 결혼생활 만족도 유지 • 자녀의 신체적 활동 욕구의 충족과 건강한 신체발달

5	청소년기 가족	첫 자녀 13세~20세	• 성숙한 청소년으로서의 자율성 부여와 책임감 있는 생활간의 균형 유지 • 결혼생활 재정립 • 직장생활 재정립
6	진수기 가족	첫 자녀 독립~ 막내자녀 독립	• 성인 자녀와 성인으로서의 관계 형성 • 자녀의 결혼 이후, 새로운 가족구성원(사위, 며느리)의 맞이와 적응 • 조부모에 대한 돌봄과 간호 • 결혼생활 재조정 및 협상
7	중년기 가족	막내자녀 독립~ 은퇴	• 부부 결속의 강화 • 건강한 삶의 방식 실천 • 조부모 및 자녀와의 만족스러운 관계 유지
8	노년기 가족	은퇴~부부 사망	• 만족스러운 일상생활 유지 • 은퇴 이후 생활에 대한 적응 • 만족스러운 결혼생활 유지 • 다세대 간 가족 결속 유지 • 배우자 사망 이후에 대한 적응

출처: Duvall (1977).

2) 가족생활주기의 변화

가족은 시간의 흐름에 따라 변화하는 체계로서 출생, 입양, 결혼에 의해 새로운 구성원이 추가되고 이혼과 죽음을 통해 구성원은 체계를 떠나게 된다. 이러한 과정에서 가족은 새로운 단계로 나아가며 발달과업과 역할은 끊임없이 재정의된다.

가족은 구성원 개인의 발달과 가족 내외부에서 발생하는 다양한 생활사건 등으로 변화에 대한 요구를 끊임없이 받는다. 이러한 요구에 의해 불균형의 상태와 균형의 상태가 계속 반복하게 되며, 변화 요구에 의해 가족이 직면하는 불균형상태는 새로운 체계를 만들어 가는 창조적 혼란이라고 할 수 있다. 즉, 가족은 정지되어 있는 상태가 아니라 계속 변화하며 움직인다(김종성, 이

사미, 박주성, 오미경, 2020).

현대사회에서는 인구구조의 변화와 가치관의 변화로 다양한 가족 형태가 출현할 뿐만 아니라 가족의 형성과 해체의 시기 역시 다양하다. 따라서 기존의 가족생활주기에 지금의 다양한 가족의 모습을 그대로 적용하기가 어려워졌다. 가족은 반드시 가족생활주기대로 단계를 거치는 것은 아니며, 가족의 변화상황에 따라 어떤 단계는 반복하기도 하고 건너뛰기도 하는 등 가족생활주기의 시작시기와 종결시기, 단계도 다변화될 수 있다. 이혼이나 사별, 재혼 같은 생활사건들은 가족생활주기 관점에서 가족구성원을 잃거나 새로 얻는 것과 같은 커다란 변화의 경험이고, 이는 가족구성원 모두에게 혼란과 어려움을 야기하여 구성원들의 재구조화와 적응을 요구한다.

가족생활주기의 각 단계의 기간도 변화하고 있다. 청년들의 만혼 경향으로 인해 결혼으로 생성되는 생식가족의 시작이 늦어지는 만큼 자녀 출산을 서두르면서 신혼기는 과거보다 짧아지는 경향이 있다. 자녀를 양육해서 독립시키는 기간은 자녀수의 감소로 짧아지고 있으며, 평균수명의 증가로 노년기는 그 어느 단계보다 점차 길어지고 있다.

가족의 형태에 따라서 살펴보면, 무자녀가족의 경우는 첫 번째 단계인 신혼기로 시작하여 중년과 노년까지 부부만 함께 하므로 자녀 기준으로 만들어진 가족생활주기의 발달과업들은 불필요하게 된다. 또한 재혼가족의 경우 부부의 입장에서는 신혼기가 새롭게 시작되지만 자녀의 경우에는 각 자녀의 연령에 따라 이미 지나간 단계를 다시 반복하거나 두 가지 가족생활주기를 동시에 경험하게 되는 경우도 발생할 수 있다.

따라서 이제 가족생활주기는 하나의 패턴이 지속된다고 보기는 어렵고 가족의 형성과 해체, 재결합에 따라서 유기적으로 다양하게 바뀌며, 발달과업 역시 재구성될 필요가 있다.

생각해 봅시다

다음에 제시된 다양한 가족의 가족생활주기를 만들어 보고 각 발달단계의 명칭, 발달과업을 만들어 봅시다.

1. 딸(18세)을 둔 여성 A(43세)는 아들(1세)을 둔 남성 B(40세)와 재혼하여 새롭게 가족을 형성했다.

2. 레즈비언 C(35세)와 파트너 D(35세)는 둘 다 직장에 다니는데 정자를 제공받아 자녀(1세)를 낳았고, C의 홀로된 어머니(62세)와 모두 함께 살기로 했다.

3. 고등학생 H(17세)는 미혼부가 되어 딸(2세)과 아버지(43세)와 어머니(40세)와 함께 산다.

PART Ⅱ

가족생활교육 프로그램 개발 과정

가족센터에서 가족생활교육 프로그램을 직접 짜보는 것은 여러 가지 중요한 의미를 갖는다. 첫째, 가족의 다양한 요구와 문제를 직접 조사하고 반영함으로써, 보다 실질적이고 효과적인 프로그램을 만들 수 있다. 이는 참여자들의 관심과 필요를 충족시킬 수 있다. 둘째, 프로그램을 직접 구성하는 과정에서 가족구성원 간의 소통과 협력이 이루어진다. 이는 가족 간의 유대감을 강화하고, 서로의 의견을 존중하는 문화를 형성한다. 셋째, 프로그램 기획 과정에서 관련 지식과 기술을 배우고, 가족생활교육에 대한 전문성을 키울 수 있다. 이는 향후 프로그램 운영 및 개선에 큰 도움이 된다. 넷째, 가족문제가 다양하고 복잡한 만큼, 프로그램을 직접 구성하는 과정에서 창의적인 접근법과 해결책을 모색할 수 있다. 이는 실제 상황에 대한 적응력을 높여준다. 다섯째, 자신이 만든 프로그램에 대한 책임감을 느끼게 되고, 참여자들이 프로그램에 대해 더 큰 주인의식을 가질 수 있다. 이는 프로그램의 성공적인 운영에 긍정적인 영향을 미친다. 마지막으로, 프로그램을 직접 짜면서 평가기준과 방법도 설정할 수 있어, 프로그램의 효과성을 보다 체계적으로 분석하고 개선할 수 있는 기회를 제공한다. 이러한 이유들로 인해 가족센터에서 가족생활교육 프로그램을 직접 짜보는 것은 매우 중요한 과정이다. 이를 통해 더욱 효과적이고 지속 가능한 가족생활교육이 이루어질 수 있을 것으로 기대된다. 이 장에서는 가족생활 프로그램 개발 과정에 대한 체계적이고 실용적인 가이드를 제공하며, 간단한 소개와 함께 프로그램의 설계 및 실행에 필요한 구체적인 내용을 담고 있다.

CHAPTER 04

프로그램 소개

CONTENTS

이 장에서는 프로그램의 제목과 실시 배경을 다룬다. 개발된 프로그램이 필요하게 된 사회적 배경과 가족구성원 간의 상호작용을 더욱 깊이 이해할 수 있도록 돕는다.

1. 프로그램 제목

제목은 프로그램에 대한 첫인상을 결정짓는다. 매력적이고 명확한 제목은 참여자들의 관심을 끌고, 프로그램에 대한 호기심을 유발할 수 있다. 따라서 프로그램 제목은 단순한 이름 이상의 의미를 가지며, 프로그램의 성공에 중요한 역할을 한다.

1) 제목에 포함되어야 할 사항

(1) 명확성

제목은 프로그램의 주요 내용이나 목적을 명확하게 전달해야 한다. 복잡한 용어보다는 간결하고 이해하기 쉬운 언어를 사용하는 것이 좋다. 목표 청중이 이해하기 쉬운 언어를 사용해 전문 용어보다는 일반적인 표현을 사용하도록 한다.

(2) 흥미 유발

참여자들의 관심을 끌 수 있는 제목을 선택해야 한다. 창의적이고 매력적인 표현을 활용하여 호기심을 유도할 수 있다. 유머나 비유를 활용하거나, 시대에 맞는 표현을 사용하여 최신 트렌드와 관련성을 갖춘 제목을 만드는 것도 중요하다.

(3) 대상 집단 반영

프로그램의 주 대상이 누구인지 명확히 나타낼 수 있도록 제목에 포함시키면 좋다. 예를 들어, "부모를 위한" 또는 "청소년을 위한" 등의 표현을 사용할 수 있다.

(4) 목표 반영

제목은 프로그램의 목표나 주제를 잘 나타내야 한다. 프로그램이 어떤 문제를 해결하고자 하는지를 나타내는 것이 중요하다. 프로그램의 핵심 주제나 목표를 나타내는 키워드를 포함하면 제목만 보고도 프로그램의 내용을 이해할 수 있다.

(5) 간결함

너무 길거나 복잡한 제목은 피하고, 간결하면서도 핵심적인 단어를 사용해야 한다. 짧고 기억하기 쉬운 제목이 효과적이다.

(6) 차별성

유사한 프로그램들과 차별화될 수 있는 독특한 요소를 반영하도록 한다. 다른 프로그램과 혼동되지 않도록 하는 것이 중요하다.

(7) 긍정적인 어감

제목이 긍정적이고 희망적인 느낌을 줄 수 있도록 고려해야 한다. 참여자에게 긍정적인 이미지를 줄 수 있는 단어를 선택하는 것이 좋다. 예를 들어, “성장”, “발전”, “행복” 등의 단어를 고려할 수 있다.

(8) 행동 동사 활용

참여를 유도하는 행동 동사를 사용하여 제목을 더 역동적으로 만들 수 있다. 예를 들어, “배우기”, “함께하기”, “발견하기” 등의 단어를 활용할 수 있다.

2) 제목을 브레인스토밍하는 방법

(1) 주제 정의

프로그램의 주제를 명확히 정리한 후, 이와 관련된 키워드를 나열한다. 이때, 주제에 대한 기본적인 개념을 이해하고 시작하는 것이 중요하다.

(2) 마인드맵 활용

중심 주제를 가운데에 두고 관련된 아이디어를 가지처럼 확장해 나가는 마인드맵을 만들어 본다. 이를 통해 다양한 연관 아이디어를 시각적으로 정리할 수 있다.

(3) 자유롭게 생각하기

제한 없이 떠오르는 모든 아이디어를 적어 보는 자유연상기법을 사용한다. 처음에는 비판 없이 모든 생각을 기록하고, 이후에 좋은 제목을 선별한다.

(4) 단어 조합

관련된 단어들을 조합하여 새로운 제목을 만들어 본다. 예를 들어, 주제와 관련된 형용사와 명사를 짝지어 보는 방법이 있다.

(5) 그룹 브레인스토밍

여러 사람과 함께 브레인스토밍 세션을 진행해 보면 좋다. 다양한 관점과 아이디어를 모을 수 있어 더 풍부한 제목을 도출할 수 있기 때문이다.

(6) 질문 던지기

"이 프로그램이 어떤 변화를 가져올 것인가?", "누구를 위한 프로그램인가?", "어떤 결과를 기대할 수 있는가?" 등의 질문을 통해 제목에 대한 방향성을 찾을 수 있다.

(7) 비교 및 영감 얻기

유사한 프로그램이나 책의 제목을 참고하여 영감을 받을 수 있다. 어떤 제목이 효과적이었는지를 분석해 본다. 시대에 맞는 표현을 사용하여 최신 트렌드와 관련성을 갖춘 제목을 만드는 것도 중요하다.

(8) 제목 후보 정리

여러 개의 제목 후보를 만든 후, 그 중에서 가장 적합한 것을 선택한다. 이때, 각 제목의 장단점을 비교해 보는 것이 유용하다. 제목을 몇 개 작성한 후, 동료나 잠재적 참가자에게 피드백을 받아보는 것도 좋은 방법이다. 또한 소규모 그룹에 테스트하여 어떤 제목이 더 매력적이고 이해하기 쉬운지를 확인할 수 있다.

3) 제목 검토 단계

(1) 피드백 수집

제목 후보를 만든 후, 다양한 사람들로부터 피드백을 받는 것이 중요하다. 동료, 가족, 친구, 혹은 프로그램의 대상자에게 제목을 제시하고 의견을 받는다. 이 과정에서 제목이 주는 인상이나 의미에 대한 다양한 시각을 얻을 수 있다.

(2) 목표에 대한 일치성 확인

제목이 프로그램의 목표와 잘 일치하는지를 검토한다. 프로그램의 목표를 다시 한번 되짚어 보고, 제목이 그 목표를 반영하는지 확인하는 것이 필요하다.

(3) 타깃 오디언스 테스트

제목 후보를 목표 청중에게 보여주고, 어떤 제목이 더 매력적이고 이해하기 쉬운지를 확인한다. 이 과정에서 관객의 반응을 직접적으로 관찰할 수 있다.

4) 제목 수정 및 최종화

(1) 반복적 수정

제목 후보에 대해 받은 피드백을 바탕으로 반복적으로 수정하는 과정을 거친다. 이때, 각 제목의 장단점을 고려하여 최종 제목을 결정한다.

(2) 최종 선택

모든 검토와 피드백을 거친 후, 가장 적합한 제목을 최종적으로 선택한다. 이 과정에서 프로그램의 목표, 청중, 긍정적인 어감 등을 종합적으로 고려한다.

5) 시각적 요소 고려

(1) 디자인과 함께 생각하기

제목과 함께 사용될 시각적 요소(로고, 포스터 등)를 고려하여 제목을 만드는 것도 중요하다. 시각적으로 매력적인 제목이 프로그램의 인지도를 높이는 데 기여할 수 있다.

(2) 일관성 유지

제목과 디자인 요소 간의 일관성을 유지해야 한다. 프로그램의 성격이나 내용에 맞는 디자인을 통해 제목이 가시적으로도 잘 전달될 수 있도록 한다.

활동1 **다음에 등장하는 프로그램의 적절한 제목을 지어보자.**

1. 프로그램 개요

- 목표: 가족 간의 소통을 증진하고 이해를 깊게 하여 건강한 가족관계를 형성한다.
- 대상: 4인 이상의 가족 단위 (부모와 자녀 포함)
- 기간: 6주 (주 1회, 회당 2시간)
- 장소: 대구 ㅇㅇ구 가족센터

2. 프로그램 세부 내용

■ 1주차: 가족 소통의 기초
- 내용: 가족 소통의 중요성과 기본 개념을 소개
- 활동: 가족구성원 간의 소통 스타일을 알아보는 진단 테스트 진행
- 토론: 각자의 소통 스타일에 대한 공유 및 이해

■ 2주차: 비폭력적 의사소통(NVC)
- 내용: 비폭력적 의사소통의 기본 원칙과 방법을 배우기
- 활동: NVC 기법을 활용한 실습. 예를 들어, '관찰-감정-욕구-청구'의 네 가지 요소를 통한 소통 연습
- 사례 연구: 실제 사례를 기반으로 NVC 적용하기

■ 3주차: 갈등 이해하기
- 내용: 갈등의 원인과 유형을 탐구
- 활동: 가족 내에서 겪었던 갈등 사례를 공유하고 원인 분석하기
- 워크숍: 갈등 해결을 위한 기법 소개 및 토의

■ 4주차: 갈등 해결 기술
- 내용: 갈등 해결을 위한 다양한 기법 배우기 (예: 협상, 중재)
- 활동: 역할극을 통해 갈등 해결 상황 연습
- 피드백: 역할극 후 서로 피드백 주기

■ 5주차: 가족의 가치관

- 내용: 가족의 가치관과 신념에 대해 이해하기
- 활동: 가족 가치관 다이어그램 만들기. 각 가족의 중요한 가치와 신념을 시각적으로 표현
- 토의: 가족의 가치관이 소통에 미치는 영향에 대해 논의

■ 6주차: 프로그램 정리 및 미래 계획

- 내용: 프로그램에서 배운 내용을 종합하고 개인 및 가족의 변화 공유
- 활동: 각 가족이 앞으로 실천하고 싶은 소통 개선 계획 발표
- 평가: 프로그램에 대한 피드백 및 제안 사항 공유

3. 기대 효과

- 가족 간의 소통 능력 향상
- 갈등 해결 능력 증진
- 가족구성원 간의 유대감 강화
- 건강한 가족관계 구축

활동2 **"가족생활교육의 실제" 파트에 등장하는 프로그램들 가운데 마음에 드는 제목과 그 이유를 생각해 보자.**

■ 활동 방법

- 가족센터 대표 홈페이지 방문하기(https://www.familynet.or.kr/web/index.do)
- 지역센터 안내 메뉴 및 지도를 통해 관심 있는 지역센터(예: 대구중구가족센터 홈페이지 찾아 들어가기(https://dgnamgu.familynet.or.kr/center/)
- 지역센터 홈페이지의 프로그램 안내-프로그램 신청 메뉴에서 실시 예정이거나 실시 중인 프로그램들의 포스터를 살펴보면서 우수한 제목, 디자인 선정하기
- 자신이 이 프로그램을 선정한 이유를 다른 학생들에게 소개하기

2. 프로그램 실시 배경

프로그램 실시 배경은 프로그램의 필요성을 효과적으로 전달하는 데 필수적인 영역이다. 본 영역을 통해 첫째, 독자가 프로그램의 목적과 필요성을 명확히 이해할 수 있다. 둘째, 연구결과와 사례를 통해 프로그램의 필요성을 뒷받침함으로써 신뢰성을 높인다. 셋째, 프로그램의 중요성을 강조하여 더 많은 사람들이 참여하도록 유도할 수 있다. 넷째, 프로그램의 필요성을 명확히 함으로써 필요한 자원과 지원을 확보하는 데 기여할 수 있다.

1) 실시 배경에 포함될 내용

(1) 사회적 맥락

- 가족 구조의 변화: 현대사회에서의 가족 형태 변화(핵가족, 다문화 가정 등)와 그에 따른 도전 과제를 설명한다. 즉, 1인 가구의 증가, 다양한 가족 형태의 등장 등 현대사회에서의 가족 구조 변화가 가족생활에 미치는 영향에 대해 논의할 필요가 있다.
- 사회적 문제: 현재 사회에서 가족과 관련된 주요 문제(예: 갈등 증가, 소통 부족, 세대 간의 이해 부족 등)를 명확히 제시한다. 구체적인 사례나 통계자료를 통해 문제의 심각성을 강조하면 좋은데, 활용할 수 있는 신뢰성 높은 통계자료는 〈표 4-1〉과 같다.

〈표 4-1〉 가족생활교육에 활용 가능한 통계자료

영역	세부영역	내용
1. 가족 구조 변화 통계	가족 형태 변화	통계청이나 관련 기관에서 제공하는 1인 가구, 다문화 가족, 재혼 가구 등 다양한 가족 형태의 비율 변화에 대한 자료를 활용
	가족 규모 변화	평균 가구원 수의 감소 추세에 대한 데이터를 통해 가족 구조의 변화를 설명
2. 갈등 및 소통 관련 통계	가족 간 갈등 비율	가족 간의 갈등이나 소통 부족에 대한 조사 결과를 인용(예, 특정 연구에서 응답자의 몇 퍼센트가 가족 간의 갈등을 경험한다고 응답했는지에 대한 데이터를 제시)
	의사소통 문제 조사	가족 간 의사소통의 어려움에 대한 설문조사 결과를 통해 문제의 심각성을 강조
3. 정신적 건강 관련 통계	정신 건강 문제 비율	가족구성원의 정신적 건강 문제(우울증, 불안 등)의 발생률에 대한 통계를 활용. 특히, 가족 간의 정서적 지원이 정신 건강에 미치는 영향에 대한 연구결과를 인용할 수 있음
4. 교육 효과 관련 통계	가족생활교육 프로그램의 효과	기존의 가족생활교육 프로그램이 가족관계 개선에 미친 영향을 다룬 연구결과를 인용(예, 프로그램 참여 후 갈등 감소율이나 의사소통 향상 비율 등을 제시)
5. 사회적 비용 관련 통계	가족문제로 인한 사회적 비용	가족 간 갈등이나 문제로 인해 발생하는 사회적 비용(예: 상담비용, 치료비용 등)에 대한 자료를 통해 가족생활교육의 필요성을 강조
6. 청소년 및 아동 관련 통계	청소년 문제 통계	청소년의 정서적 문제나 행동 문제 비율, 가정환경이 청소년의 성장에 미치는 영향에 대한 연구결과를 활용하여 가족의 역할과 교육의 중요성을 강조

이러한 통계자료들은 신뢰성을 높이고, 가족생활교육의 필요성을 뒷받침하는 강력한 근거로 작용할 수 있다. 데이터를 인용할 때는 출처를 명확히 하고, 신뢰할 수 있는 기관이나 연구결과를 사용하는 것이 중요하다.

(2) 필요성 및 중요성

왜 가족생활교육이 필요한지를 설명하며, 이 교육이 가족구성원에게 미치는 긍정적인 영향을 강조한다. 예를 들어, 정서적 지지의 필요성, 건강한 의사소통의 중요성 등을 강조할 수 있다. 이에 대한 서술을 다음과 같이 할 수 있다.

가족생활교육은 가족구성원 간의 정서적 안정과 건강한 관계 형성에 중요한 역할을 한다. 이를 통해 가족의 전반적인 복지와 행복을 증진시키는 여러 가지 방법이 있다.

① 의사소통기술 향상

가족생활교육은 효과적인 의사소통기술을 가르쳐, 가족구성원 간의 오해와 갈등을 줄이는 데 기여한다. 열린 대화와 경청의 중요성을 강조하여, 서로의 감정과 생각을 이해하고 존중할 수 있는 환경을 조성한다. 예를 들어, "나 전달법"과 같은 의사소통 기법을 통해 자신의 감정을 솔직하게 표현하고 상대방의 감정을 고려하는 방법을 배울 수 있다.

② 정서 관리 기술 습득

가족생활교육은 각 구성원이 자신의 정서를 인식하고 관리하는 방법을 배우도록 돕는다. 감정 조절 기법이나 스트레스 관리 방법을 통해 가족구성원들은 어려운 상황에서도 감정을 잘 다스릴 수 있는 능력을 기르게 된다. 이러한 기술은 갈등 상황에서 더 효과적으로 대처하고, 감정적으로 안정된 상태를 유지하는 데 도움이 된다.

③ 건강한 갈등 해결

갈등은 가족관계에서 피할 수 없는 부분이지만, 가족생활교육을 통해 갈등을 건강하게 해결하는 방법을 배울 수 있다. 갈등 해결 전략을 통해 가족구성원들은 서로의 입장을 이해하고, 합리적인 해결책을 찾을 수 있다. 이러한 과정은 가족 간의 신뢰를 쌓고, 관계를 더욱 강화하는 데 기여한다.

④ 지원 시스템 구축

가족생활교육은 가족구성원 간의 지지 체계를 강화하는 데 중요한 역할을 한다. 서로의 감정적 필요를 이해하고 지원하는 방법을 배우며, 힘든 시기에 서로를 돕는 환경을 조성한다. 예를 들어, 정기적인 가족회의나 활동을 통해 서로의 상태를 체크하고, 필요한 지원을 제공할 수 있는 기회를 마련한다.

⑤ 정서적 친밀감 증진

프로그램을 통해 가족구성원들은 서로의 감정에 대해 더 깊이 이해하게 되고, 이를 통해 정서적 친밀감이 증진된다. 함께하는 활동이나 경험을 통해 가족 간의 유대감이 강화되며, 이는 정서적 안정에 긍정적인 영향을 미친다. 예를 들어, 가족이 함께 참여하는 놀이, 운동, 또는 문화 활동은 서로의 관계를 더욱 돈독히 하고, 즐거운 경험을 공유함으로써 정서적 안정감을 높인다.

⑥ 정신건강 증진

정서적 안정은 가족구성원 각자의 정신 건강에도 직접적인 영향을 미친다. 긍정적인 가족 환경은 스트레스와 불안을 줄이고, 개인의 자존감을 높이는 데 기여한다. 가족생활교육을 통해 정신 건강에 대한 인식을 높이고, 필요한 경우 전문가의 도움을 받는 방법을 배우는 것도 중요하다.

이와 같은 방법들을 통해 가족생활교육은 가족구성원 간의 정서적 안정과 건강한 관계 형성을 촉진하며, 궁극적으로 가족의 전반적인 행복과 복지에 기여한다. 이러한 안정된 환경은 가족구성원들이 서로를 지지하고, 긍정적인 상호작용을 지속하는 데 필수적이다.

TIP 가족생활교육 프로그램의 필요성을 어필하는 방법

1. 일상적인 언어 사용
   - 간단한 표현: 전문 용어를 피하고, 누구나 쉽게 이해할 수 있는 일상적인 언어로 설명
   - 비유와 예시: 구체적인 비유나 실제 사례를 들어 설명하면 이해를 돕는 데 효과적임
2. 시각적 자료 활용
   - 인포그래픽: 프로그램의 필요성과 이점을 시각적으로 표현한 인포그래픽을 제작하기
   - 슬라이드 또는 포스터: 핵심 메시지를 담은 슬라이드 또는 포스터를 사용하기
3. 스토리텔링 기법
   - 사례 이야기: 프로그램의 필요성을 강조하는 가족의 이야기를 통해 감정적으로 연결
   - 문제 해결 이야기: 자주 발생할 수 있는 가족문제를 이야기 형식으로 소개하고, 프로그램이 어떻게 도움을 줄 수 있는지를 설명
4. Q&A 형식
   - 질문과 답변: 사람들이 가질 수 있는 질문을 미리 예상하여 Q&A 형식으로 프로그램의 필요성을 설명
   - 대화식 접근: 참가자와의 대화를 통해 그들의 의견이나 고민을 듣고, 프로그램이 어떻게 도움이 될 수 있는지를 자연스럽게 연결
5. 체험 기회 제공
   - 체험 세션: 짧은 체험 세션을 통해 프로그램의 일부를 미리 경험해 보게 하여, 프로그램의 필요성을 직접 느낄 수 있도록 함
   - 워크숍: 간단한 워크숍을 열어 참가자들이 직접 참여하고, 프로그램이 제공하는 가치를 체험하게 함
6. 소셜미디어 활용
   - 짧은 동영상: 프로그램의 필요성을 설명하는 짧은 동영상을 제작하여 소셜미디어에 공유
   - 소셜미디어 캠페인: 관련 해시태그를 사용하여 프로그램의 중요성을 알리는 캠페인을 진행

(3) 연구 및 통계자료

• 관련 연구결과: 가족생활교육의 효과에 대한 연구결과나 통계자료를 인용하여 신뢰성을 높인다.

TIP 알아두면 좋은 통계자료 웹사이트

• **통계청** https://kostat.go.kr/
가족 구조 변화, 가족 형태, 평균 가구원 수 등의 통계자료 제공

• **한국가족정책학회** http://kfamilypolicy.or.kr/
가족 간 갈등 비율, 의사소통 문제 조사 등의 자료 제공

• **여성가족부** https://www.mogef.go.kr/
가족정책, 가족사업 지침, 통계, 교육, 보도 자료 등 제공

• **보건복지부** https://www.mohw.go.kr/
정신 건강 문제 비율, 가족관계 개선에 대한 통계자료 및 연구결과 제공

• **한국여성정책연구원** https://www.kwdi.re.kr/
가족 간 갈등, 청소년 문제 통계와 관련된 연구 자료 제공

• **국립정신건강센터** https://www.ncmh.go.kr/
정신 건강 문제 비율과 관련된 통계 및 연구 자료 제공

• **육아정책연구소** https://www.kicce.re.kr/
가족 구조 변화, 육아교육, 가족 갈등, 정신 건강, 육아정책 효과에 관한 통계 및 연구

• **복지넷** https://bokji.net/
가족문제로 인한 사회적 비용 및 가족생활교육의 필요성을 강조하는 자료 제공

• **OECD Family Database** https://www.oecd.org/
대한민국을 비롯한 OECD 회원 국가들의 가족 구조, 노동, 가족정책 통계, 비교

- 선행 사례: 성공적인 가족생활교육 프로그램 사례를 통해 프로그램의 필요성을 뒷받침한다. 가족생활교육과 관련된 연구결과나 성공 사례를 인용하여 프로그램의 필요성을 뒷받침한다. 예를 들어, 특정 프로그램이 가족 간의 갈등을 얼마나 줄였는지에 대한 데이터를 제시할 수 있다.

(4) 대상 분석

- 대상자의 특성: 프로그램의 주요 대상(부모, 자녀, 조부모 등)의 특성과 요구를 분석하여, 그에 맞춘 프로그램 필요성을 설명한다.
- 문화적 차이: 다양한 문화적 배경을 가진 가족들을 고려하여 프로그램의 포괄성을 강조한다.

(5) 기대 효과

- 가족관계 개선: 프로그램이 가족 간의 문제를 개선하고 갈등을 해결하는 데 어떻게 기여할 수 있는지를 설명한다.
- 개인적 성장: 참가자들이 프로그램을 통해 개인적으로 어떤 성장을 기대할 수 있는지를 구체적으로 서술한다.

(6) 자원 및 지원

- 필요한 자원: 프로그램을 실행하기 위한 인력, 재정, 장소 등 필요한 자원과 지원 방안을 언급한다. 이때 현재 시행되고 있는 가족생활교육 프로그램이나 자원의 한계를 언급하고, 이를 통해 새로운 접근방식이나 프로그램이 필요한 이유를 제시한다.

- 기관 및 커뮤니티의 역할: 지역사회와 기관이 프로그램에 어떻게 참여하고 지원할 수 있는지를 설명한다. 프로그램이 시행될 지역사회의 요구와 특성을 조사하고, 이를 반영하여 프로그램의 필요성을 강조한다. 지역사회의 의견이나 요구 조사를 통해 수집한 데이터를 제시하면 좋다.

(7) 미래지향적 비전

- 지속 가능성: 프로그램이 가족생활교육에 지속 가능한 변화를 가져올 수 있는 방법을 제시한다. 프로그램 실시로 인해 기대되는 장기적인 효과나 변화(예: 지역사회 내 가족 기능 향상, 사회적 연대 강화 등)를 설명한다.
- 장기적 목표: 프로그램을 통해 이루고자 하는 장기적인 목표와 비전을 설명한다.

활동 3 **다음의 사례를 읽고, 홍 씨 가족에게 나타나는 문제와 해결 방안을 논의해 보자. 더 나아가 "부모의 이혼 후 가족 갈등"을 다루는 가족생활교육 프로그램을 실시하고자 할 경우, 실시 배경에 어떤 내용을 실을 것인지 토의해 보자.**

• 사례 내용:

홍 씨 가족은 부모의 이혼으로 인해 어려운 상황에 처하게 되었다. 아버지는 새로운 직장을 찾기 위해 다른 도시로 이사했고, 어머니는 혼자서 두 자녀(10세 남자 아이, 8세 여자 아이)를 키우고 있다. 아이들은 아버지가 자주 연락하지 않자 불안감을 느끼고 있으며, 어머니는 경제적 부담과 정서적 스트레스로 힘들어하고 있다. 이로 인해 가족 간의 의사소통이 원활하지 않고, 아이들은 학교에서도 불안한 감정을 드러내고 있다.

• 문제:

• 해결 방안:

• 실시 배경:

CHAPTER 05

목표 및 대상

CONTENTS

이 장에서는 프로그램의 목적(Goal)과 목표(Objective)를 명확히 설정한다. 또한, 해당 프로그램이 대상으로 삼고 있는 집단에 대해 설명하며, 교육을 통해 어떤 변화를 이루고자 하는지를 제시하고자 한다.

1. 목적 및 목표

가족생활교육은 개인과 가족의 전반적인 발전을 목표로 하는 교육이다. 이 과정에서 목적과 목표 설정은 필수적이다. 목적은 교육의 방향성을 제공하고, 목표는 그 방향성을 실현하기 위한 구체적인 행동 계획을 제시한다. 효과적인 프로그램 운영을 위해서는 명확한 목적과 목표가 필요하며, 이는 교육 참여자들에게 동기를 부여하고 성과를 측정할 수 있는 기준을 마련해 준다.

1) 목적과 목표의 차이

목적은 "왜" 하는지를 설명하는 반면, 목표는 "무엇을" 이루고자 하는지를 구체적으로 제시한다. 목적은 전반적인 방향성을 제공하고, 목표는 그 방향성에 따른 구체적인 성과를 설정하는 역할을 한다. 우리가 여행을 가고자 계획을 세운다고 가정할 경우, 여행의 목적지는 여행을 떠나는 이유가 된다. 예를 들어, "해외여행을 가고 싶다"는 "목적"이다. 이는 우리가 왜 여행을 가는지를 정의하며, 여행의 방향성을 제시해 준다. 한편, "목표"는 그 목적지에 도달하기 위한 구체적인 계획에 해당한다. 예를 들어, "다음 달 15일에 비행기 예약을 하고, 20일 동안 여행을 간다"는 목표가 된다. 목표는 목적을 이루기 위한 실질적인 단계로, 수행해야 할 행동을 명확히 해준다. 이를 가족생활교육에 적용시켜 간략히 정리해 보면 〈표 5-1〉과 같다.

〈표 5-1〉 목적과 목표

항목	목적	목표
정의	프로그램의 큰 방향성과 의도	구체적이고 측정 가능한 결과
성격	포괄적이고 추상적	구체적이고 명확한 행동
예시	가족의 정서적 건강 증진	8주 동안 매주 1회 가족회의에서 각 가족구성원이 최소 10분간 감정을 나누고, 프로그램 종료 후 그 효과를 평가한다.
기간	장기적	단기적

2) 가족생활교육의 주요 목적

(1) 가족구성원 간의 의사소통 증진

효과적인 의사소통은 모든 가족관계의 기초이다. 이를 통해 오해를 줄이고 서로의 감정을 이해하게 된다.

(2) 갈등 해결 능력 향상

가족 내 갈등은 자연스러운 현상이다. 교육을 통해 갈등을 건강하게 해결하는 방법을 배우고 적용할 수 있다.

(3) 건강한 가족관계 형성

서로를 존중하고 지지하는 관계를 구축하여 가족의 결속력을 강화한다.

(4) 가족의 역할과 책임 이해

각 가족구성원이 자신의 역할과 책임을 이해함으로써, 보다 조화로운 가족생활을 이루게 된다.

3) 가족생활교육의 목표 예시

(1) 가족 간의 의사소통기술 향상을 위한 워크숍 개최

다양한 의사소통 기법을 배우고 실습하는 세션을 통해 참여자들의 의사소통 능력을 향상시킨다.

(2) 갈등 해결을 위한 사례 연구 및 실습 세션 운영

실제 사례를 분석하고, 갈등 상황에서의 대처방법을 실습한다.

(3) 가족 건강 증진을 위한 식생활 교육 프로그램 개발

건강한 식습관을 기르는 방법에 대한 교육을 통해 가족의 건강을 증진한다.

(4) 가족구성원 각자의 역할을 위한 교육자료 제작

각 구성원의 역할과 책임에 대해 설명하는 자료를 만들어 배포한다.

4) SMART 목표 설정

“SMART 목표 설정”은 조지 T. 도란(George T. Doran)이 1981년에 제안한 목표 설정의 프레임워크로, 효과적인 목표를 수립하기 위한 다섯 가지 기준을 제공한다. 각 요소는 다음과 같다.

(1) Specific (구체적)

목표는 명확하고 구체적이어야 한다. 목표가 무엇인지 분명히 정의하여 참여자들이 이해할 수 있도록 한다.

예 "가족 간의 의사소통을 개선한다" 대신 "매주 금요일 저녁에 가족회의를 열어 각자의 생각과 감정을 나누기로 한다."로 표현하면 구체적으로 어떤 행동을 할지 명확하게 제시하여 참여자들이 이해하기 쉽다.

(2) Measurable (측정 가능)

목표의 성과를 측정할 수 있는 기준을 마련해야 한다. 이를 통해 목표 달성 여부를 평가할 수 있다.

예 "가족의 행복도를 높인다" 대신 "3개월 후 가족 간의 의사소통 만족도를 설문조사하여 80%로 높인다."로 표현하면 구체적인 수치 목표를 제시하여 성과를 측정할 수 있다.

(3) Achievable/Attaninable (달성 가능)

목표는 현실적이어야 하며, 참여자들이 노력하면 충분히 도달할 수 있는 수준이어야 한다. 비현실적인 목표는 동기부여를 저하시킬 수 있다.

예 "매일 가족과 5시간씩 대화하겠다" 대신 "주말마다 1시간씩 가족과 함께 활동을 하며 대화하는 시간을 갖는다."라고 표현하면 현실적인 시간 설정으로 인해 참여자들이 쉽게 지치거나 포기하지 않을 수 있다.

(4) Relevant (관련성)

목표는 전체 목적과 관련이 있어야 하며, 실제 상황에 도움이 되는 방향으로 설정해야 한다. 목표가 중요하고 의미 있어야 참여자들이 동기부여를 느낀다.

예 "가족이 다 함께 요리를 배운다." 대신 "가족의 건강 증진을 위해 매주 한 번 건강식 요리법을 배우고 함께 요리하기로 한다."로 표현하면 가족의 건강과 관련된 중요한 목표로 참여자들이 동기부여를 느낄 수 있다.

(5) Time-bound/Time-based (시간적 범위)

목표를 달성하기 위한 기한을 설정하여, 참여자들이 시간 내에 목표를 달성할 수 있도록 한다. 기한이 설정되면 목표 달성을 위한 계획을 세우기가 용이해진다.

예 "가족의 관계를 개선하겠다" 대신 "6개월 이내에 가족 간의 의사소통을 개선하여 월말마다 진행하는 평가를 통해 80% 이상의 만족도를 얻는다"라고 표현하면 명확한 기한 설정으로 인해 목표 달성을 위한 계획 수립이 용이하다.

이와 같은 방식으로 SMART 목표 설정을 통해 가족생활교육의 목표를 구체적이고 실현 가능하게 만들 수 있다. 이를 통해 참여자들이 목표를 명확히 이해하고 달성할 수 있는 동기를 가질 수 있다.

TIP SMART 목표 설정을 위해 던져야 할 질문

S Specific	Q. 누가 참여하는가? (누가 관련되어 있는가?) Q. 내가 무엇을 이루고 싶은가? Q. 이 목표를 언제까지 달성해야 하는가? Q. 이 목표가 왜 중요한가?
M Measurable	Q. 내 진행 상황을 어떻게 측정할 것인가? Q. 내 목표가 달성되었는지 어떻게 알 수 있는가?
A Achievable Attaninable	Q. 목표가 성취되면 명확해지는가? Q. 주어진 시간 안에 목표를 달성하는 것이 합리적인가?
R Relevant	Q. 이 목표가 내 전반적인 성공(개인/조직)과 관련이 있는가?
T Time-bound Time-Based	Q. 이 목표를 달성하는 데 얼마나 걸려야 하는가? Q. 목표가 성취되었는지 확인해 볼 시점이 언제인가?

활동1 **다음에 등장하는 가족생활교육 프로그램에 적합한 목적과 목표를 세워 보자.**

■ 프로그램1: 가족 가치관 탐색 프로그램

• 목적:

• 목표:

1.

2.

3.

■ 프로그램2: 가족 의사소통 향상 프로그램

• 목적:

• 목표:

1.

2.

3.

활동2 "가족생활교육의 실제" 파트에 등장하는 프로그램에서 목적과 목표가 어떻게 서술되었는지 조사해 보자. 본인의 생각에 잘 기술된 목적과 목표가 어떤 것인지 이야기 나누어 보자.

2. 대상 집단

가족생활교육 프로그램의 효과를 극대화하기 위해서는 적절한 대상 집단을 설정하는 것이 필수적이다. 올바른 대상 집단을 설정하는 과정은 프로그램의 목표와 방향성을 명확히 하고, 참가자들의 필요를 충족시키는 데 중요한 역할을 한다.

1) 대상 집단 설정 과정

(1) 프로그램 수혜자 결정을 위한 모형

프로그램 수혜자를 결정하기 위한 모형은 프로그램의 목표와 특성에 따라 다양한 접근 방식을 사용할 수 있다. 일반적으로 사용되는 몇 가지 모형을 소개하면 〈표 5-2〉와 같다. 각 모델은 특정 상황에 따라 장점과 단점을 가지고 있으며 효과적인 프로그램 운영을 위해서는 이러한 요소들을 종합적으로 고려할 필요가 있다.

〈표 5-2〉 프로그램 수혜자를 결정하기 위한 모형

구분	설명	단계	장점과 단점
필요기반모형 (Needs –Based Model)	프로그램이 해결하고자 하는 특정 문제나 필요를 중심으로 수혜자를 선정함	• 니즈 평가: 설문조사, 인터뷰 또는 포커스그룹을 통해 데이터를 수집하여 대상 집단의 문제와 요구를 조사함 • 우선순위 설정: 조사 결과를 바탕으로 가장 시급하고 중요한 필요를 우선적으로 설정함 • 대상 선정: 우선순위에 따라 프로그램의 수혜자를 선정함	• 장점: 수혜자의 실제 필요를 반영하여 프로그램의 효과성을 높일 수 있음 • 단점: 필요 평가 과정이 주관적일 수 있어 특정 집단의 필요를 과소평가 혹은 과대평가의 위험 있음

접근가능성 기반모형 (Accessibility –Based Model)	프로그램에 접근할 수 있는 능력을 기준으로 경제적·지리적·사회적 요인을 고려하여 수혜자를 결정함	• 접근성 평가: 대상 집단이 프로그램에 접근할 수 있는 지 여부를 평가함(예, 교통편, 비용, 시간 등의 요소를 고려함) • 대상 선정: 접근성이 높은 집단을 우선적으로 선정함	• 장점: 프로그램의 실질적인 참여를 유도할 수 있고, 프로그램이 효과적으로 운영될 가능성을 높임 • 단점: 접근성이 낮은 집단이 배제될 수 있으며 접근성에만 집중하면 실제적인 필요나 효과적인 지원이 무시될 수 있음
인구통계 기반모형 (Demographic –Based Model)	연령, 성별, 소득 수준, 교육 수준 등 인구 통계적 특성을 기준으로 수혜자를 선정함	• 인구 통계 조사: 목표 집단의 인구 통계적 데이터를 수집함 • 대상 선정: 특정 인구 통계적 특성을 가진 집단을 선정하여 프로그램을 운영함	• 장점: 특정 집단의 특성을 고려한 맞춤형 프로그램을 개발할 수 있음 • 단점: 개별 수혜자의 고유한 필요를 간과할 수 있고, 특정 인구 통계 집단 외에 중요한 집단이 소외될 수 있음
참여기반모형 (Participation –Based Model)	프로그램에 대한 관심과 참여 의사가 있는 집단을 중심으로 수혜자를 결정함	• 참여 의사 조사: 설문조사나 정보 세션을 활용하여 프로그램에 대한 관심과 참여 의사를 조사함 • 대상 선정: 참여의사가 높은 집단을 선정하여 프로그램을 운영함	• 장점: 프로그램에 대한 높은 참여율을 기대할 수 있음 • 단점: 실제로 도움이 필요한 사람들을 놓칠 수도 있고, 일시적인 관심에 그칠 가능성도 있음
결과기반모형 (Outcome –Based Model)	프로그램이 달성하고자 하는 결과를 기준으로 수혜자를 선정함	• 결과 목표 설정: 프로그램의 목표와 기대되는 결과를 정의함 • 대상 선정: 목표 달성을 위한 적합한 집단을 선정함	• 장점: 명확한 목표를 통해 프로그램의 효과성을 평가하고 개선할 수 있음 • 단점: 결과에만 집중하면 과정이나 경험을 간과하여 전반적인 질 저하가 우려됨

(2) Rapp & Poertner의 Population Funnel 모델

Rapp & Poertner(1992)의 Population Funnel 모델은 사회복지 분야에서 서비스 제공 및 인구 선별 과정을 설명하는 이론적 틀이다. 이 모델은 특정 인구집단이 서비스에 접근하는 과정을 단계적으로 나타내며, 각 단계에서 점점 더 좁아지는 구조를 가지고 있다. 초기 단계는 광범위한 인구집단을 포함하며, 마지막 단계로 갈수록 특정한 필요나 조건을 가진 집단으로 축소된다. 각 단계에서 인구집단은 서비스에 대한 접근성과 필요에 따라 선별되며, 이 과정에서 적합한 수혜자를 결정한다.

① 전체 인구집단(Total Population)

첫 번째 단계는 서비스의 잠재적 수혜자를 포함한 전체 인구집단이다. 이 단계에서는 모든 가능한 수혜자가 포함된다.

② 필요가 있는 인구(Population in Need)

두 번째 단계는 특정 문제나 필요를 가진 사람들로 좁혀진다. 이 단계에서는 서비스가 필요한 집단이 정의된다.

③ 서비스에 접근 가능한 인구(Population Accessible to Services)

세 번째 단계에서는 실제로 서비스에 접근할 수 있는 집단으로 축소된다. 이 단계에서는 경제적, 지리적, 사회적 요인을 고려하여 서비스에 접근할 수 있는 잠재적 수혜자를 선정한다.

④ 서비스 수혜 인구(Population Receiving Services)

마지막 단계에서는 실제로 서비스의 혜택을 받는 집단이다. 이 단계에서는 서비스 제공을 통해 문제를 해결하거나 필요를 충족시키는 사람들이 포함된다.

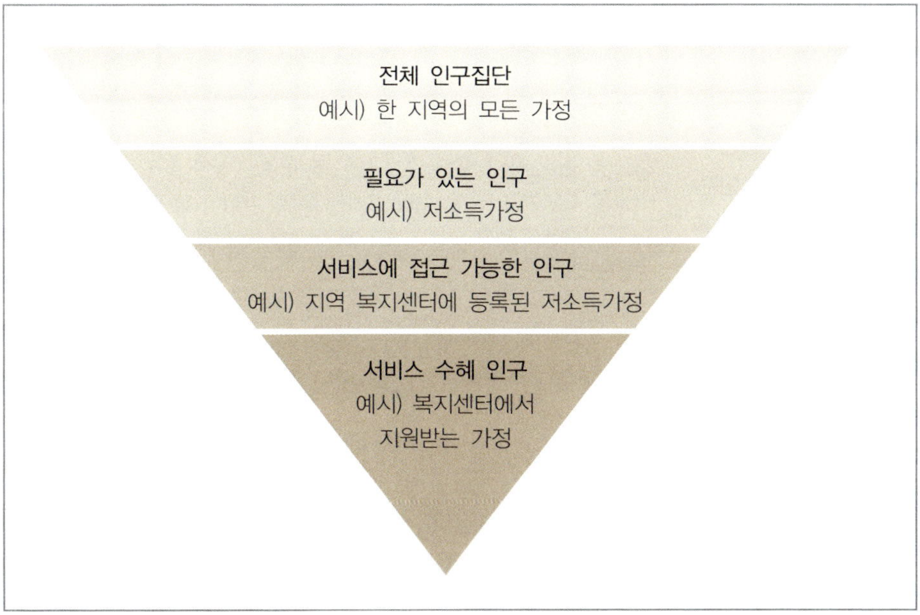

❑그림 5-1 Population Funnel 모델

[그림 5-1]에서 보는 바와 같이 Rapp & Poertner(1992)의 Population Funnel 모델을 기반으로 각 단계에 대한 실제 예시를 들어보면 〈표 5-3〉과 같다.

〈표 5-3〉 Population Funnel 모델에 대한 예시

단계	예시
① 전체 인구집단 (Total Population)	지역사회의 모든 가정이 포함된다. 예를 들어, 특정 지역의 모든 가정이 초기 인구집단으로 고려될 수 있다. 이들은 다양한 배경과 필요를 가진 사람들로 구성되어 있다.
② 필요가 있는 인구 (Population in Need)	특정 문제를 가진 집단으로 좁혀진다. 예를 들어, 경제적으로 어려움을 겪고 있는 저소득가정이 서비스가 필요한 집단으로 정의된다. 이들은 기본적인 생활비나 교육 지원이 필요할 수 있다.

③ 서비스에 접근 가능한 인구 (Population Accessible to Services)	실제로 서비스에 접근할 수 있는 집단으로 축소된다. 예를 들어, 지역 복지센터에 등록된 저소득가정이 이 단계에 해당한다. 이들은 경제적 지원 및 상담 서비스를 받을 수 있는 조건을 갖추고 있어, 서비스에 접근할 가능성이 높다.
④ 서비스 수혜 인구 (Population Receiving Services)	실제로 서비스의 혜택을 받고 있는 집단이다. 예를 들어, 복지센터에서 식료품 지원이나 주거 지원을 받는 저소득가정이 이 단계에 포함된다. 이들은 서비스 제공을 통해 문제를 해결하고, 생활의 질이 향상되는 경험을 하게 된다.

이러한 예시들은 Population Funnel 모델의 각 단계에서 어떻게 인구집단이 선별되고, 서비스가 필요한 사람들에게 효과적으로 제공되는지를 보여준다. 각 단계는 서로 연결되어 있으며, 최종적으로 필요한 지원을 받는 사람들이 어떤 과정을 통해 선정되는지를 이해하는 데 도움이 된다. 위와 같은 단계를 거쳐 대상자를 선정하게 되면, 첫째, 복잡한 인구집단의 선별 과정을 시각적으로 이해하기 쉽게 만들어주는 장점이 있다. 둘째, 각 단계에서 수혜자를 선별함으로써 자원을 효율적으로 배분하고 실제로 도움이 필요한 사람들에게 집중할 수 있다. 셋째, 정책 개발과 프로그램 설계에 있어 효과적인 기초자료를 제공할 수 있는 이점이 존재한다. 그러나 각 단계가 복잡한 사회적 요인을 단순화할 수 있어 실제 상황을 충분히 반영하지 못할 위험이 존재한다. 또한 마지막 단계로 갈수록 특정 집단이 소외될 수 있어 이를 방지하기 위한 추가적인 고려가 필요하다.

2) 대상 집단의 특성 및 요구

(1) 어린이

기본적인 의사소통기술과 사회적 관계 형성을 배우는 단계이다. 이 시기의 교육은 놀이 중심으로 구성되어야 하며, 안전한 놀이환경, 기본적인 의사소통 능력, 정서적 지지 등이 필요하다. 예를 들어, 지역사회 내 안전한 놀이공간을 제공하고, 부모와 함께 참여할 수 있는 가족 중심의 활동을 통해 사회적 상호작용을 증진할 수 있다. 또는 상담서비스나 정서적 지지 그룹을 통해 부모가 자녀의 정서적 요구를 이해하고 지원할 수도 있다.

(2) 청소년

이 시기는 정체성 확립과 가족 내 역할 이해가 중요한 시기이다. 이들에게는 정체성 확립 지원, 가족과의 소통 증진, 독립성 관련 프로그램 등이 필요하다. 예를 들어, 청소년들이 신뢰할 수 있는 성인 멘토와의 관계를 통해 정체성을 탐색하고, 가족 외의 지지를 받을 수 있는 기회를 제공한다. 혹은 가족 간의 소통을 개선하기 위한 워크숍을 개최하여 청소년과 부모 간의 이해를 증진할 수도 있다.

(3) 성인

직장생활과 가정의 균형을 맞추는 것이 중요한 시기로 다양한 역할을 수행한다. 갈등 해결 기술, 재정관리, 부모 역할 교육 등이 필요하다. 예를 들어, 가족 간의 갈등을 해결하기 위한 교육과 상담을 제공하여 긍정적인 대화 기술을 배양할 수 있도록 한다. 혹은 재정 관련 워크숍을 통해 가정의 재정 관리를 돕고 경제적 스트레스를 줄이는 방법을 제시할 수도 있다.

(4) 노인

이 시기는 가족 내에서 역할 변화와 정서적 지지의 필요성이 강조된다. 노인은 가족의 역사와 전통을 전달하는 중요한 역할을 하며 이 과정에서 정서적 안정감을 느낄 수 있다. 정서적 지원, 건강 관리 정보, 노후 준비 등이 필요하다. 예를 들어, 건강관리와 관련된 교육을 제공하며, 지역사회 내에서의 지지 네트워크를 구축하거나 노인과 가족 간의 소통을 촉진하기 위한 활동을 통해 정서적 지지를 강화할 수 있다.

3) 요구도 조사

(1) 요구도 조사의 목적

① 프로그램 필요성 확인

가족생활교육 프로그램의 필요성을 명확히 하기 위해, 현재 사회적 · 문화적 변화가 가족구성원들에게 미치는 영향을 분석한다. 프로그램이 필요한 이유는 변화하는 가족 구조, 외부환경의 스트레스, 그리고 가족 간의 의사소통 부족 등 다양한 요인에서 비롯된다. 요구도 조사를 통해 프로그램의 목표와 방향성을 설정하는 데 기초 자료로 활용할 수 있다.

② 대상자 요구 파악

요구도 조사 결과를 통해 가족구성원들이 필요로 하는 교육 내용과 주제를 파악할 수 있다. 이를 통해 각 가족의 특성과 요구에 맞는 맞춤형 프로그램을 설계할 수 있으며, 교육의 효과성을 높일 수 있다. 예를 들어, 부모교육, 자녀양육, 가족 갈등 해결 등 다양한 주제를 고려할 수 있다.

③ 요구도 조사 질문 목록 예시

가족생활교육 프로그램에 대한 구체적인 요구를 파악하기 위한 질문 목록의 예시는 〈표 5-4〉와 같다.

〈표 5-4〉 요구도 조사 질문 목록 예시

항목	질문
기본 정보	• 귀하의 연령대를 알려주세요. • 가족구성원은 어떻게 되나요? (예: 성별, 연령)
현재 가족생활	• 현재 가족 간에 어떤 문제가 가장 큰가요? (예: 의사소통, 갈등, 재정 등) • 가족 간의 의사소통은 얼마나 원활한가요? (1~5점 척도)
교육 필요성	• 어떤 주제에 대해 교육이 필요하다고 느끼시나요? (복수 선택 가능) • 해당 주제에 대한 교육이 왜 필요하다고 생각하시나요?
기대 효과	• 교육을 통해 어떤 변화를 기대하시나요? • 교육 후 가장 개선되기를 원하는 부분은 무엇인가요?
교육 방식 및 시간	• 어떤 교육방식을 선호하시나요? (온라인, 오프라인, 워크숍 등) • 교육이 이루어지길 원하는 시간대는 언제인가요?
기타 의견	• 기존 가족생활교육 프로그램에서 아쉬웠던 점은 무엇인가요? • 추가적으로 원하는 내용이나 형식이 있다면 무엇인가요?

〈표 5-5〉 요구도 조사 시, 가족생활 관련 항목 조사표 예시

영역	하위 영역	질문
1. 기본 정보	가족구성원 수	• 귀하의 가족은 총 몇 명으로 구성되어 있습니까? (예: 1명, 2명, 3명 등)
	가족구성원 연령대	• 가족구성원의 연령대를 적어 주세요. (예: 0-5세, 6-12세, 13-19세, 20대, 30대 이상 등)
	가족구성원 성별	• 가족구성원의 성별을 적어 주세요. (예: 남성, 여성, 기타)
	거주 지역	• 귀하의 가족이 거주하는 지역은 어디입니까? (예: 도시명, 구역 등)
2. 가족생활 관련 주제	의사소통	• 가족 간의 소통은 얼마나 원활하다고 생각하십니까? (1-매우 불만족, 5-매우 만족) • 가족 간의 갈등을 해결하는 방법으로 어떤 방식을 주로 사용하십니까? (예: 대화, 무시, 중재 등)

2. 가족생활 관련 주제	가족관계	• 가족 간의 유대감은 어느 정도라고 느끼십니까? (1–매우 약함, 5–매우 강함) • 가족과의 친밀감 정도를 어떻게 평가하십니까? (1–매우 낮음, 5–매우 높음)
	부모교육	• 자녀 양육에 대한 정보와 교육이 얼마나 필요하다고 느끼십니까? (1–전혀 필요하지 않음, 5–매우 필요함) • 부모 역할에 대한 이해도는 어느 정도입니까? (1–전혀 이해하지 못함, 5–매우 잘 이해함)
	가정 경제	• 가정의 재정 관리에 대한 지식 수준은 어느 정도입니까? (1–전혀 없음, 5–매우 높음) • 경제적 스트레스를 얼마나 느끼고 있습니까? (1–전혀 느끼지 않음, 5–매우 많이 느낌)
	가정 안전	• 가정 내 안전문제에 대한 인식 수준은 어떠합니까? (1–전혀 인식하지 못함, 5–매우 잘 인식함) • 가정 내 안전교육이 필요하다고 생각하십니까? (예: 예, 아니오)
3. 프로그램 참여 경험	이전 프로그램 참여 경험	• 이전에 가족생활교육 프로그램에 참여한 적이 있습니까? (예: 예, 아니오) • 참여한 프로그램의 종류는 무엇이었습니까? (예: 부모교육, 가족상담 등)
	프로그램 만족도	• 참여한 프로그램에 대한 만족도는 어떠셨습니까? (1–매우 불만족, 5–매우 만족) • 프로그램에서 가장 유익했던 점은 무엇입니까?
	향후 참여 의향	• 향후 어떤 주제의 프로그램에 참여하고 싶으십니까? (예: 부모교육, 가족 소통, 갈등 해결 등) • 프로그램 형식은 어떤 것을 선호하십니까? (예: 온라인, 오프라인, 워크숍 등)
4. 정보 및 지원 필요	정보 필요 주제	• 어떤 주제에 대한 정보가 필요하다고 생각하십니까? (예: 가족상담, 자녀 교육, 경제 관리 등)
	지원 필요성	• 심리적 지원이 얼마나 필요하다고 느끼십니까? (1–전혀 필요하지 않음, 5–매우 필요함) • 경제적 지원이 필요하다고 느끼십니까? (예: 예, 아니오)
5. 기타 의견	추가적인 요구 사항	• 프로그램에 대해 추가적으로 요구하거나 필요한 사항이 있으십니까?
	기타 제안 및 의견	• 프로그램 개선을 위해 제안하고 싶은 사항이나 의견이 있으십니까?

(2) Vella의 3단계 요구조사방법

Vella(1994)의 3단계 요구조사방법은 다음과 같다.

1. 요구 인식 (Recognizing Needs)	2. 요구분석 (Analyzing Needs)	3. 요구 확인 (Confirming Needs)
• 설문조사, 인터뷰, 포커스 그룹 등	• 정성적/정량적 분석 → 요구의 우선순위 결정 • 귀속 요구 vs 인식 요구	• 분석 결과의 공유 • 필요시, 추가 데이터 수집

① 요구 인식

첫 번째 단계는 요구 인식(Recognizing Needs) 단계로 참여자와의 대화, 설문조사, 포커스그룹 인터뷰 등을 통해 현재 직면하고 있는 문제와 필요를 탐색하게 된다. 이 단계에서는 다양한 관점을 수집하여 요구를 폭넓게 이해하는 것이 중요하다. 요구도 조사를 위해 다양한 방법을 고려해야 하는데, 각 요구도 조사방법은 고유의 장점과 단점을 가지고 있다(〈표 5-2〉 참조). 조사 목적과 대상에 따라 적절한 방법을 선택하는 것이 중요하다.

• 설문조사(Survey)

설문조사는 미리 준비된 질문지를 통해 대규모 응답자에게 정보를 수집하는 방법이다. 주로 객관식, 주관식, 리커트 척도 등의 질문 유형을 사용하여 응답자의 의견, 태도, 행동 등을 정량적으로 분석할 수 있고, 온라인, 전화, 또는 종이 형태로 진행될 수 있다.

설문조사방법을 활용하면 첫째, 많은 사람들로부터 동시에 데이터를 수집할 수 있어 통계적 분석이 용이하다. 둘째, 온라인 설문조사의 경우 인건비나 장소대여비 등이 적게 들어 경제적이다. 셋째, 설문지의 질문이 표준화되어 있어 응답자의 주관적 편향을 줄일 수 있다. 넷째, 응답자가 익명으로 참여할 수 있어, 민감한 주제에 대한 솔직한 응답을 유도할 수 있다.

그러나 설문조사방법은 다음과 같은 단점도 존재한다. 첫째, 온라인 설문조사는 응답률이 낮을 수 있으며 이는 데이터의 대표성을 저하시킬 수 있다. 둘째, 정량적 데이터는 수집할 수 있지만 심층적인 의견이나 감정을 파악하기 어렵다. 셋째, 질문이 명확하지 않거나 복잡할 경우 응답자가 잘못 이해하고 답변할 수 있다.

예시 가족생활교육 프로그램에 대한 만족도 조사

질문 항목

- "이번 가족생활교육 프로그램에서 가장 유익했던 세션은 무엇이었습니까?" (주관식)
- "프로그램의 전반적인 만족도를 1에서 5까지의 척도로 평가해 주십시오." (리커트 척도)
- "가족과의 의사소통 개선이 되었습니까?" (객관식: 예/아니오)

최근에는 네이버폼[1], 구글폼[2]과 같은 무료 온라인 설문조사도구를 활용하는 경우가 많아지고 있다. 간편하게 설문을 만들어 문자메시지, QR코드 등으로 배포하고, 프로그램 참여자는 모바일로 응답을 하면 응답 결과를 바로 확인, 집계, 분석할 수 있다.

1) https://form.naver.com/

2) https://www.google.com/intl/ko/forms/about/

활동3 **요구 및 만족도 온라인 조사 만들기**

- 네이버폼(https://form.naver.com/) 사이트에 접속한다.
- 내 설문 만들기 메뉴에서 객관식, 주관식 등 유형을 선택한다.
- 질문, 선택지를 입력한다.
- 완성된 설문지의 주소 및 QR코드를 다른 사람에게 보내본다.
- 다른 사람이 응답한 설문조사 결과를 확인한다.

- 인터뷰(Interview)

인터뷰는 개인 또는 소규모 그룹과의 직접적인 대화를 통해 정보를 수집하는 방법으로 개방형 질문을 통해 가족구성원들의 개인적 경험과 감정에 대한 정보를 제공해 준다. 인터뷰를 활용한 요구도 조사를 할 경우, 첫째, 응답자의 개인적인 경험과 감정을 깊이 있게 탐구할 수 있다. 둘째, 질문자(interviewer)가 추가 질문을 하거나 응답자의 답변을 구체화할 수 있어 더 많은 정보를 얻을 수 있다. 셋째, 개인적인 대화 형식으로 진행되어 응답자가 편안함을 느끼고 솔직한 답변을 할 가능성이 높다. 그러나 인터뷰의 경우, 첫째, 개별 인터뷰는 시간이 많이 걸리며, 대규모 데이터 수집에 비효율적일 수 있다. 둘째, 인건비와 같은 비용이 발생하며, 여러 질문자를 필요로 할 경우 비용이 증가한다. 셋째, 수집된 데이터가 질적이기 때문에 분석이 복잡하고 주관적인 해석이 개입될 수 있다.

예시 **가족생활교육 프로그램 참가자와의 심층 인터뷰**

인터뷰 주제: 프로그램의 개인적 영향

질문 예시

- 이 프로그램을 통해 가족 간의 의사소통이 어떻게 변화했습니까?
- 가장 인상 깊었던 활동이나 내용은 무엇이었나요?
- 프로그램에서 다루지 않았으면 하는 주제가 있습니까?

- **포커스그룹**(Focus Group; Focus Group Interview, FGI)

포커스그룹은 특정 주제에 대해 여러 사람의 의견을 수렴하기 위해 구성된 그룹 토론이다. 일반적으로 6~12명의 참여자가 모여 주최자가 제시한 질문이나 주제에 대해 자유롭게 의견을 나누고 토론한다. 이를 활용하면 첫째, 여러 사람의 의견을 한 자리에서 듣고, 서로의 의견에 대한 반응을 관찰할 수 있다. 둘째, 참여자 간의 논의가 촉진되어, 더 깊이 있는 통찰을 얻을 수 있다. 셋째, 그룹 내 토론을 통해 새로운 아이디어나 관점을 발견할 수 있는 기회를 제공해 준다. 그러나 이 방법은 첫째, 강한 의견을 가진 참여자가 대화의 주도권을 가져갈 경우, 다른 의견이 묻히거나 소외될 수 있다. 둘째, 다양한 의견이 오가는 만큼, 데이터를 정리하고 분석하는 데 시간이 소요된다. 셋째, 그룹 토론을 원활하게 진행하기 위해서는 숙련된 진행자가 필요하며, 이로 인해 추가적인 비용과 시간이 발생할 수 있다.

예시 가족생활교육 프로그램에 대한 의견 수렴을 위한 포커스그룹

- 구성: 다양한 연령대와 배경을 가진 가족구성원 8~10명으로 그룹 구성
- 주제: 프로그램의 내용과 형식에 대한 논의

질문 예시
- 가족생활교육에서 어떤 주제가 가장 중요하다고 생각하십니까?
- 프로그램의 형식(예: 워크숍, 세미나 등)에 대한 의견은 무엇입니까?
- 더 많은 참여를 이끌어내기 위해 어떤 변화가 필요할까요?

〈표 5-6〉 요구도조사방법의 장점과 단점

구분	장점	단점
설문조사	• 대규모 데이터 수집 • 비용 효율성 • 객관성 • 익명성 보장	• 응답률 저조 • 질적 정보 부족 • 오해의 소지
인터뷰	• 심층적인 정보 수집 • 상호작용 가능 • 신뢰 구축	• 시간 소요 • 비용 문제 • 분석의 복잡성
포커스그룹	• 다양한 의견 수렴 • 상호작용을 통한 심화 • 아이디어 발굴	• 소수의견의 소외 • 분석의 난이도 • 조직적 관리 필요

② 요구분석

두 번째 단계에서는 요구분석(Analyzing Needs)을 한다. 수집된 데이터를 정량적 및 정성적으로 분석하여 요구의 우선순위를 결정한다. 이 과정에서는 귀속 요구와 인식 요구를 구분하고 각 요구가 프로그램에 미치는 영향을 평가한다. 귀속 요구와 인식 요구는 교육 및 프로그램 개발에서 중요한 개념으로 발현 주체(외부의 전문 체제 vs 개인이나 집단)에 따라 차이가 있다.

• 귀속 요구(Ascribed Needs)

귀속 요구는 외부에서 평가되거나 전문가나 연구자에 의해 정의된 필요로, 일반적으로 객관적인 데이터나 연구결과에 기반한다. 예를 들어, "가족 간의 갈등 해결 기술이 필요하다"는 귀속 요구에 해당한다. 귀속 요구는 보다 객관적인 기준이나 데이터에 기반하므로 일반화할 수 있는 경향이 있다. 즉, 조사나 연구를 통해 수집된 데이터로 명확하게 표현될 수 있다.

• 인식 요구(Felt Needs)

인식 요구는 개인이나 집단이 스스로 느끼고 인식하는 필요로, 주관적이고 개인적인 감정이나 경험에 기반한다. 예를 들어, "가족 간의 소통이 부족하다고 느낀다"는 인식 요구에 해당한다. 인식 요구는 각 개인이 느끼는 필요가 다를 수 있고, 종종 비구조적이며 개인의 감정을 표현하는 방식으로 나타난다.

이 두 가지 요구는 프로그램 개발 및 교육 내용 설정에서 모두 중요하며 상호보완적으로 활용될 수 있다.

③ 요구 확인

세 번째 단계에서는 요구 확인(Confirming Needs)을 한다. 분석 결과를 이해 관계자와 공유하고 피드백을 받는다. 이를 통해 요구의 정확성을 검증하고 필요시 추가 데이터를 수집하여 요구를 수정하거나 보완한다. 이 단계에서는 관계자와의 협의가 중요한 역할을 한다.

활동4 내가 만약 가족생활교육 프로그램을 계획한다면, 누구를 대상으로 하고 싶은지 생각해 보자.

활동5 활동1에서 설정한 대상자들에게 요구도 분석을 한다면 어떻게 할 계획인가?

활동6 욕구/요구(Needs)분석 연습

- 출처: 스위치온, "26세 미혼모가 꽃 한 송이에 눈물 흘린 이유는"
- 링크: https://www.youtube.com/watch?v=M7rIOm4qYEU
- 시간: 6분 19초

위 영상을 보면, 26세의 동갑내기 두 여성이 등장한다. 각자에게 보이는 욕구는 무엇이며, 공통적으로 가지고 있는 욕구는 어떤 것일까?

CHAPTER 06

프로그램 설계 및 내용

CONTENTS

이 장에서는 프로그램의 구체적인 내용과 이를 실행하기 위해 필요한 자원 및 예산을 계획한다. 프로그램 설계는 효과적인 교육과 지속적인 참여를 위한 기본 체계가 된다.

1. 프로그램 내용

프로그램의 세부 내용과 활동 계획을 구체적으로 설명하기 위해 각 활동의 목적, 방법, 소요시간 등을 기획한다. 다음과 같은 점을 고려하여 프로그램 내용을 구성하면 참가자들이 명확한 목표를 가지고 활동에 참여할 수 있으며, 구조적이고 효과적인 교육 프로그램을 운영할 수 있게 된다.

1) 프로그램 목표 설정

각 활동이 이루어지는 목적을 명확히 설정한다. 예를 들어, “가족 간 소통 능력 향상” 또는 “갈등 해결 기술 습득”과 같은 구체적인 목표를 제시한다.

2) 활동 유형 다양화

강의, 그룹 토의, 롤플레잉, 워크숍, 실습 등 다양한 활동 방식을 포함하여 참여자들이 흥미를 느낄 수 있도록 한다.

(1) 강의(Lecture)

① 목적

강의의 핵심 목적은 가족생활교육의 기본 개념과 이론을 참가자들에게 명확하게 전달하고, 이론적 배경을 통해 실천적인 이해를 돕는 것이다. 참가자들이 가족 기능, 의사소통기술, 갈등 해결 방법 등에 대한 기초적인 지식을 습득하여 이후의 활동에서 이를 적용할 수 있도록 하는 것이 중요하다.

② 내용

강의에서는 다음과 같은 주제를 다룬다.

- 가족 기능: 가족의 역할과 기능, 가족 내에서의 상호작용 및 지원 체계에 대한 이해
- 의사소통기술: 효과적인 의사소통의 중요성, 비폭력적 의사소통(NVC) 기법, 경청의 기술 등을 포함
- 갈등 해결 방법: 갈등의 원인, 갈등 해결 기법, 문제 해결 과정 및 협상 기술에 대한 이론

③ 방법

- 전문가나 강사 활용: 이론적 지식을 효과적으로 전달하기 위해 가족생활교육 전문가나 관련 분야의 강사를 초청하여 강의를 진행한다.
- 슬라이드 활용: 시각적 자료를 통해 내용을 명확히 전달한다. 각 슬라이드는 핵심 개념, 그래프, 도표 등을 포함하여 이해를 돕는다.
- 동영상 자료: 실제 사례나 전문가 인터뷰를 담은 동영상을 활용하여 참가자들이 이론과 실제를 연결할 수 있도록 한다.
- 사례 연구: 이론적인 내용을 강화하기 위해 실제 사례를 통해 설명한다.

예를 들어, 특정 가족의 의사소통 문제를 다룬 사례를 분석하고, 이를 통해 배운 이론을 적용하는 방법을 논의한다.

④ 소요시간

강의의 길이는 약 30분에서 1시간 정도로 설정하며, 주제에 따라 세부 내용의 깊이나 참여자들의 질문에 따라 조정할 수 있다. 강의 후에는 질의응답 시간을 포함하여 참가자들이 궁금한 점을 해소할 수 있도록 한다.

예시 "효과적인 의사소통의 중요성" 강의

- 강의 개요: 이 강의에서는 효과적인 의사소통의 필요성과 그 기술에 대해 다룬다. 가족 간의 소통이 원활할 때 갈등이 줄어들고, 정서적 유대가 강화된다는 점을 강조한다.
- 슬라이드 내용: 슬라이드에는 의사소통의 정의, 의사소통의 기본 요소(메시지, 송신자, 수신자, 피드백 등), 비언어적 의사소통의 중요성 등이 포함된다.
- 동영상 자료: 유명한 심리학자의 인터뷰 클립을 보여주어 효과적인 의사소통의 실제 사례를 공유한다.
- 참여자 활동: 강의 마지막 부분에는 참가자들이 소그룹으로 나누어 효과적인 의사소통을 위한 팁을 논의하고, 이를 발표하는 시간을 가진다.

이러한 방식으로 강의를 구성하면 참가자들은 이론적인 지식을 쉽게 이해하고, 실제로 적용할 수 있는 기반을 마련할 수 있다.

(2) 그룹 토의(Group Discussion)

① 목적

그룹 토의의 주된 목적은 참가자들이 각자의 경험과 의견을 공유하고, 이를 통해 다양한 관점을 이해하는 것이다. 특히 가족생활교육에서는 갈등, 의사소통, 역할 등에 대한 다양한 시각이 중요하기 때문에, 서로의 의견을 통해 보다 폭넓은 이해를 도모한다.

② 내용

- 주제 선정: 그룹 토의는 사전에 정해진 주제나 참가자들이 선택한 주제를 기반으로 진행된다. 예를 들어, "가족 내 갈등 사례 공유 및 해결 방안 논의"와 같은 주제를 통해 구체적인 사례를 중심으로 논의할 수 있다.
- 사례 연구: 참가자들은 자신의 가족 내 갈등 사례를 공유하고, 이를 바탕으로 해결 방안을 모색한다. 이 과정에서 각자의 경험을 통해 배울 수 있는 기회를 제공한다.

③ 방법

- 소그룹 형성: 전체 참가자를 4~6명씩 소그룹으로 나누어 각 그룹이 활발히 논의할 수 있는 환경을 조성한다.
- 주제 안내: 강사가 주제를 소개하고, 각 그룹이 논의할 방향성을 제시한다. 예를 들어, "각자가 경험한 가족 내 갈등 사례를 공유하고, 해결 방안을 함께 논의해 보세요"라고 안내한다.
- 토의 진행: 각 그룹 내에서 참가자들이 자유롭게 의견을 나누고, 경험을 공유한다. 이때 강사는 각 그룹을 돌아다니며 필요한 경우 질문을 던지거나 토의를 촉진하는 역할을 한다.
- 발표 준비: 각 그룹은 토의 결과를 정리하여 발표할 준비를 한다. 이때 그룹의 의견을 한 명의 발표자가 대표하여 발표하도록 한다.
- 전체 발표: 각 그룹은 5~10분 정도의 시간 동안 토의 내용을 발표하고, 다른 그룹의 의견에 대한 질문이나 피드백을 받는다.

④ 소요시간

그룹 토의는 약 30분에서 1시간 정도 소요되며, 이는 주제의 복잡성과 참가자 수에 따라 유동적으로 조정할 수 있다. 토의 후 발표 시간도 포함되어야 하며, 발표 후 질의응답 시간을 추가하여 전체적인 학습 효과를 높인다.

예시 가족 내 갈등 사례 공유 및 해결 방안 논의

- 주제 개요: 참가자들은 각자의 가족 내 갈등 사례를 공유하고, 이를 해결하기 위한 방안을 논의한다. 이는 실질적인 문제 해결 능력을 키우고, 다른 사람의 경험으로부터 배우는 기회를 제공한다.
- 사례 공유: 각 참가자는 자신의 경험을 기반으로 갈등 상황을 설명한다. 예를 들어, "부모와의 의견 충돌"이나 "형제간의 갈등" 사례를 들 수 있다.
- 해결 방안 논의: 각 그룹은 제시된 사례에 대해 다음과 같은 질문을 기반으로 논의한다.
  - 이 갈등의 원인은 무엇인가?
  - 어떤 의사소통방법을 사용하면 좋았을까?
  - 갈등을 해결하기 위해 어떤 행동을 취했는가?
  - 다른 해결 방안은 무엇이 있을까?
- 결과 발표: 각 그룹은 논의한 내용을 정리하여 발표하며, 다른 그룹의 발표에 대해 질문하거나 피드백을 제공한다. 이를 통해 참가자들은 서로의 생각을 듣고, 다양한 해결책을 발견하게 된다.

이런 방식으로 그룹 토의를 진행하면, 참가자들은 서로의 경험을 통해 배우고, 다양한 시각을 이해하는 데 큰 도움이 된다.

(3) 롤플레잉(Role-Playing)

① 목적

롤플레잉의 주된 목적은 참가자들이 이론적으로 배운 내용을 실제 상황에 적용해 보는 것이다. 이를 통해 이론적 지식을 자신의 행동으로 옮기고, 다양한 상황에서의 대처 능력을 향상시킬 수 있다.

② 내용

- 특정 상황 설정: 롤플레잉에서는 갈등 상황이나 의사소통 상황 등 구체적인 상황을 설정하여 진행한다. 예를 들어, "부모와 자녀 간의 대화"라는 주제를 통해 가족 내에서 발생할 수 있는 다양한 대화 상황을 재현한다.
- 상황 유형: 참가자들은 부모와 자녀 간의 갈등, 조언 요청, 의견 차이 해결 등 여러 상황을 선택할 수 있다.

③ 방법

- 상황 설명: 강사가 롤플레잉할 특정 상황을 설명하고, 참가자들에게 이론적 배경과 함께 상황의 맥락을 제공한다. 예를 들어, "부모가 자녀의 진로 선택에 대해 의견을 제시하고, 자녀가 자신의 생각을 말하는 상황"으로 설정할 수 있다.
- 역할 배정: 참가자들을 소그룹으로 나누고, 각 그룹에서 역할을 배정한다. 한 그룹은 부모 역할을 맡고, 다른 그룹은 자녀 역할을 맡도록 한다. 각 역할에 맞는 성격과 행동 방식을 고민하도록 한다.
- 롤플레잉 진행: 각 그룹은 설정된 상황을 바탕으로 롤플레잉을 진행한다. 이때 참가자들은 자신의 역할에 몰입하여 실제 대화처럼 행동하도록 유도한다.

- 관찰자 역할: 각 그룹의 외부에서 관찰할 참가자를 두어, 롤플레잉 상황을 지켜보게 한다. 이들은 나중에 피드백을 제공하는 역할을 맡는다.
- 피드백 제공: 롤플레잉이 끝난 후, 각 그룹은 자신들의 경험을 공유하고, 관찰자들은 구체적인 피드백을 제공한다. 무엇이 잘 되었는지, 개선할 점은 무엇인지 논의한다.

④ 소요시간

롤플레잉은 약 30분에서 1시간 정도 소요된다. 이 시간에는 상황 설명, 역할 배정, 롤플레잉 진행, 피드백 시간이 포함된다. 각 단계의 시간을 적절히 조절하여 참가자들이 충분히 경험하고 배울 수 있도록 한다.

예시 부모와 자녀 간의 대화 롤플레잉

- 상황 설정: 부모가 자녀의 진로 선택에 대해 우려를 표하고, 자녀가 자신의 꿈에 대해 설명하는 상황으로 설정한다.
- 역할 배정: 참가자들은 부모 역할과 자녀 역할로 나뉘며, 각자의 입장에서 대화를 준비한다.
- 롤플레잉 진행: 부모는 자녀에게 진로에 대한 자신의 생각을 전달하고, 자녀는 자신의 의견과 감정을 표현한다. 이 과정에서 서로의 의견을 존중하며 대화하는 방법을 연습한다.
- 관찰자 역할: 다른 참가자들은 이 과정을 관찰하면서 효과적인 의사소통방법, 비언어적 신호, 감정 표현 등을 주의 깊게 지켜본다.
- 피드백 제공: 롤플레잉 후, 참가자들은 어떤 점이 효과적이었는지, 어떤 부분에서 개선이 필요했는지에 대해 서로 피드백을 주고받는다. 예를 들어, "부모가 더 경청하는 태도를 보였다면 좋았을 것 같다"는 피드백을 제공할 수 있다.

이러한 방식으로 롤플레잉을 진행하면, 참가자들은 이론을 실제 상황에 적용하며, 실질적인 의사소통기술과 갈등 해결 능력을 키울 수 있다.

(4) 워크숍(Workshop)

① 목적

워크숍의 주요 목적은 참가자들이 이론적인 지식뿐만 아니라 실제적인 경험을 통해 배우는 것이다. 팀 작업을 통해 창의적인 아이디어를 공유하고, 다양한 해결책을 모색하는 기회를 제공한다.

② 내용

- 특정 주제 설정: 워크숍에서는 특정 주제를 정하여 참가자들이 함께 작업한다. 예를 들어, "가족 활동 계획 세우기"라는 주제를 통해 가족이 함께할 수 있는 다양한 활동을 기획하는 과정을 진행한다.
- 결과물 도출: 참가자들은 워크숍을 통해 구체적인 계획안이나 아이디어를 결과물로 도출하며, 이를 바탕으로 실제 실행 가능성을 논의한다.

③ 방법

- 주제 소개: 강사가 워크숍의 주제를 소개하고, 참가자들에게 목표와 기대하는 결과를 설명한다. "가족 활동 계획 세우기" 워크숍에서는 가족의 다양한 관심사와 취향을 반영한 활동을 계획하는 것을 목표로 한다.
- 팀 구성: 참가자들을 소규모 팀으로 나누어 각 팀이 효과적으로 논의하고 작업할 수 있도록 한다. 일반적으로 4~6명으로 구성된 팀이 적절하다.
- 아이디어 브레인스토밍: 각 팀은 주제에 대한 아이디어를 자유롭게 나누고 브레인스토밍을 진행한다. 이 과정에서 다양한 활동 아이디어를 모으고, 어떤 활동이 가족에게 의미가 있을지를 논의한다. 예를 들어, "주말 소풍", "가족 영화 밤", "요리 대회" 등의 아이디어를 제안할 수 있다.
- 계획안 작성: 팀은 모은 아이디어를 바탕으로 구체적인 계획안을 작성한

다. 이 계획안에는 활동의 목적, 필요 물품, 예상 소요시간, 참여자 역할 등을 포함한다. 예를 들어, "가족 소풍"의 경우 장소, 음식, 게임 등을 구체적으로 정리한다.

- 결과 공유: 각 팀은 작성한 계획안을 다른 팀과 공유한다. 이때 각 팀의 발표자는 자신들의 아이디어와 계획을 설명하고, 다른 팀의 피드백을 받을 수 있는 시간을 가진다.
- 디스커션 및 피드백: 발표가 끝난 후, 참가자들은 서로의 계획안에 대해 질문하고 피드백을 주고받는다. 이를 통해 각 팀은 자신의 아이디어를 개선하고, 더 나은 결과물을 도출할 수 있는 기회를 가진다.

④ 소요시간

워크숍의 전체 소요시간은 1시간에서 2시간 정도이다. 주제 소개와 팀 구성에 15~30분, 아이디어 브레인스토밍과 계획안 작성에 30~60분, 결과 공유 및 피드백에 15~30분 정도를 할당할 수 있다.

예시 가족 활동 계획 세우기 워크숍

- 주제 개요: 참가자들은 가족이 함께할 수 있는 활동을 기획하여, 가족 간의 유대감을 강화하고 즐거운 시간을 보낼 수 있는 방법을 모색한다.
- 팀 구성: 4~5명씩 팀을 나누고, 각 팀에 다양한 배경을 가진 참가자들이 포함되도록 한다.
- 아이디어 브레인스토밍: 각 팀은 "가족 활동"을 주제로 아이디어를 모으고, 적합한 활동을 선택한다. 예를 들어, "야외 피크닉", "가족 게임 밤", "DIY 프로젝트" 등의 아이디어를 논의한다.
- 계획안 작성: 팀은 선택한 활동에 대해 구체적인 계획을 세운다. 예를 들어, "가족 야외 피크닉"의 경우 장소, 음식, 필요한 준비물(돗자리, 음료 등), 참여자 역할(음식 준비, 게임 진행 등)을 정리한다.
- 결과 공유: 각 팀은 5~10분 동안 자신의 계획을 발표하고, 다른 팀의 피드백을 받는다.

이 과정에서 참가자들은 서로의 아이디어를 듣고 새로운 영감을 받을 수 있다.

- 디스커션 및 피드백: 참가자들은 각 팀의 발표에 대해 질문하거나 추가 아이디어를 제안하며, 활동 계획을 더욱 풍부하게 만들어간다.

이러한 워크숍 형식을 통해 참가자들은 실질적인 문제 해결 능력을 기르고, 창의적인 아이디어를 나누며 협력하는 경험을 할 수 있다.

(5) 실습(Practice)

① 목적

실습의 주된 목적은 참가자들이 이론적으로 학습한 내용을 실제 상황에서 적용하여, 필요한 기술을 습득하고 경험을 쌓는 것이다. 이를 통해 참가자들은 자신감을 가지고 기술을 사용할 수 있게 된다.

② 내용

- 의사소통기술, 갈등 해결 기술 등: 실습은 의사소통기술, 갈등 해결 기술 등 다양한 주제를 다룰 수 있다. 예를 들어, "의사소통기술 실습: 나의 감정 표현하기"라는 주제를 통해 참가자들이 자신의 감정을 효과적으로 표현하는 방법을 연습한다.

③ 방법

- 주제 소개: 강사가 실습의 주제를 소개하고, 참가자들이 목표와 기대하는 결과를 설명한다. "나의 감정 표현하기" 실습에서는 감정 인식과 표현의 중요성을 강조한다.

- 시나리오 제공: 참가자들에게 실습할 시나리오를 제공한다. 예를 들어, "친구와의 대화 중 불만을 표현하는 상황"이나 "상사에게 자신의 감정을 전달하는 상황" 등 다양한 시나리오를 제시한다. 각 시나리오는 감정 표현과 관련된 구체적인 상황을 포함해야 한다.
- 역할 배정: 참가자들은 두 팀으로 나뉘어 각 시나리오에서 역할을 맡는다. 한 팀은 감정을 표현하는 역할을 맡고, 다른 팀은 상대방의 반응을 맡는다. 이를 통해 서로의 입장을 이해하고, 효과적인 의사소통을 연습할 수 있다.
- 실습 진행: 각 팀은 주어진 시나리오를 바탕으로 역할놀이를 진행한다. 이 과정에서 감정을 표현하는 방식, 비언어적 신호, 경청 등의 기술을 실제로 적용한다. 예를 들어, "나는 네가 이렇게 행동했을 때 불안한 기분이 들었다"와 같은 표현을 사용할 수 있다.
- 피드백 세션: 실습이 끝난 후, 각 팀은 서로에게 피드백을 주고받는다. 참가자들은 감정 표현의 효과성, 상대방의 반응, 개선할 점 등을 논의한다. 이러한 피드백 과정은 실습의 중요한 부분으로, 참가자들이 더 나은 기술을 습득하는 데 도움이 된다.

④ 소요시간

실습의 전체 소요시간은 1시간에서 2시간 정도이다. 주제 소개와 시나리오 제공에 10~15분, 역할 배정과 실습 진행에 30~60분, 피드백 세션에 15~30분 정도를 할당할 수 있다.

예시 의사소통기술 실습: 나의 감정 표현하기

- 주제 개요: 참가자들은 자신의 감정을 인식하고 표현하는 방법을 배우기 위해 실습을 진행한다.
- 시나리오 제공: 강사는 "친구와의 대화 중 불만을 표현하기"라는 시나리오를 제공한다. 이 시나리오에서는 친구가 약속을 어겼을 때의 감정을 표현하는 상황을 설정한다.
- 역할 배정: 참가자들은 친구 역할과 불만을 표현하는 역할로 나뉘어, 각자의 입장에서 대화하는 연습을 한다.
- 실습 진행: "나는 네가 약속을 어겼을 때 실망했어"와 같은 표현을 하며, 감정을 솔직하게 전달하는 연습을 한다. 이 과정에서 상대방의 반응을 경청하고, 대화를 이어가는 방법도 연습한다.
- 피드백 세션: 실습 후, 참가자들은 서로의 표현 방식과 반응에 대해 피드백을 제공한다. 예를 들어, "감정을 더 구체적으로 표현하는 것이 좋을 것 같다"는 피드백을 줄 수 있다.

이러한 실습 형식을 통해 참가자들은 실제 상황에서의 의사소통 능력을 향상시키고, 감정을 효과적으로 표현하는 기술을 익힐 수 있다.

(6) 게임 및 활동(Games and Activities)

① 목적

게임 및 활동의 주요 목적은 참가자들이 재미있고 흥미로운 방식으로 학습할 수 있도록 하는 것이다. 흥미를 유도함으로써 참가자들은 더 적극적으로 참여하게 되고, 학습 효과를 극대화할 수 있다.

② 내용

- 가족 관련 주제: 게임은 가족 간의 유대감을 강하하고, 의사소통 및 협력 능력을 향상시키기 위해 가족과 관련된 주제를 다룬다. 예를 들어, "가족 소통 퀴즈 게임"은 가족의 역사, 취미, 선호도 등을 주제로 한 퀴즈를 통

해 서로를 더 잘 이해하는 기회를 제공한다.

③ 방법

- 주제 선정 및 준비: 게임의 주제를 설정하고 필요한 자료를 준비한다. "가족 소통 퀴즈 게임"에서는 가족의 취미, 기억에 남는 순간, 서로의 좋아하는 음식 등을 주제로 문제를 준비한다.
- 팀 구성: 참가자들은 두 개 이상의 팀으로 나뉘어 경쟁할 수 있도록 구성한다. 각 팀은 4~6명으로 하여 협력할 수 있는 환경을 조성한다.
- 게임 규칙 설명: 게임의 규칙과 진행방식을 설명한다. 예를 들어, 퀴즈 게임에서는 각 팀이 번갈아 질문을 받고, 정답을 맞힐 경우 점수를 얻는 형식으로 진행될 수 있다.
- 게임 진행
  - 퀴즈 형식: 팀별로 차례대로 질문을 받고, 정답을 맞히면 점수를 획득한다. 예를 들어, "가족 중에서 가장 좋아하는 음식은 무엇인가?" 또는 "가족의 첫 여행지는 어디였나요?"와 같은 질문을 포함할 수 있다.
  - 팀 대항 게임: 각 팀은 점수를 높이기 위해 전략적으로 협력하며, 가족에 대한 이해도를 높이는 활동을 한다. 예를 들어, "가족의 특별한 순간을 연극으로 재현하기"와 같은 미션을 추가할 수도 있다.
  - 보드게임 활용: 특정 보드게임을 활용하여 가족의 역사나 취미에 관한 질문을 추가하는 방식으로 게임을 진행할 수 있다. 보드게임은 참가자들이 게임을 통해 자연스럽게 소통할 수 있는 기회를 제공한다.
- 결과 발표 및 피드백: 게임이 끝난 후, 각 팀의 점수를 발표하고 우승 팀을 축하한다. 또한, 참가자들은 게임을 통해 느낀 점이나 배운 내용을 공유하는 시간을 가진다.

④ 소요시간

게임의 전체 소요시간은 30분에서 1시간 정도이다. 주제 소개와 팀 구성에 10~15분, 게임 진행에 15~40분, 결과 발표 및 피드백에 10~15분 정도를 할당할 수 있다.

예시 가족 소통 퀴즈 게임

- 주제 개요: 참가자들은 가족에 대한 다양한 질문을 통해 서로를 더 잘 이해하고 소통하는 방법을 배운다.
- 문제 준비: 가족의 역사, 취미, 관심사에 대한 질문을 미리 준비한다. 예를 들어,
  - "가족 중에서 가장 좋아하는 영화는 무엇인가?"
  - "가족의 첫 번째 애완동물 이름은 무엇인가?"
- 팀 구성: 참가자들을 두 팀으로 나누고, 각 팀은 서로 협력하여 정답을 맞히기 위해 논의한다.
- 게임 진행: 각 팀이 번갈아 질문을 받고, 정답을 맞히면 점수를 획득한다. 예를 들어, 한 팀이 "우리 가족의 생일 파티는 언제였나요?"라는 질문에 대해 각 팀원이 생각을 모아 정답을 맞힌다.
- 결과 발표: 게임이 끝난 후 각 팀의 점수를 발표하고, 우승 팀을 축하한다. 참가자들은 게임을 통해 알게 된 가족의 다양한 사실들을 이야기하며 소통의 기회를 가지게 된다.

이러한 게임 및 활동 형식을 통해 참가자들은 가족 간의 유대감을 강화하고, 서로에 대한 이해도를 높이며, 즐거운 분위기 속에서 학습할 수 있는 기회를 제공한다.

(7) 사례 연구(Case Study)

① 목직

사례 연구의 주된 목적은 실제 상황에서 발생하는 문제를 분석하고, 이를 해결하기 위한 다양한 접근법을 배우는 것이다. 참가자들은 구체적인 사례를

통해 이론적 지식이 실제로 어떻게 적용되는지를 이해하고, 문제 해결 능력을 향상시킬 수 있다.

② 내용

- 특정 사례 분석 및 해결 방안 모색: 참가자들은 주어진 특정 사례를 분석하여, 문제의 원인을 파악하고 적절한 해결 방안을 모색한다. 예를 들어, "실제 가족 갈등 사례 분석"을 통해 가족 간의 갈등 상황을 이해하고, 이를 해결하기 위한 방법을 탐구한다.

③ 방법

- 사례 선정 및 준비: 사전에 분석할 특정 사례를 선정하고, 참가자들에게 배포한다. 사례는 가족 간의 갈등, 의사소통 문제, 역할 분담의 불균형 등 실제로 발생할 수 있는 다양한 상황을 포함해야 한다.
- 소그룹으로 나누기: 참가자들을 4~6명 정도의 소그룹으로 나누어, 각 그룹이 주어진 사례를 보다 깊이 있게 분석할 수 있도록 한다. 소그룹 활동은 참가자들이 서로의 의견을 공유하고, 다양한 시각에서 문제를 바라볼 수 있는 기회를 제공한다.
- 사례 읽기 및 토의: 각 그룹은 사례를 읽고, 문제의 핵심을 논의한다. 이 과정에서 참가자들은 각자의 경험과 의견을 공유하며, 갈등의 원인, 관련된 인물들의 감정, 의사소통방식 등을 분석한다.
- 해결 방안 모색: 참가자들은 문제의 원인을 바탕으로 가능한 해결 방안을 논의하고, 각 방안의 장단점을 평가한다. 예를 들어, "갈등을 해결하기 위해 가족회의를 열어 서로의 의견을 나누는 것이 좋겠다"는 제안이나, "전문가의 도움을 받는 것도 한 방법일 수 있다"는 의견을 나눌 수 있다.

- 발표 준비 및 진행: 각 그룹은 논의한 내용을 정리하여 발표 준비를 한다. 발표에서는 사례의 핵심 내용, 문제의 원인, 제안된 해결 방안 등을 포함해야 한다. 각 그룹은 5~10분 정도 발표를 진행하며, 다른 그룹의 발표 후에는 질문과 피드백 시간을 가진다.

④ 소요시간

사례 연구의 전체 소요시간은 1시간 정도이다. 사례 소개 및 그룹 구성에 10분, 사례 읽기 및 토의에 25분, 해결 방안 모색에 15분, 발표 및 피드백에 10분 정도를 할당할 수 있다.

예시 실제 가족 갈등 사례 분석

- 사례 설정: 예를 들어, "부모와 자녀 간의 의견 차이로 인한 갈등"이라는 사례를 설정한다. 이 사례에서는 자녀가 진로 선택에 대해 부모와의 의견이 충돌하는 상황을 다룬다.
- 소그룹 활동: 참가자들은 소그룹으로 나뉘어 이 사례를 읽고, 갈등의 원인과 관련된 요소를 분석한다. 예를 들어, 부모의 기대와 자녀의 꿈이 다르다는 점, 소통의 부족 등이 논의될 수 있다.
- 해결 방안 모색: 각 그룹은 "부모와 자녀가 함께 진로에 대해 대화하는 시간을 가지는 것이 필요하다"거나 "상담사의 도움을 받는 것이 도움이 될 수 있다"는 등의 방안을 제안한다.
- 발표 진행: 각 그룹은 자신의 분석 결과와 해결 방안을 다른 참가자들에게 발표한다. 발표 후, 다른 그룹의 참가자들은 질문을 통해 더 깊은 이해를 도모하고, 다양한 의견을 나눌 수 있다.

이러한 사례 연구 형식을 통해 참가자들은 실제 상황에서의 문제를 분석하고, 효과적인 해결 방안을 모색하는 능력을 키울 수 있다. 또한, 다양한 의견을 듣고 토의하는 과정을 통해 서로의 경험과 지식을 공유하며, 학습 효과를 높일 수 있다.

(8) 피드백 세션(Feedback Session)

① 목적

피드백 세션의 주된 목적은 프로그램이 끝난 후 참가자들이 배운 내용을 되짚어보고, 프로그램의 효과성을 평가하여 향후 개선할 점을 도출하는 것이다. 이를 통해 프로그램의 품질을 높이고, 참가자들의 경험을 더욱 풍부하게 만들 수 있다.

② 내용

- 참가자 의견 수렴 및 프로그램 피드백 제공: 세션에서는 참가자들이 프로그램에 대한 의견을 자유롭게 표현할 수 있는 기회를 제공한다. 참가자들은 프로그램의 내용, 진행방식, 유용성 등에 대한 피드백을 공유하며, 개선할 점이나 추가했으면 하는 요소들에 대해 논의한다.

③ 방법

- 사전 준비: 피드백 세션을 진행하기 전에 참가자들에게 설문조사 양식이나 피드백 질문지를 준비한다. 질문지는 프로그램의 각 요소(내용, 진행방식, 참여도 등)에 대한 평가를 포함해야 하며, 개방형 질문도 포함하여 자유로운 의견을 받을 수 있도록 한다.
- 세션 진행방식 선택: 피드백 세션은 두 가지 방식으로 진행할 수 있다.
  - 설문조사 형식: 참가자들에게 설문지를 배포하여 개인적으로 작성하도록 한다. 설문지는 객관식 질문과 주관식 질문을 혼합하여, 참가자들이 프로그램의 강점과 약점을 구체적으로 표현할 수 있도록 한다.
  - 그룹 토의 형식: 소그룹으로 나누어 참가자들이 자유롭게 의견을 나누고, 각 그룹의 의견을 전체 세션에서 공유하도록 한다. 이 경우, 각 그

룹의 발표를 통해 다양한 의견을 종합할 수 있다.

- 의견 수렴 및 기록: 참가자들이 제시한 의견은 기록하여 나중에 분석할 수 있도록 한다. 설문조사 방식일 경우, 응답을 데이터화하여 통계적으로 분석할 수 있으며, 그룹 토의방식일 경우 각 그룹의 발표 내용을 정리한다.
- 결과 발표 및 논의: 피드백 세션이 끝난 후, 수집한 피드백을 전체 참가자와 공유하고, 개선방안에 대해 논의한다. 피드백을 바탕으로 어떤 점이 긍정적이었는지, 어떤 부분이 아쉬웠는지를 정리하고, 구체적인 개선방안을 제안한다.
- 액션 플랜 수립: 피드백을 통해 도출된 개선점을 바탕으로 향후 프로그램에 적용할 액션 플랜을 수립한다. 참가자들에게 해당 계획을 공유하고, 다음 프로그램에 반영할 수 있도록 한다.

④ 소요시간

피드백 세션의 전체 소요시간은 30분으로 설정한다. 설문조사 실시나 그룹 토의에 15분, 의견 수렴 및 발표에 10분, 결과 정리 및 개선방안 논의에 5분 정도를 할당할 수 있다.

예시 프로그램 피드백 및 향후 개선방안 논의

- 설문조사 준비: 프로그램 종료 후, 참가자들에게 설문지를 배포하여 각 항목에 대한 평가를 요청한다. 예를 들어, 프로그램의 유용성, 진행방식, 내용의 깊이 등에 대해 1~5점 척도로 평가하도록 하고, 추가 의견을 적을 수 있는 공간을 제공한다.
- 그룹 토의: 참가자들을 소그룹으로 나누고, 각 그룹이 프로그램의 강점과 약점을 논의하도록 한다. 각 그룹은 10분간 토의 후, 전체 세션에서 주요 의견을 발표한다.
- 결과 공유: 참가자들이 제공한 피드백을 바탕으로, 프로그램의 긍정적인 요소(예: 유익한 정보 제공, 참여자 간의 소통 강화 등)와 개선이 필요한 요소(예: 시간 부족, 내용의 복잡성

등)를 정리하여 발표한다.
- 향후 개선방안 논의: 피드백을 바탕으로 다음 프로그램에서 반영할 수 있는 구체적인 개선방안을 논의한다. 예를 들어, "다음에는 프로그램 시간 조정을 통해 더 많은 내용을 포함시키자"는 제안이 있을 수 있다.

이러한 피드백 세션을 통해 참가자들은 자신의 의견을 표현할 수 있는 기회를 가지며, 프로그램 운영자는 참가자들의 경험을 적극 반영하여 향후 프로그램의 질을 높일 수 있다.

3) 활동 세부 계획

각 활동의 주제, 방법, 진행 순서 등을 상세히 기술한다. 예를 들어, "의사소통 워크숍"의 경우, "참여자들이 서로의 의견을 나누고 경청하는 훈련을 실시한다"고 설명할 수 있다.

예시 의사소통 워크숍

- 주제: 효과적인 의사소통기술 배우기
- 방법: 그룹 활동, 롤플레잉, 피드백 세션

■ 진행 순서
- 소개 및 목표 설정 (10분): 프로그램의 목적과 의사소통의 중요성을 설명한다.
- 의사소통 이론 교육 (20분): 비언어적 의사소통, 적극적 경청, 피드백의 개념을 설명한다.
- 그룹 활동 (30분): 참여자들을 소그룹으로 나누어 각 그룹이 주어진 상황에 대해 롤플레잉을 진행한다. 예를 들어, 갈등 상황이나 의견 차이를 해결하는 장면을 연출한다.
- 전체 공유 및 피드백 (20분): 각 그룹의 발표 후, 다른 참여자들이 피드백을 제공한다. 이를 통해 서로의 의견을 경청하는 훈련을 한다.

- 마무리 및 질의응답 (10분): 참가자들이 느낀 점과 앞으로의 의사소통 개선방안에 대해 이야기한다.

4) 시간 배분

각 활동에 필요한 시간을 구체적으로 기재한다. 예를 들어, "의사소통 게임: 30분" 또는 "갈등 해결 사례 연구: 45분"과 같이 명확하게 표기한다.

5) 준비물 및 장소

① 필요한 자원

각 활동에 필요한 자료, 도구, 준비물 등을 명시한다. 예를 들어, "그룹 토의용 화이트보드 및 마커"와 같은 세부사항을 포함한다.

② 장소 설명

활동에 적합한 공간(예: 강의실, 야외 등)에 대한 설명도 덧붙인다.

예시 준비물 및 장소

① 필요한 자원

- 그룹 토의용 화이트보드 및 마커
- 롤플레잉 시나리오 카드 (갈등 상황 및 의사소통 상황을 포함)
- 피드백용 설문지
- 참고 자료 (의사소통 이론 및 기법 관련 핸드아웃)
- 음료수 및 간단한 스낵 (참가자들을 위한 편안한 분위기 조성)

② 장소 설명

활동은 넓고 쾌적한 강의실에서 진행되며, 원형 또는 U자형 배치로 설정하여 참여자 간의 소통이 원활하도록 한다. 필요시, 야외 공간을 활용하여 팀 빌딩 활동이나 실외 운동을 진행할 수 있는 여유 공간도 확보한다.

6) 평가방법

각 활동 후, 참가자들의 이해도나 효과성을 평가할 수 있는 방법을 제시한다. 예를 들어, 설문지, 피드백 세션, 소그룹 논의 등을 활용할 수 있다.

예시 평가방법

- 설문지: 참가자들에게 각 활동의 유용성, 이해도, 개선점 등을 묻는 간단한 설문지를 배포
- 피드백 세션: 활동 종료 후, 전반적인 소감을 나누고, 배운 점이나 개선할 점에 대해 자유롭게 의견을 나누는 시간을 가짐
- 소그룹 논의: 소그룹으로 나누어 각자의 경험과 생각을 공유하며, 서로의 의견을 통해 더 깊이 있는 이해를 도모함

7) 사례 및 실습 포함

이론적인 내용뿐만 아니라 사례 연구나 실습을 통해 참가자들이 실제 상황에 적용할 수 있도록 한다. 예를 들어, “갈등 해결 사례를 바탕으로 역할극 진행”과 같은 활동을 포함할 수 있다.

8) 유연성 고려

프로그램 진행 중 예상치 못한 상황에 대비하여 유연성을 고려한 시간 배정을 한다. 필요 시 활동 시간을 조정할 수 있는 여유를 두는 것이 좋다.

9) 참가자 피드백 반영

프로그램을 마친 후 참가자들의 의견을 수렴하여 향후 프로그램 개선에 반영할 수 있는 방법을 마련한다.

예시 참가자 피드백 반영

- 피드백 수집: 프로그램 종료 후, 설문지나 개별 인터뷰를 통해 참가자들의 의견을 수집한다.
- 분석 및 개선: 수집된 피드백을 분석하여, 다음 프로그램에 필요한 개선 사항을 도출하고, 이를 바탕으로 프로그램 내용을 수정한다.
- 후속 조치: 참가자들에게 개선된 사항을 알리고, 지속적인 피드백을 요청함으로써 프로그램의 질을 높인다.

참고자료 **교수법**

■ 정의

교수법은 교육 환경에서 특정한 목표를 달성하기 위해 정보를 전달하고 학습을 촉진하는 다양한 방법 및 기법을 총칭한다. 즉, 교수자가 어떻게 학습자에게 내용을 효과적으로 가르칠 것인지에 대한 전략, 절차, 기법들을 의미한다.

■ 중요성

– 효과적인 학습 달성: 적절한 교수법을 사용하면 학습 효과가 극대화되어 학습자가 더 잘 이해하고 기억할 수 있다.
– 다양한 학습 스타일 반영: 각 학습자의 선호방식에 맞추어 교수법을 조정함으로써 개인 맞춤형 교육이 가능하다.
– 비판적 사고 촉진: 다양한 방법의 사용은 학습자에게 비판적 사로를 발전시키는 데 기여한다.

■ 종류

교수법	정의	예시	장점	단점
강의식 교수법	정보전달을 목적으로 교사가 중심이 되어 강의형식으로 수업 진행	대학강의 Webinar	• 명확하고 체계적인 정보 제공 • 대규모 수업 가능	• 수동적 학습 가능성 • 질문 및 피드백 제한
참여식 교수법	학습자의 참여와 활동을 유도하는 방법	그룹토론 facilitation	• 학습자 중심의 학습 가능 • 협력적 학습 촉진	• 시간소요가 큼 • 특정 학습자에게 부담이 될 수 있음
실습형 교수법	실제 사례나 경험을 통해 학습하는 방법	실험수업 워크숍	• 실생활 적용 가능성 높음 • 즉각적인 피드백 제공	• 자원 및 시간을 많이 소모 • 모든 학습자에게 적합하지 않을 수 있음
사례기반 학습	구체적인 사례를 통해 문제를 해결하는 방법	case study 법률 사례 분석	• 비판적 사고와 문제 해결능력 강화 • 학습자의 관심 증가	• 사례의 특정성으로 일반화의 어려움 • 준비시간 소요 가능성

활동1 본인이 선호하는 교수법에 대해 알아보자. 가족생활교육사의 입장에서 선호되는 교수법과 프로그램 대상자의 입장에서 선호되는 교수법이 있는지 이야기 나누어 보자.

활동2 이 교재 제10장의 프로그램 사례 중에서 1개를 선택하라.
(1) 강의, (2) 그룹 토의, (3) 롤플레잉, (4) 워크숍, (5) 실습, (6) 게임 및 활동, (7) 사례 연구, (8) 피드백 세션의 방법 중에서 어떤 유형이 주로 활용되었나?
자신이 가족생활교육사가 된다면, 이 프로그램에 어떤 유형의 활동을 더하면 효과적일지 아이디어를 제안해 보라.

2. 자원 및 예산

가족생활교육 프로그램을 기획할 때 자원과 예산이 중요한 이유는 다음과 같다. 첫째, 자원(인력, 공간, 자료 등)과 예산은 프로그램의 실행 가능성을 결정짓는다. 충분한 자원과 예산이 확보되지 않으면 계획한 프로그램을 원활하게 진행하기 어려울 수 있다. 둘째, 적절한 자원과 예산이 있으면 더 높은 품질의 교육자료, 전문강사, 우수한 시설 등을 활용할 수 있다. 이는 프로그램의 효과성과 만족도를 높이는 데 기여한다. 셋째, 충분한 예산을 통해 참여자에게 제공할 수 있는 다양한 활동과 자료를 마련할 수 있다. 이는 참여자들이 더 풍부한 경험을 할 수 있도록 도와준다. 넷째, 자원과 예산 계획이 잘 이루어지면 프로그램을 지속적으로 운영할 수 있는 기반이 된다. 이는 프로그램의 장기적인 발전과 안정성을 보장한다. 다섯째, 예산과 자원을 미리 계획하면 예상치 못한 상황에 대한 대처 방안을 마련할 수 있다. 이는 프로그램 진행 중 발생할 수 있는 위험을 줄이는 데 도움이 된다. 여섯째, 자원과 예산을 효율적으로 관리하면 불필요한 비용을 줄이고, 자원을 최대한 활용할 수 있다. 이는 프로그램 운영의 효율성을 높인다. 마지막으로, 예산과 자원에 대한 명확한 계획이 있으면 프로그램의 결과를 평가하고, 성과를 측정하는 데 필요한 기준을 설정할 수 있다. 이는 향후 개선과 발전에 중요한 역할을 한다.

이처럼 자원과 예산은 가족생활교육 프로그램의 성공적인 기획과 운영에 필수적인 요소로서 잘 계획된 자원과 예산이 프로그램의 질과 효과를 극대화하는 데 기여할 수 있다.

1) 예산 편성 시 고려해야 할 우선순위

(1) 필수인력 비용

프로그램 운영에 필수적인 강사와 운영진의 인건비를 우선적으로 고려해야 한다. 이들은 프로그램의 질을 보장하는 핵심 요소이다.

(2) 교육자료 및 교재

참가자에게 제공할 교육자료와 교재 비용을 다음으로 고려해야 한다. 효과적인 교육을 위해 적절한 자료가 필수적이다.

(3) 활동 용품

프로그램 진행에 필요한 소모품과 장비를 구입하는 비용도 중요하다. 참가자들이 적극적으로 참여할 수 있도록 지원하는 데 필요한 자원이다.

(4) 시설대여비

교육을 진행할 장소의 대여 비용을 고려해야 한다. 적절한 장소는 프로그램 진행에 큰 영향을 미친다.

(5) 참가자 편의 비용

음료 및 간식 제공 등 참가자들의 편의를 고려한 비용도 중요하다. 이는 참가자들의 만족도를 높이는 데 기여할 수 있다.

(6) 예비비

예상치 못한 추가 비용을 대비하기 위한 예비비를 설정하는 것도 중요하다. 예비비는 프로그램 진행 중 발생할 수 있는 변수에 대응할 수 있도록 한다.

(7) 프로그램 평가 및 피드백 비용

프로그램이 끝난 후 평가 및 피드백을 위한 비용도 고려해야 한다. 이는 향후 프로그램 개선에 중요한 데이터가 된다.

이러한 우선순위를 고려하여 예산을 편성하면, 자원을 효율적으로 배분하고 프로그램의 성공 가능성을 높일 수 있다.

2) 예산 항목 구분

예산 항목은 크게 인건비, 물적 자원, 시설 및 운영비, 기타 경비로 나눌 수 있다.

인건비	물적 자원	시설 및 운영비	기타 경비
• 강사 및 보조강사 인건비 • 자원봉사자 지원	• 교육자료 및 교재 인쇄비 • 참고서적 구매비 • 활동용품 구입비	• 교육장소 대여비 • 음료 및 간식 비용	• 예비비

(1) 인건비

① 인력 자원

• 프로그램 책임자: 전체 프로그램의 기획 및 진행을 총괄하는 인력. 가족

생활교육에 대한 전문지식과 경험이 필요하며, 예산 관리 및 일정 조정 등을 담당함

- 강사: 각 세션을 맡아 진행할 전문가. 예를 들어, 심리학자, 사회복지사, 가족상담사 등으로, 각 분야에 대한 깊은 이해와 교육 경험이 요구됨
- 보조강사: 강사의 지원 역할을 하며, 그룹 활동을 원활히 진행하도록 도움. 참여자 관리와 자료 배포 등의 업무를 수행함
- 자원봉사자: 프로그램에 도움을 줄 자원봉사자를 모집하여, 참가자 등록 및 관리, 활동 지원 등의 역할을 수행하도록 함

② 인력 자원별 예상 비용[3)]

- 프로그램 책임자: 전문지식과 경험이 요구되므로 상대적으로 높은 비용이 발생하며, 대략적으로 300,000원~500,000원이 소요됨(프로그램 기간에 따라 달라질 수 있음)
- 강사: 각 분야의 전문가(예: 심리학자, 사회복지사)의 경험과 자격에 따라 차이가 있을 수 있고, 대략적으로 150,000원~300,000원(세션당)이 예상됨
- 보조강사: 경험에 따라 비용이 달라질 수 있고, 대략적으로 100,000원~200,000원(세션당)이 소요됨
- 자원봉사자: 일반적으로 자원봉사자는 무급으로 참여하지만, 일정한 지원비나 간식 등을 제공할 수 있어서 대략적인 비용은 0원~50,000원(지원비 또는 간식 제공 등)임

3) 예시에서 책정되는 비용은 여러 요소가 고려되어 변경될 수 있음

(2) 물적 자원

① 교육자료 및 교재 인쇄비

• 교재 인쇄비: 프로그램의 각 세션에서 사용할 교재를 인쇄하는 비용

예시 교재 제목: "가족 소통의 기술"
- 인쇄 수량: 50부
- 단가: 5,000원
- 총 비용: 50부 × 5,000원 = 250,000원

• 핸드아웃 및 자료: 각 세션마다 제공할 핸드아웃이나 자료집의 인쇄 비용

예시 핸드아웃 제목: "상담 기법 소개"
- 인쇄 수량: 50부
- 단가: 2,000원
- 총 비용: 50부 × 2,000원 = 100,000원

② 참고 서적 구매비: 프로그램의 주제와 관련된 서적을 구매하는 비용

예시
- 서적 제목: "가족상담의 이론과 실제" – 30,000원
- 서적 제목: "효과적인 의사소통" – 25,000원
- 서적 제목: "갈등 해결 기법" – 20,000원
- 총 비용: 30,000원 + 25,000원 + 20,000원 = 75,000원

③ 활동 용품 구입비: 프로그램 진행 시 필요한 활동 용품과 장비의 예상 비용

예시
- 화이트보드: 150,000원
- 마커 세트: 20,000원
- 포스트잇: 10,000원
- 롤플레잉 소품 (예: 인형, 소품 등): 50,000원
- 총 비용: 150,000원 + 20,000원 + 10,000원 + 50,000원 = 230,000원

(3) 시설 및 운영비

① 교육 장소 대여비: 교육을 진행할 장소의 대여 비용

예시 – 대여 장소: 지역 커뮤니티 센터
– 대여 기간: 3일 (6시간씩)
– 시간당 요금: 50,000원
– 총 비용: 3일 × 6시간 × 50,000원 = 900,000원

② 음료 및 간식 비용: 프로그램 진행 중 제공할 음료와 간식의 예상 비용

예시 – 커피 및 차: 50,000원
– 간식 (과일, 스낵 등): 100,000원
– 총 비용: 50,000원 + 100,000원 = 150,000원

(4) 기타 경비

① 예비비

예상치 못한 추가 비용을 대비하기 위한 예비비 항목으로 전체 예산의 10% 정도를 예비비로 설정하는 것이 일반적이다.

예시 – 전체 예산: 2,500,000원
– 예비비: 10% × 2,500,000원 = 250,000원

3) 총 예산

각 항목별로 산출한 비용을 합산하여 총 예산을 제시한다. 예산의 세부 내역을 명확하게 기재하여 이해를 돕고, 필요 시 조정 가능성을 고려할 필요가 있다.

예시

- 프로그램 책임자 인건비: 400,000원
- 강사(2명) 인건비: 500,000원 (250,000원씩)
- 보조강사 인건비: 150,000원
- 자원봉사자 인건비: 20,000원 (간식 제공 등)
- 교재 인쇄비: 250,000원
- 핸드아웃 인쇄비: 100,000원
- 참고서적 구매비: 75,000원
- 활동용품 구입비: 230,000원
- 교육 장소 대여비: 900,000원
- 음료 및 간식 비용: 150,000원
- 예비비: 250,000원
- 총계: 3,025,000원

활동3 **예산 짜기 연습**

- 1박 2일간 가족캠프를 간다는 가정하에 예산을 짜보도록 하자. 주어진 예산은 1000만원이며, 참여가족 수는 임의로 정하도록 한다.

CHAPTER 07

일정 및 홍보

CONTENTS

이 장에서는 일정 계획과 홍보 계획에 대한 내용이 포함된다. 프로그램을 효과적으로 운영하기 위한 일정 설정과 참여자 모집을 위한 다양한 홍보 전략을 소개하여 참석자들의 참여를 유도한다.

1. 일정 계획

효과적인 일정 계획은 프로그램 기획의 성공을 좌우하는 결정적인 요소이다. 일정 계획이 필요한 이유는 첫째, 효율적인 시간을 배분할 수 있기 때문이다. 계획을 통해 각 활동에 필요한 시간을 사전에 할당함으로써 프로그램 진행 중 불필요한 지연이나 시간 낭비를 예방할 수 있다. 또한 각 단계에 대한 마감 기한을 설정하여 프로젝트 진행 상황을 체크하고 조정할 수 있다. 둘째, 자원을 효율적으로 관리할 수 있기 때문이다. 일정 계획을 통해 필요 인원과 역할을 사전에 정리하여 적절한 인력을 배치할 수 있을 뿐 아니라, 필요한 물품이나 장소를 미리 예약하고 준비함으로써 원활한 실행이 가능하다. 셋째, 목표 달성에 기여할 수 있기 때문이다. 일정 계획을 통해 각 활동의 목표를 명확히 하고, 목표 달성의 진척도를 관리할 수 있다. 또한 프로그램 진행 후 평가를 통해 일정이 계획대로 이루어졌는지 확인하고 개선 사항을 찾을 수 있다. 넷째, 일정 계획을 통해 위험 관리를 할 수 있기 때문이다. 사전 계획을 통해 예상치 못한 문제가 발생할 가능성을 줄이고 대처방안을 마련할 수 있다. 만약 일정이 변경된다면, 미리 준비한 대체 계획을 통해 빠르게 대응할 수 있다. 끝으로, 참여자와 소통을 할 수 있기 때문이다. 참여자와의 원활한 의사소통을 통해 일정과 목표를 공유하여 모두가 같은 방향으로 나아갈 수 있게 하고, 참가자들이 기대하는 바를 일정에 반영하여 만족도를 높일 수 있다.

프로그램의 원활한 진행을 돕기 위한 일정을 계획할 때 다음의 사항들을 고려해야 한다.

① 목표 설정

프로그램의 목표를 명확히 하고, 각 단계에서 달성해야 할 목표를 설정한다. 목표에 따라 일정이 달라질 수 있다.

② 전체 일정 구상

프로그램의 전체 기간을 정하고, 주요 활동을 시간대별로 나누어 구상한다. 예를 들어, 프로그램이 4주 동안 진행된다면 주별로 주요 활동을 배치한다.

③ 단계별 세부 계획

각 단계별로 어떤 활동이 이루어질지를 구체적으로 명시한다.

예시
- 1주차: 오리엔테이션 및 주제 소개
- 2주차: 가족 소통 기술 세션
- 3주차: 갈등 해결 기법 세션
- 4주차: 종합 피드백 및 마무리

④ 시간 배분

각 활동에 소요될 시간을 예측하여 일정에 반영한다. 이때, 세션의 길이와 휴식 시간을 고려해야 한다(예, 각 세션 2시간, 휴식 15분).

⑤ 유연성 고려

예상치 못한 상황에 대비하여 일정에 유연성을 두는 것이 중요하다. 예를 들어, 활동이 지연될 경우를 대비한 시간 여유를 둔다.

⑥ 커뮤니케이션

프로그램 일정에 대한 정보를 참가자와 공유하고, 피드백을 받는 것이 중요하다. 필요에 따라 일정을 조정할 수 있다.

1) 시각적 도구 활용

Gantt 차트나 일정표와 같은 시각적 도구를 활용하여 일정을 정리하면 이해하기 쉽고, 관리하기 용이하다. Gantt 차트는 프로젝트 관리에서 사용되는 시각적 도구로, 주로 각 작업의 시작일과 종료일, 그리고 작업 간의 관계를 한눈에 볼 수 있도록 도식화한 그래프이다. 가족생활교육 프로그램과 같은 특정 프로젝트의 일정을 Gantt 차트로 작성하면, 각 주차별 활동과 그에 따른 시간 배분을 명확히 할 수 있어, 프로그램 진행에 필요한 모든 요소를 효율적으로 관리할 수 있다.

(1) Gantt 차트의 주요 특징

- 작업 목록: 차트의 왼쪽에 프로젝트의 주요 작업이나 활동 목록이 나열된다.
- 시간 축: 차트의 상단에는 시간 축이 표시되어, 일정 기간(일, 주, 월 등)에 따라 작업의 진행 상황을 나타낸다.
- 막대그래프: 각 작업에 대해 막대그래프가 그려져, 작업의 시작일과 종료

일, 그리고 작업의 지속 기간을 시각적으로 나타낸다. 막대의 길이는 해당 작업이 소요되는 시간을 의미한다.

- 작업 간의 관계: 작업 간의 선이나 화살표를 통해 의존 관계나 선행 작업을 시각적으로 표시할 수 있다.

(2) Gantt 차트의 장점

- 시각적 이해: 프로젝트의 전체 일정을 한눈에 파악할 수 있어 이해하기 쉽다.
- 진행 상황 추적: 각 작업의 진행 상황을 쉽게 모니터링하고, 일정 관리가 용이하다.
- 효율적인 계획: 작업 간의 관계를 명확히 하여, 자원 배분과 일정 조정에 도움을 준다.

(3) Gantt 차트를 활용한 가족생활교육 프로그램 일정표 예시

활동	1개월	2개월	3개월	4개월	5개월	6개월
1. 프로그램 기획 및 설계	■					
2. 자료 개발 및 준비		■				
3. 홍보 및 참여자 모집			■			
4. 교육 진행				■	■	
5. 프로그램 평가					■	
6. 결과 및 보고서 작성						■

[활동 세부 내용]

1. 프로그램 기획 및 설계(1개월)	• 프로그램 목표 및 구체적 내용 설정 • 교육 내용 및 활동 구성 요소 결정
2. 자료 개발 및 준비(2개월)	• 교육자료 및 워크북 제작 • 관련 연구 및 사례 분석
3. 홍보 및 참여자 모집(3개월)	• 지역 커뮤니티와 학교를 통해 프로그램 홍보 • 온라인 플랫폼을 통한 참여자 등록
4. 교육 진행(4~5개월)	• 실제 교육 수행(예: 가족관계 향상을 위한 소통 훈련, 갈등 해결 교육 등) • 다양한 활동 및 워크숍 진행(주말 가족 행사 포함)
5. 프로그램 평가(5개월)	• 참가자 피드백 수집 및 프로그램 효과 분석 • 프로그램의 목표 달성 여부 검토
6. 결과 및 보고서 작성(6개월)	• 최종 리포트 작성 및 개선 사항 도출 • 결과를 참여자와 관련 기관에 공유

2) 마일스톤 설정

프로그램의 주요 이정표(예: 중간 평가, 피드백 세션 등)를 설정하여 진행 상황을 점검하고, 필요한 경우 일정을 조정한다.

활동1 Gantt 차트와 같은 시각적 도구를 활용하여 본인이 기획하고 싶은 가족생활 교육 프로그램의 일정을 짜보자.

2. 홍보 계획

홍보 계획은 프로그램을 홍보하기 위한 전략과 방법을 설명하는 것으로 대상 집단에게 어떻게 프로그램을 알릴 것인지를 포함한다. 가족생활교육 프로그램을 개발할 때 홍보 계획이 필요한 이유는 다음과 같다.

첫째, 참여자를 유치할 수 있기 때문이다. 효과적인 홍보는 프로그램의 필요성과 중요성을 알리게 되어 궁극적으로 대상자가 참여를 결심하게 만든다. 또한 지역사회 내에서 가족생활교육 프로그램을 홍보함으로써 관심 있는 사람들이 모여 실질적인 참여를 유도할 수 있다. 둘째, 정보 제공을 할 수 있기 때문이다. 홍보를 통해 프로그램의 내용, 일정, 목표 등을 명확히 알려 참여자들이 충분한 정보를 선택할 수 있도록 한다. 뿐만 아니라, 프로그램의 혜택과 목표를 상세히 설명하여 대상자가 왜 참여해야 하는지를 이해시키는 데 도움을 준다. 셋째, 이미지를 구축할 수 있기 때문이다. 즉, 체계적이고 전문적인 홍보를 통해 프로그램의 신뢰도를 높이고, 지속적인 홍보를 통해 기관의 브랜드 가치를 높여 다른 프로그램에 대한 관심도 추가적으로 유도할 수 있다. 넷째, 효과적인 홍보는 지속적인 소통을 가능하게 하고, 이후 프로그램을 보완하는 데 필요한 피드백을 쉽게 받을 수 있기 때문이다. 마지막으로 지속 가능성을 확보할 수 있기 때문이다. 성공적인 프로그램 홍보는 향후 다른 교육 프로그램을 기획하고 운영하는 데 필요한 데이터와 경험을 제공한다. 또한 외부 후원이나 협력을 통해 지원을 유도할 수 있는 기반을 마련해 준다.

결론적으로 홍보 계획은 가족생활교육 프로그램의 성공적인 실행을 위한 필수 요소이며, 프로그램의 목표 달성을 위한 중요한 단계라 할 수 있다.

1) 홍보 목표 설정

(1) 참여자 모집

프로그램에 관심이 있는 가족 및 개인을 대상으로 참여를 유도한다.

(2) 인지도 향상

지역사회 내에서 프로그램의 인지도를 높여, 가족생활교육의 중요성을 알린다.

(3) 지속적인 참여 유도

참가자들이 프로그램에 지속적으로 참여할 수 있도록 장기적인 관계를 구축한다.

2) 대상 집단 정의

대상 집단을 어떻게 정의할지 구체적인 설명을 한다.

예시
- 가족 단위: 자녀가 있는 가정, 특히 초등학생 및 중학생 자녀를 둔 부모
- 지역사회 구성원: 지역주민, 지역사회 단체 및 기관, 교육기관 관계자
- 전문가 및 상담사: 가족상담사, 교육자 및 관련 분야 전문가

3) 홍보 전략 및 방법

(1) 온라인 홍보

① 소셜미디어 활용

Facebook, Instagram, Twitter 등 다양한 플랫폼을 통해 프로그램 정보를 게시한다. 참가자들의 후기와 사진을 공유하여 신뢰성을 높인다.

② 웹사이트 및 블로그

전용 웹사이트나 블로그를 개설하여 프로그램의 세부 내용, 일정, 신청 방법 등을 상세히 안내한다. 교육 관련 콘텐츠를 게시하여 유입을 늘린다.

③ 이메일 뉴스레터

관심 있는 참가자들에게 정기적으로 뉴스레터를 발송하여 프로그램 소식, 교육자료, 팁 등을 제공한다.

(2) 오프라인 홍보

① 지역 행사 참여

지역 축제나 행사에 부스를 마련하여 프로그램을 직접 소개하고, 관심 있는 가족과의 네트워킹을 통해 참여를 유도한다.

② 포스터 및 전단지 배포

지역 커뮤니티 센터, 도서관, 학교 등의 공공장소에 포스터를 부착하고 전단지를 배포하여 프로그램에 대한 정보를 제공한다.

③ 전문가 세미나 및 워크숍 개최

가족생활교육의 중요성을 강조하는 세미나나 워크숍을 개최하여 지역사회 내 전문가와 가족들에게 프로그램을 소개한다.

(3) 커뮤니티 네트워크 활용

① 지역사회 단체와 협력

가족 관련 비영리단체, 아동복지기관, 학교 등과 협력하여 프로그램을 공동으로 홍보한다. 이들 단체의 네트워크를 통해 프로그램 정보를 전파한다.

② 상담 서비스 연계

지역 상담소와 협력하여 프로그램을 추천하도록 하여, 가족상담을 받는 이들에게 프로그램을 알린다.

4) 홍보 일정

(1) 사전 홍보

프로그램 시작 2개월 전부터 홍보를 시작하여, 충분한 사전 인지도를 확보한다.

(2) 프로그램 진행 중 홍보

진행 중 참가자들의 후기를 활용하여 지속적으로 홍보하며, 다음 프로그램에 대한 사전 예약을 유노한다.

(3) 사후 홍보

프로그램 종료 후 참가자들의 경험담을 바탕으로 후속 교육 프로그램을 알리는 홍보를 실시한다.

5) 성과 측정

(1) 참여자 수 분석

프로그램 참가 신청자 수와 실제 참여 인원을 분석하여 홍보 효과를 평가한다.

(2) 피드백 수집

참가자들로부터 홍보 방법에 대한 피드백을 수집하여 향후 개선점을 도출한다.

(3) 소셜미디어 분석

소셜미디어에서의 반응(좋아요, 공유, 댓글 수 등)을 분석하여 홍보의 효과를 측정한다.

활동2 **홍보 계획, 전략을 세우고, 홍보지 만들기**

- "가족생활교육의 실제" 파트에 등장하는 프로그램 중 하나를 선택하라.
  (1) 온라인 홍보, (2) 오프라인 홍보, (3) 커뮤니티 네트워크 활용 중 선택한 프로그램에 가장 적절한 홍보 수단을 활용해 보라. 홍보 일정을 계획하여 이 프로그램에 사용할 1페이지짜리 홍보지를 만들어 보라.

CHAPTER 08

평가 및 기대 효과

CONTENTS

이 장에서는 프로그램에 대한 평가 계획과 예상되는 기대 효과를 논의한다. 프로그램이 성공적으로 진행되었는지를 평가할 수 있는 방법과 이를 통해 가족생활에 긍정적인 변화를 어떻게 실현할 수 있는지를 탐구한다.

1. 평가 계획

가족생활교육 프로그램의 성공적인 운영을 위해 평가 계획을 필수적으로 고려해야 한다. 그 이유는 다음과 같다. 첫째, 프로그램의 효과성을 측정할 수 있다. 평가 계획을 통해 프로그램이 설정한 목표에 도달했는지를 확인할 수 있다. 이후 데이터 분석을 통해 어떤 부분이 효과적이었는지, 어떤 부분을 개선해야 하는지를 명확히 알 수 있다. 또한 평가 결과를 바탕으로 프로그램을 지속적으로 개선하고 발전시켜 나갈 수 있다. 이는 미래의 프로그램 기획에 중요한 정보가 된다. 둘째, 참여자의 피드백을 수집할 수 있다. 프로그램 참여자가 자신의 경험에 대해 피드백을 제공할 수 있도록 평가 설계를 통해 만족도 및 의견을 수집한다. 이 과정은 참여자의 필요와 요구를 반영하는 데 필수적이라 할 수 있다. 뿐만 아니라, 참여자들이 프로그램에 참여하면서 느낀 점을 돌아보게끔 유도하여 자기반성의 기회로 삼을 수 있다. 셋째, 자원관리의 측면에서 평가 계획은 중요하다. 프로그램에 소요된 자원(예산, 인력 등)을 평가하여 자원의 활용도를 분석한다. 필요한 경우 자원 배분 방식을 변경하여 효율성을 높일 수 있다. 만약 평가를 통해 긍정적인 성과를 보여줄 수 있다면 외부 후원이나 지원을 유치하는 데 도움이 될 수도 있다. 넷째, 체계적인 평가 계획과 결과는 프로그램의 신뢰성을 높여준다. 가족생활교육의 질적인 개선을 강조하고, 참가자 및 관련 기관의 신뢰를 얻는 데 기여할 수 있다. 또한 평가 결과에 따라 프로그램이 사회적으로 인정받음으로써 다양한 커뮤니티에서 더 많은 참여를 유도할 수 있다. 끝으로 평가 결과는 가족생활과 관련된 정책 형성에 필요한 기초 자료가 될 수 있다. 이는 정책입안자에게 프로그램의 필요성과 효과를 증명하는 데 유용하다. 정부나 지방자치단체의 행정적 요구에 부합하는 결과물이 될 수 있어 공식적인 보고서 작성에도 중요한 자료로 활용된다.

가족생활교육 프로그램의 평가가 보다 효과적이고 신뢰성 있게 이루어질 수 있으려면 다음의 사항을 고려해야 한다.

1) 명확한 평가기준 설정

(1) 목표와 일치

프로그램의 목표와 일치하는 평가기준을 설정해야 한다. 목표에 따라 평가지표를 명확히 정의하고, 이를 기반으로 평가를 진행한다.

① 프로그램 목표 정의

프로그램의 전반적인 목표와 구체적인 학습 목표를 명확히 정의한다. 예를 들어, "가족 소통 능력 향상", "갈등 해결 기술 습득", "가족구성원 간의 이해 증진"과 같은 목표를 설정할 수 있다.

② 평가기준 도출

각 목표에 맞는 평가기준을 도출한다. 예를 들어, "가족 소통 능력 향상"이라는 목표에 대해 다음과 같은 평가기준을 설정할 수 있다.

- 소통 빈도: 가족구성원 간의 대화가 얼마나 자주 이루어졌는가?
- 소통의 질: 대화의 내용이 얼마나 깊이 있었는가? (예: 감정 표현, 의견 교환의 수준)

③ 목표별 평가지표

각 목표에 대해 구체적인 평가지표를 설정한다. 예를 들어, "갈등 해결 기술 습득" 목표에 대해 다음과 같은 질문을 던질 수 있다.

- 갈등 발생 시 대처방식: 갈등 상황에서 어떤 해결 방법을 사용했는가?
- 갈등 해결 후 만족도: 갈등 해결 후 가족구성원들이 느낀 만족도는 어떤가?

(2) 구체성

평가 항목은 구체적이고 측정 가능해야 하며, 주관적이지 않도록 객관성을 유지해야 한다.

① 구체적인 평가 항목 설정

각 평가지표를 더욱 구체적으로 정의한다. 예를 들어, "소통의 질"을 평가하기 위해 다음과 같은 항목을 설정할 수 있다.

- 감정 표현의 빈도: 대화 중 감정을 표현한 횟수 (예: 긍정적인 감정 3회, 부정적인 감정 2회)
- 의견 교환의 다양성: 대화 중 등장한 다양한 주제의 수 (예: 5개의 서로 다른 주제)

② 측정 가능성 확보

각 항목은 측정 가능한 형태로 만들어야 한다. 예를 들어, “갈등 해결 후 만족도”는 설문조사를 통해 1(매우 불만족)에서 5(매우 만족)까지의 점수로 평가할 수 있다.

③ 객관성 유지

평가 항목은 주관적이지 않고 객관적으로 평가할 수 있도록 설계해야 한다. 예를 들어, “소통의 질”을 평가할 때는 참여자의 자기보고가 아닌 관찰자에 의한 평가를 추가하여 신뢰성을 높일 수 있다.

예시 1

- 목표: 가족 소통 능력 향상
- 평가지표:
  - 소통 빈도(주간 대화 횟수)
  - 소통의 질(감정 표현 횟수, 다양한 주제 수)

예시 2

- 목표: 갈등 해결 기술 습득
- 평가지표:
  - 갈등 발생 시 대처방식(사용한 기술의 종류)
  - 갈등 해결 후 만족도(설문조사 점수)

2) 다양한 평가방법 활용

(1) 다양한 데이터 수집

설문조사, 행동관찰, 피드백 수집 등 다양한 방법을 활용하여 종합적인 평가를 실시한다. 여러 관점에서 데이터를 수집함으로써 신뢰성을 높일 수 있다.

① 설문조사

- 구성: 프로그램 참가자들에게 사전 및 사후 설문조사를 실시하여 프로그램의 효과를 측정한다. 설문은 Likert 척도(1-5점)로 구성하여 각 항목에 대한 평가를 수집할 수 있다.
- 주요 항목: 프로그램의 유용성, 소통 능력 향상 정도, 갈등 해결 기술 습득 등을 평가하는 질문을 포함

② 행동관찰

- 관찰 체크리스트 개발: 프로그램 진행 중 참가자들의 행동을 관찰하기 위한 체크리스트를 개발한다. 이 체크리스트에는 소통방식, 갈등 해결 행동, 참여도 등 대처방식을 포함한다.
- 관찰 기록: 특정 상황에서의 행동을 기록하여 변화 여부를 평가한다. 예를 들어, 갈등 상황에서의 대처방식을 관찰하여 기록한다.

③ 피드백 수집

- 그룹 토의: 프로그램 종료 후 참가자들과 그룹 토의를 진행하여 프로그램에 대한 의견과 경험을 나눈다. 이 과정에서 참가자들이 프로그램에 대해 느낀 점을 자유롭게 표현하도록 유도한다.
- 개별 인터뷰: 몇몇 참가자와의 심층 인터뷰를 통해 프로그램에 대한 구체적인 피드백을 수집한다. 인터뷰 질문은 프로그램의 강점, 약점, 개선사항 등에 초점을 맞춘다.

(2) 정량적 및 정성적 데이터

정량적인 수치뿐만 아니라 정성적인 의견도 수집하여 보다 깊이 있는 분석을 가능하게 한다.

① 정량적 데이터 수집

- 설문조사 결과 활용: 설문조사를 통해 수집된 점수 데이터를 분석하여 각 항목의 평균 점수, 표준편차 등을 계산한다. 이를 통해 참가자들의 전반적인 만족도와 변화 정도를 정량적으로 평가할 수 있다.
- 행동 기록 분석: 행동 관찰 결과를 수치화하여 참가자들이 특정 행동을 얼마나 자주 했는지, 어떤 행동이 증가했는지를 정량적으로 분석한다.

② 정성적 데이터 수집

- 피드백 내용 분석: 그룹 토의 및 개별 인터뷰에서 수집된 의견을 분석하여 프로그램의 강점과 약점을 파악한다. 이 과정에서는 주요 주제를 도출하고, 반복되는 의견을 정리하여 핵심적인 인사이트를 제공한다.
- 사례 연구: 특정 참가자의 경험이나 변화 과정을 사례로 들어 심층적으로 분석한다. 이러한 사례 연구는 프로그램의 효과를 구체적으로 보여줄 수 있으며, 다른 참가자들이 공감할 수 있는 사례를 제공하는 데 유용하다.

예시

- 설문조사: 사전/사후 설문을 통해 "가족 간 소통의 질"을 1~5점으로 평가
- 행동 관찰: 체크리스트를 통해 "갈등 해결 시 사용한 방법"을 기록
- 피드백 수집: 그룹 토의에서 "프로그램의 가장 유익했던 점"에 대한 의견을 수렴
- 정량적 분석: 사전/사후 설문 결과의 평균 점수 비교
- 정성적 분석: 인터뷰 내용을 바탕으로 프로그램 개선을 위한 주요 테마 도출

3) 참가자 피드백 반영

(1) 참여 유도

참가자들이 솔직하게 의견을 제시할 수 있도록 분위기를 조성한다. 익명성을 보장하는 방법도 고려해 볼 수 있다.

① 안전한 환경 조성

- 신뢰 구축: 프로그램 시작 시 참가자들에게 피드백이 중요하며, 모든 의견이 존중된다는 점을 강조한다. 이를 통해 참가자들이 자유롭게 의견을 제시할 수 있도록 신뢰를 구축한다.
- 개방적인 대화: 프로그램 진행 중 참가자들에게 질문을 던지고 의견을 나누는 시간을 마련하여, 그들이 자연스레 참여할 수 있는 분위기를 조성한다.

② 익명성 보장

- 익명 설문조사: 프로그램 종료 후 익명 설문조사를 실시하여 참가자들이 솔직한 의견을 제시할 수 있도록 한다. 설문조사 플랫폼에서 익명성을 보장하고, 참가자들이 부담 없이 응답할 수 있도록 한다.
- 익명 피드백 박스: 프로그램 현장에 익명으로 의견을 제출할 수 있는 피드백 박스를 설치하여, 참가자들이 언제든지 의견을 남길 수 있도록 한다.

(2) 피드백 수렴

참가자들의 피드백을 적극적으로 수렴하고, 이를 평가에 반영하여 프로그램의 질을 높이는 데 활용한다.

① 정기적인 피드백 세션

• 중간 점검: 프로그램 진행 중간에 참가자들과 피드백 세션을 개최하여 프로그램에 대한 의견을 수렴한다. 이때, 참가자들이 느끼는 어려움이나 개선이 필요한 부분을 파악할 수 있다.
• 종합적인 의견 수렴: 세션에서는 참가자들이 자유롭게 이야기할 수 있도록 유도하며, 그들의 피드백을 기록하여 후속 조치에 활용한다.

② 피드백 분석 및 반영

• 정량적 및 정성적 분석: 수집된 피드백을 정량적으로 분석하여 평균 점수나 주요 트렌드를 파악하고, 정성적으로는 참가자들의 의견에서 반복되는 주제를 도출한다.
• 개선 사항 도출: 피드백을 바탕으로 프로그램의 강점과 약점을 분석하고, 구체적인 개선 사항을 도출한다. 예를 들어, 특정 세션의 내용이 부족하다는 의견이 많다면 해당 세션을 보완하여 수정한다.

③ 피드백 반영 결과 공유

• 결과 보고서 작성: 참가자들이 제공한 피드백을 바탕으로 개선된 사항과 프로그램의 변화 과정을 문서화하여 참가자들에게 공유한다. 이를 통해 그들의 의견이 실제로 반영되었음을 알리고, 적극적인 참여를 유도한다.
• 후속 프로그램 안내: 개선된 내용을 바탕으로 다음 프로그램에 대한 안내를 제공하고, 참가자들이 이전에 제시한 의견이 어떻게 반영되었는지를 설명하여 지속적인 참여를 독려한다.

예시

- 안전한 환경 조성: 프로그램 시작 시 "여기서 나누는 모든 의견은 비밀이 보장됩니다"라고 강조
- 익명 설문조사: 프로그램 종료 후 Google Forms을 활용하여 익명 설문조사 실시
- 정기적인 피드백 세션: 매주 프로그램 중간에 참가자들과의 짧은 피드백 회의 개최
- 개선 사항 도출: "가족 소통 세션에서의 내용 부족"이라는 피드백을 반영하여 관련 자료를 추가
- 결과 보고서 작성: "여러분의 피드백 덕분에 소통 세션이 강화되었습니다"라는 내용으로 피드백 적용 결과를 공유

4) 평가 시점의 적절성

(1) 적절한 시기

사전 평가, 중간 평가, 사후 평가를 적절한 시점에 실시하여 프로그램 진행 과정에서의 변화와 효과를 명확히 파악한다.

① 사전 평가

- 목적: 프로그램 시작 전에 참가자들의 현재 상태와 인식, 필요를 파악하여 프로그램의 기초 자료로 활용한다.
- 방법: 설문조사와 초기 인터뷰를 통해 참가자들의 가족관계, 소통방식, 갈등 해결 능력 등을 평가한다. 이를 통해 프로그램 목표와 내용을 조정할 수 있다.

② 중간 평가

- 목적: 프로그램 진행 중 참가자들의 변화와 프로그램의 효과를 점검하여 필요 시 즉각적인 수정 조치를 취할 수 있다.

• 방법: 프로그램의 중반부에 참가자들에게 중간 설문조사를 실시하고, 그룹 토의를 통해 그들이 느끼는 변화와 어려움을 파악한다. 이때, 구체적인 사례를 통해 참가자들의 참여도와 효과를 평가한다.

③ 사후 평가

• 목적: 프로그램 종료 후 참가자들의 변화 정도와 프로그램의 전반적인 효과를 평가한다.
• 방법: 사후 설문조사를 통해 프로그램에 대한 전반적인 만족도와 효과를 측정하고, 사전 평가와 비교하여 변화의 정도를 확인한다. 또한, 참가자들과의 개별 인터뷰를 통해 심층적인 피드백을 얻는다.

(2) 지속적인 모니터링

프로그램 종료 후에도 일정 기간 동안 참가자들의 변화가 지속되는지를 모니터링하여 장기적인 효과를 평가한다.

① 변화 추적

• 목적: 프로그램 종료 후에도 참가자들의 변화가 지속되는지를 평가하여 프로그램의 장기적인 효과를 분석한다.
• 방법: 프로그램 종료 후 3개월, 6개월, 1년 후에 후속 설문조사와 인터뷰를 실시하여 참가자들의 가족관계, 소통 능력, 갈등 해결 기술 등이 어떻게 변화했는지를 추적한다.

② 지속적인 지원 제공

• 목적: 참가자들이 배운 내용을 지속적으로 적용할 수 있도록 지원한다.

- 방법: 프로그램 종료 후에도 정기적인 워크숍이나 모임을 통해 참가자들이 서로의 경험을 공유하고, 지속적인 피드백을 주고받을 수 있는 기회를 제공한다. 이를 통해 참가자들은 프로그램에서 배운 내용을 실생활에 적용할 수 있도록 도움을 받을 수 있다.

예시
- 사전 평가: 프로그램 시작 전 참가자들에게 "가족 소통의 중요성"에 대한 설문조사 실시
- 중간 평가: 프로그램 진행 중간에 "현재 소통방식의 변화"에 대한 피드백 세션 개최
- 사후 평가: 프로그램 종료 후 1개월 이내에 "가족 내 갈등 해결 능력"에 대한 사후 설문조사 실시
- 변화 추적: 프로그램 종료 후 6개월에 "가족관계의 변화"에 대한 후속 설문조사 실시
- 지속적인 지원 제공: 프로그램 종료 후 분기별로 참가자 간 네트워킹 모임을 개최하여 지속적인 소통 기회 제공

5) 객관성과 신뢰성 확보

(1) 다수의 평가자

가능한 경우 여러 평가자가 참여하여 평가를 진행하도록 하여 주관성을 최소화한다.

① 다양한 배경의 평가자 선정

- 전문성 확보: 프로그램의 평가에 참여할 평가자는 교육, 심리학, 사회복지 등 다양한 분야의 전문가들로 구성한다. 각 평가자의 전문성이 서로 다른 시각을 제공하여 평가의 깊이를 더할 수 있다.
- 참여자 의견 반영: 프로그램 진행 중 참가자들의 피드백을 바탕으로 평

가자를 선정하여, 참가자들과의 신뢰 관계를 구축하고 평가의 공정성을 높인다.

② 팀 기반 평가

- 평가 팀 구성: 여러 평가자가 팀을 이루어 평가를 진행한다. 팀 내에서 서로의 의견을 논의하고, 평가 결과를 비교하여 주관적인 판단을 최소화한다.
- 정기적인 평가 회의: 평가자 팀은 정기적으로 모여 평가기준과 결과에 대해 논의하며, 평가의 일관성을 유지하기 위해 필요한 조정을 한다.

(2) 표준화된 도구 사용

평가도구나 설문지는 사전에 검증된 표준화된 도구를 사용하는 것이 좋다.

① 검증된 평가 도구 선정

- 신뢰성 있는 도구 사용: 사전에 검증된 표준화된 도구를 활용하여 평가를 실시한다. 예를 들어, 가족관계 개선을 위한 표준화된 설문지나 심리 평가 도구를 사용하여 객관적인 데이터를 수집한다.
- 도구의 적합성 확인: 사용하려는 평가 도구가 프로그램의 목표와 일치하는지 사전에 확인하고, 필요시 전문가의 자문을 받는다.

② 일관된 평가 절차 수립

- 평가 매뉴얼 작성: 표준화된 도구를 사용하는 방법과 절차를 상세히 담은 평가 매뉴얼을 작성하여 모든 평가자가 동일한 기준으로 평가할 수 있도록 한다. 이를 통해 평가의 일관성을 확보한다.

- 파일럿 테스트 실시: 프로그램 시작 전에 평가 도구를 파일럿 테스트하여 문제점을 파악하고, 수정하여 최종 평가에 반영한다.

> **예시**
> - 다양한 배경의 평가자 선정: 심리학 전문가, 사회복지사, 교육 전문가 등으로 구성된 평가 팀 운영
> - 평가 팀 구성: 3~5명의 평가자가 팀을 이루어 프로그램 평가를 수행하고, 각 평가자의 의견을 종합하여 결과 도출
> - 검증된 평가 도구 선정: "가족관계지수(FRQ)"와 같은 표준화된 도구를 사용하여 평가 실시
> - 평가 매뉴얼 작성: 평가 도구 사용법과 평가기준을 포함한 매뉴얼을 모든 평가자에게 배포
> - 파일럿 테스트 실시: 프로그램 시작 전 설문지를 소규모로 테스트하여 문제점을 보완하고 최종 설문지 확정

6) 데이터 분석의 철저함

(1) 정확한 분석

수집된 데이터를 철저히 분석하여 신뢰할 수 있는 결과를 도출한다. 통계적 방법이나 질적분석기법을 활용할 수 있다.

① 데이터 정제 및 전처리

- 결측치 처리: 수집된 데이터에서 결측치를 확인하고, 적절한 방법으로 처리한다. 예를 들어, 평균값으로 대체하거나, 특정 기준에 따라 데이터를 제외할 수 있다.
- 이상치 검토: 이상치를 분석하여 그 원인을 파악하고, 필요 시 이를 제거하거나 수정하여 데이터의 신뢰성을 높인다.

② 통계적 방법 활용

- 기초통계분석: 평균, 중앙값, 표준편차 등 기초통계지표를 활용하여 참가자들의 전반적인 특성을 파악한다.
- 비교분석: 사전 평가와 사후 평가 결과를 비교하여 통계적 유의성을 검증한다. t-검정이나 ANOVA(분산분석) 등의 방법을 사용할 수 있다.
- 상관관계분석: 변수 간의 관계를 분석하여 특정 프로그램 요소가 결과에 미치는 영향을 파악한다. Pearson 상관계수 또는 회귀분석 등의 방법을 활용한다.

③ 질적분석기법 사용

- 내용 분석법: 참가자들의 인터뷰나 자유서술형 응답을 분석하여 주요 주제나 경향을 도출한다. 이를 통해 프로그램의 효과를 심층적으로 이해할 수 있다.
- 주제 분석: 참가자들의 피드백을 바탕으로 공통적으로 나타나는 주제를 식별하여, 프로그램의 강점과 개선점을 도출한다.

(2) 결과의 해석

분석 결과를 올바르게 해석하여 프로그램의 강점과 약점을 정확히 파악한다.

① 분석 결과 요약

- 핵심 발견 정리: 분석 결과를 요약하여 프로그램의 주요 성과와 참가자들의 변화 정도를 명확하게 정리한다. 이를 통해 관계자들이 쉽게 이해할 수 있도록 한다.
- 비주얼 자료 활용: 그래프, 차트, 표 등을 활용하여 결과를 시각적으로 표

현하고, 데이터의 의미를 보다 명확하게 전달한다.

② 강점과 약점 파악

- 프로그램 강점 분석: 참가자들이 긍정적으로 평가한 요소와 프로그램의 성공 사례를 강조하여, 향후 프로그램 개선에 도움이 되는 정보를 제공한다.
- 개선 필요 사항 도출: 분석 결과를 바탕으로 약점을 파악하고, 개선이 필요한 부분을 명확히 제시한다. 예를 들어, 특정 교육 내용이 효과적이지 않거나, 참가자들의 참여도가 낮은 경우 이에 대한 구체적인 개선방안을 제안한다.

예시

- 데이터 정제 및 전처리: 설문 응답에서 결측치가 10% 이상인 경우 해당 응답 제외
- 기초통계분석: 사전 평가와 사후 평가의 평균 점수 비교를 통해 참가자들의 변화 정도 파악
- 질적분석기법 사용: 참가자 인터뷰 내용을 분석하여 "가족 소통의 중요성"이라는 주제가 반복적으로 나타남을 확인
- 결과 요약: 프로그램 종료 후 참가자들의 80%가 가족관계 개선을 경험했다고 요약하고, 이를 그래프로 시각화
- 강점과 약점 파악: "상담 세션의 유익함"이 강점으로 나타났다면, "실습 활동의 부족함"은 약점으로 도출하여 향후 프로그램 개선에 반영

7) 결과의 활용 방안 마련

(1) 개선 계획 수립

평가 결과를 바탕으로 향후 프로그램 개선을 위한 구체적인 계획을 수립한다.

① 데이터 기반의 개선 목표 설정

- SMART 목표 수립: 평가 결과를 바탕으로 구체적이고 측정 가능하며 달성 가능한(Specific, Measurable, Achievable, Relevant, Time-bound) 목표를 설정한다. 예를 들어, "참가자의 만족도를 10% 향상시키기 위해 특정 교육 내용을 추가한다"와 같은 목표를 수립한다.

② 개선 사항 우선순위 정하기

- 우선순위 매트릭스 활용: 평가 결과에서 도출된 개선 사항을 중요도와 긴급도로 분류하여 우선순위를 매긴다. 이를 통해 자원을 효율적으로 배분할 수 있다.
- 피드백 기반의 조정: 참가자 및 평가자의 피드백을 반영하여 개선 사항의 우선순위를 정하고, 가장 필요한 부분부터 착수한다.

③ 구체적인 실행 계획 수립

- 행동 계획 작성: 개선 사항에 대한 구체적인 행동 계획을 작성한다. 예를 들어, "다음 프로그램에서 그룹 활동 시간을 30분 늘리고, 새로운 교육자료를 개발하여 제공한다"와 같은 형태로 구체화한다.
- 책임자 지정: 각 개선 사항에 대해 책임자를 지정하여 실행 과정을 모니터링하고, 진행 상황을 체크한다.

(2) 피드백 제공

평가 결과를 프로그램 관계자 및 참가자와 공유하여 모두가 개선 방향에 대해 이해할 수 있도록 한다.

① 결과 공유 세션 개최

- 워크숍 또는 미팅 진행: 프로그램 관계자 및 참가자와의 결과 공유 세션을 진행하여 평가 결과를 설명하고, 개선 계획을 논의한다. 이 과정에서 참가자들의 의견을 수렴하는 시간을 마련한다.
- 시각적 자료 활용: 평가 결과를 그래프, 차트 등으로 시각적으로 표현하여 이해를 돕고, 주요 발견 사항을 강조한다.

② 개선 방향에 대한 명확한 안내

- 문서화된 피드백 제공: 평가 결과와 개선 계획을 문서화하여 관계자 및 참가자에게 배포한다. 이 문서는 프로그램의 강점과 약점, 향후 개선 방향을 명확히 제시해야 한다.
- 지속적인 소통 채널 마련: 참가자 및 관계자와의 지속적인 소통을 위한 채널(예: 이메일, 포럼 등)을 마련하여 피드백과 의견을 주고받을 수 있도록 한다.

예시

- SMART 목표 수립: "다음 프로그램에서 참가자 만족도를 85% 이상으로 끌어올리기 위해, 가족 소통 세션을 추가한다."
- 우선순위 매트릭스 활용: 피드백을 바탕으로 "실습 활동 강화"를 가장 우선적으로 개선할 사항으로 선정
- 행동 계획 작성: 매주 금요일, 새로운 교육자료를 개발하여 다음 주 프로그램에 포함한다.
- 워크숍 또는 미팅 진행: 평가 결과 발표 후, 참가자들의 반응을 듣고 추가적인 아이디어를 수렴하는 시간을 가짐
- 문서화된 피드백 제공: 평가 결과와 함께 "강점: 가족 소통 세션, 약점: 실습 부족"을 명확히 기록하여 배포

활동1 "가족생활교육의 실제" 파트에 등장하는 프로그램 중 하나를 택하여 평가계획 세우기

■ 프로그램 목표 및 기준 확인하기

■ 평가방법, 일정(평가 시점) 정하기

방법	일정				
설문조사					
행동 관찰					
피드백 수집					
정량적 분석					
정성적 분석					

2. 기대 효과

가족생활교육 프로그램을 기획할 때, “기대 효과”는 다음과 같은 중요한 역할을 한다. 첫째, 기대 효과는 프로그램의 목표를 명확히 하는 데 도움을 준다. 프로그램이 무엇을 달성하고자 하는지를 구체적으로 설정함으로써 기획 단계에서 방향성을 제공한다. 둘째, 프로그램을 통해 기대되는 결과와 효과를 기술한다. 참가자와 지역사회에 미치는 긍정적인 영향 등을 포함한다.

1) 참가자 개인의 변화

(1) 가족 소통 능력 향상

프로그램 참여를 통해 참가자들은 효과적인 의사소통기술을 배우고, 가족 내에서의 소통이 원활해진다. 이는 갈등 해결 능력을 높이고, 서로의 감정을 이해하는 데 기여한다.

(2) 정서적 안정과 스트레스 감소

가족생활에 대한 긍정적인 이해와 대처방법을 배우면서, 참가자들은 정서적으로 안정감을 느끼고 스트레스를 감소시킬 수 있다. 이는 가족구성원 간의 긍정적인 관계 형성에 도움이 된다.

(3) 자아존중감 향상

교육 프로그램을 통해 자신의 감정과 생각을 표현하는 방법을 배우면서,

참가자들은 자아존중감이 향상되고, 자신감을 갖게 된다.

2) 가족관계의 개선

(1) 가족 간의 유대감 강화

프로그램을 통해 가족구성원 간의 상호작용이 증대되고, 공동활동을 통해 친밀감이 증가한다. 이는 가족의 유대감을 더욱 강화시킨다.

(2) 가족문제 해결 능력 향상

참가자들은 다양한 가족문제에 대한 해결책을 모색하는 방법을 배우게 되어, 실제 상황에서의 문제 해결 능력이 향상된다. 이는 가족 내 갈등을 줄이고, 건강한 관계를 유지하는 데 기여한다.

3) 지역사회에 미치는 긍정적인 영향

(1) 지역사회의 가족 지원 네트워크 구축

프로그램 참가자들이 지역사회 내에서 가족 지원 활동에 참여하게 되면, 지역사회의 가족 지원 네트워크가 강화된다. 이는 서로의 경험을 공유하고, 지원할 수 있는 기반을 마련한다.

(2) 건강한 가족문화 확산

프로그램을 통해 얻은 지식과 경험이 다른 가족들과 공유되면, 건강한 가족문화가 지역사회 전반에 확산된다. 이는 지역사회의 전반적인 삶의 질 향상에 기여한다.

(3) 사회적 연대감 증진

다양한 배경을 가진 참가자들이 함께 프로그램에 참여함으로써, 서로 다른 가족 구조와 문화를 이해하고 존중하는 태도가 형성된다. 이는 지역사회 내에서의 사회적 연대감을 증진시키는 데 도움을 준다.

4) 지속 가능한 변화

(1) 지속적인 학습과 성장

프로그램 종료 후에도 참가자들은 배운 내용을 바탕으로 지속적으로 가족생활을 개선하고, 새로운 지식과 기술을 습득하는 데 노력할 것이다. 이는 개인과 가족의 지속적인 성장으로 이어진다.

(2) 정기적인 프로그램 운영

프로그램의 성공적인 운영을 통해 지역사회 내에서 정기적인 가족생활교육 프로그램이 마련되면, 장기적으로 더 많은 가족들이 혜택을 받을 수 있다.

예시

- 가족 소통 능력 향상: 80%의 참가자가 프로그램 후 가족과의 대화가 늘어났다고 응답
- 정서적 안정과 스트레스 감소: 참가자 중 70%가 프로그램 참여 후 스트레스 감소를 경험했다고 보고
- 지역사회의 가족 지원 네트워크 구축: 지역 내 5개 가족 지원 그룹이 프로그램을 통해 결성되어 서로의 경험을 공유하고 지원

활동2 "가족생활교육의 실제" 파트에 등장하는 프로그램 중 하나를 택하여 기대 효과를 추측해 보자.

PART Ⅲ
가족생활교육의 실제

3부에서는 가족생활교육 프로그램이 실제 현장에서 어떻게 개발 · 기획 · 운영되고 있는지 살펴보고자 한다. 가족생활교육 프로그램은 대상과 목적에 따라 연구소, 교육센터, 사회복지관, 치료기관 등 다양한 기관에서 이루어질 수 있으나 특히, 가족 서비스 공공영역으로써 가족정책을 일선에서 수행하고 있는 '가족센터'를 중심으로 가족생활교육 프로그램의 운영 방향성과 사례 등을 다루어볼 것이다. 먼저, 가족센터는 '가족사업'으로써 가족생활교육을 포괄하고 있으므로 가족센터의 사업의 기본 방향, 종류, 수행방법 및 절차 등에 대해 이해한 다음, 가족생활교육으로 다룰만한 주요 프로그램 사례의 기획 과정과 평가방법 등을 살펴보고자 한다. 단, 유념할 점은 이 장에서 소개될 가족생활교육 프로그램은 하나의 사례일 뿐이며, 가족정책의 수요자이자 서비스 대상의 욕구, 끊임없이 변화하는 사회적 이슈와 가족의 형태나 특수성을 고려하여 가족생활교육 전문가의 역량을 담아 새롭거나 좀 더 보완된 프로그램을 개발하여 수행할 수 있어야 한다는 점이다.

CHAPTER 09

가족센터의 사업

CONTENTS

1. 기본 방향

가족센터는 가족의 유형에 상관없이 다양한 가족에게 보편적이고 포괄적인 서비스를 한 곳에서 제공하는 것을 사업 목적으로 두고 건강가정지원센터, 다문화가족지원센터의 기능을 통합한 형태로 운영되고 있다. 가족센터의 사업은 모든 가족에 대한 가족 안정성 강화와 관계 증진을 도모하고, 다문화가족 및 취약 위기 가족의 안정적 정착과 생활을 위한 교육, 상담, 정보 제공, 사회 참여, 자립 등 전반을 지원하고자 추진 형태와 제공방법도 다양하다. 전국 가족센터의 운영지침서인 여성가족부의 2024년 가족사업안내(Ⅰ)에서 제시하는 가족센터 사업의 기본 방향은 다음과 같다.

(1) 가족 서비스 대상

일반(비다문화) · 다문화가족 중심에서 일반(비다문화)가족, 다문화가족, 외국인가족, 난민가족, 한부모가족, 조손가족, 이혼가족, 맞벌이가정, 1인 가구, 북한이탈가족, 사고피해가족, 위기가족 등 지원 대상 다양화

(2) 가족 서비스 시간

주간 · 주중 중심에서 야간 또는 주말까지 이용할 수 있는 시간대 확대

(3) 가족 서비스 제공방법

- 지역 여건, 서비스 대상의 욕구와 특성에 맞는 맞춤형 서비스를 다양한 방법으로 제공

• 취약 또는 위기 상황에 놓인 가족의 상담 · 사례관리 및 긴급 위기 지원 등 적극적 대처
• 양성평등적 관점에서 맞벌이부부, 다문화부부의 역할 갈등 해소 및 부모 역할 강화 지원
• 가족친화적 지역문화 조성, 가족 편견 해소, 가족 포용성 향상을 도모하기 위한 가족 여가 프로그램, 다양한 가족 간 교류 · 문화 프로그램 활성화
• 다양한 가족을 지원하고 서비스 대상자의 참여를 확대하기 위해 유관기관과 연계 · 협력으로 지역의 가용 자원을 활용

2. 영역별 가족사업

가족센터의 기본 사업은 사업의 목적성에 따라 가족관계, 가족돌봄, 가족생활, 가족과 함께하는 지역공동체, 총 4개의 영역으로 분류하고, 가족센터는 모든 영역에서 1개 이상의 사업을 수행해야 한다. 여성가족부의 2024년 가족사업안내(Ⅰ)에서는 기본 사업을 영역별로 분류하여 가이드라인을 제시하고 우선 시행할 사업을 지정하고 있으며, 기본 사업 외에도 지역 특화 사업 운영이 가능하다는 점과 진행방식(교육, 상담, 문화, 정보 제공, 파견, 사례관리 등)도 사업과 지역 여건에 맞게 가족센터에서 자율적으로 선택 가능하도록 안내하고 있다. 즉, 가족센터에서 운영하는 가족사업은 명칭과 기본 방향은 동일하더라도 지역적 여건, 특성, 수요에 따라 대상 및 욕구, 주제, 시행 횟수, 시행 시기 및 장소, 자원 활용 방안, 평가방법, 예산을 자체적으로 기획하여 실시된다고 볼 수 있다. 영역별 가족사업의 내용과 기본 사업은

〈표 9-1〉과 같고, 각 사업 영역의 목적과 세부 프로그램을 살펴보며 가족센터에서 이루어지는 가족생활교육이 어떻게 분류, 적용되고 있는지 파악해 보기를 바란다.

〈표 9-1〉 가족센터의 영역별 기본 사업

영역	1. 가족관계	2. 가족돌봄
목적	• 부모 역할 및 가족관계 개선 • 가족 형태 · 생애주기별 가족구성원 역량 강화 및 갈등 문제 해결 도모	• 복합적 위기를 가진 가족의 기능 회복과 자립역량 강화를 도모, 심리정서 및 돌봄서비스 지원
세부 사업	• 부모(아버지) 역할 지원 • 부부 역할 지원 • 이혼 전 · 후 가족지원 • 다문화가족 관계 향상지원 • 다문화가족 자녀성장지원 * • 다문화가족 이중언어 가족환경 · 교육 지원 *	• 취약 · 위기가족 지원 – 가족상담, 면접교섭서비스 – 사례관리 – 정서 · 생활도움 지원, 긴급위기지원 – 교육 · 문화 프로그램 및 자조모임 – 1인 가구 사회적 관계망 형성 지원 • 다문화가족 방문서비스 • 다문화가족 자녀 언어발달지원
영역	**3. 가족생활**	**4. 가족과 함께하는 지역공동체**
목적	• 가족 특성에 따른 고충 해결, 생활 정보 제공, 초기 정착 및 실제적 역량 강화 등 맞춤형 생활 지원	• 양성평등 및 가족친화적 사회 환경 조성을 위한 공동체 · 교류 지원 • 다문화 인식개선, 지역 연계 프로그램 운영
세부 사업	• 맞벌이가정 일 · 가정양립지원 • 다문화가족 초기정착지원 • 결혼이민자 역량 강화지원 • 결혼이민자 통 · 번역 서비스 • 결혼이민자 취업지원 • 다문화가족 자녀지원 – 기초학습지원 – 진로설계지원 – 교육활동비 지원	• 가족봉사단/다문화가족 나눔봉사단 • 공동육아나눔터 및 가족품앗이 • 다문화가족 교류 · 소통공간 • 가족사랑의 날 • 결혼이민자 정착단계별 지원 패키지 * • 인식개선 및 공동체 의식 • 가족친화문화 프로그램 • 다함께 프로그램 • 기타 사업 영역에 속하지 않는 사업

* : 우선시행사업

1) 가족관계사업

가족관계사업은 부모 역할 및 가족관계 개선, 가족 형태 및 생애주기별 가족구성원 역량 강화 및 갈등 문제 예방을 목적으로 한다. 세부 사업으로 부모(아버지)역할 지원, 부부역할 지원, 이혼 전후 가족 지원, 다문화가족 관계 향상 지원, 다문화가족 이중언어 환경 조성 및 교육지원, 다문화가족 자녀 성장 지원사업 등이 있다.

(1) 부모(아버지)역할 지원사업

가족 유형이나 형태와 관계없이 생애주기별로 더 나은 부모 역할, 아버지 역할의 수행 방법을 알고 부모 · 자녀 간 건강한 관계 형성을 위한 서비스를 제공한다. 자녀와의 상호작용을 직접 해 보면서 부모 역할을 이해하는 프로그램의 경우 자녀와의 동반 참여도 가능하다.

(2) 부부역할 지원사업

가족발달주기에 따른 생애 설계, 양성평등하고 민주적인 부부관계를 위한 역할 훈련, 배우자 이해, 부부 갈등 해결을 위한 교육, 상담 등 서비스를 제공한다. 또 성인기 자녀를 독립시킨 중장년 부부에서 노년기 부부까지 부부나 부모 역할의 재조정, 가계 재무나 시간 관리 등 가정자원관리 등의 서비스도 제공할 수 있다.

(3) 이혼 전 · 후 가족지원사업

이혼 위기에 놓였거나 이혼 절차 중이거나 이혼한 상태인 부모를 둔 18세

미만 자녀의 관점에서 가족 기능 강화, 이혼이라는 특수성과 동거 여부에 따른 부모 역할 재정립을 위한 상담 · 교육 · 문화 서비스를 제공한다.

(4) 다문화가족 관계 향상 지원사업

다문화가족 내 구성원 간, 특히 다문화가족 부부 간의 성평등 교육, 부부 각자의 모국 및 다문화 이해, 인권 감수성 향상을 위한 교육 서비스 등을 제공한다. 이는 지역주민 등 불특정 다수에게 제공하는 다문화 이해 교육 및 인식개선 사업과 달리 다문화가족 내 구성원이나 부부 간의 인권 및 양성평등을 인식시키는 사업이며, 비다문화가족과 통합하여 참여를 유도할 수도 있으나 다문화가족이 50% 이상 참여 비중이 더 커야 한다는 특징이 있다.

(5) 다문화가족 이중언어 환경 조성 및 교육지원사업

영유아 등 어린 자녀를 둔 다문화가족을 주요 대상으로, 다문화가족 자녀가 가정 내에서 어릴 때부터 자연스럽게 이중언어를 깨우치고 소통할 수 있도록 환경을 조성하여 다문화가족 자녀로서 정체성을 확립하고 글로벌 인재로 성장할 수 있도록 돕는 서비스이다. 일정 자격을 갖춘 결혼이민자가 이중언어 코치로 채용되어 사업을 주도하며, 부모에게 가정 내 이중언어 환경 조성의 중요성, 환경 구성 방법, 이중언어 활용 기술을 가르치고 경험해 보도록 지원한다. 이는 이중언어 사용 환경을 위한 부모의 역량을 강화하며 자조모임 형식으로 이주 부모의 이중언어 사용 지지를 위한 체계도 마련할 수 있다. 2024년부터는 한국에서 태어났거나 정착 거주하는 자녀를 대상으로 이중언어 강사를 별도 채용하여 이중언어 학습도 지원한다.

(6) 다문화가족 자녀 성장지원사업

다문화가족 학령기 자녀 및 부모, 중도입국청소년 등을 주요 대상으로 그들의 정체성을 찾거나 회복하고, 사회성 및 리더십 개발을 위한 프로그램을 제공한다. 이를 통해 자녀의 건강한 성장을 지원할 뿐만 아니라 부모-자녀 관계 향상에도 기여한다. 먼저, 프로그램 수요자를 발굴하여 초기면접을 통해 욕구를 파악하고 프로그램을 설계한 후, 부모-자녀 관계 향상 교육, 사회성 발달 프로그램, 미래 설계 프로그램 등을 운영하며 필요시 위기 사례 지원(치료) 프로그램도 병행한다. 직업 체험, 진로 설계, 멘토링 활동, 가족 캠프 등 다양한 형태로 운영될 수 있다.

2) 가족돌봄사업

가족돌봄사업은 복합적 위기를 가진 가족의 기능 회복과 자립역량 강화 도모를 목적으로 심리정서 및 돌봄서비스를 제공한다. 취약 · 위기가족 지원, 다문화가족 방문 서비스, 다문화가족 자녀 언어발달 지원 등의 세부 사업이 있다.

(1) 취약 · 위기가족 지원사업

2024년부터 별개로 운영되던 사업을 하나로 통합하여 지역 여건에 맞게 서비스를 제공한다. 저소득이나 상황적 위기 등에 놓인 취약 · 위기가족, 한부모가족, 조손가족, 1인 가구 등 가족 기능 및 역량 강화를 위한 지원이 필요한 가족이 주요 대상이며, 세부사업으로는 가족상담, 사례관리, 교육 · 문화 프로그램 및 자조모임, 긴급위기 지원, 1인 가구 사회적 관계망 형성 지원 사업 등이 있다. 별도의 사업 인력(가족상담전문인력, 보듬매니저)을 활용하여 가족상담 서비스, 심리정서 지원, 생활도움 지원, 긴급위기 지원이 이루어지며 교육·문화 프로그램이나 자조모임으로 주체적인 역량 강화를 유도한다. 최근 비율이 급증하고 있는 1인 가구를 대상으로 사회적 관계망 형성 지원을 위한 교육, 자조모임, 네트워크도 지원하며, 한국건강가정진흥원의 주도 아래 이혼 후 자녀를 양육하지 않는 부 또는 모가 가족센터를 거점으로 자녀와 만날 수 있도록 면접교섭 서비스도 제공한다.

(2) 다문화가족 방문서비스사업

센터를 방문하기 어려운 다문화가족의 결혼이민자 및 자녀를 대상으로 별도 사업 인력인 방문지도사가 파견되어 가정 내에서 한국어 교육, 부모교육, 정보 제공 및 생활도움 서비스를 제공한다.

(3) 다문화가족 자녀 언어발달 지원사업

12세 이하 또는 초등학교 재학 중인 다문화가족 자녀의 언어발달 상태를 평가하고, 의사소통에 어려움을 가진 아동에게는 적절한 언어 교육을, 부모(보호자)에게는 상담 및 자녀 교육 방법을 제공함으로써 일상에서 아동의 언어발달 촉진을 도모하고 다문화가족 자녀의 건강한 성장을 지원한다. 먼저, 사업 전담인력으로 언어재활사 자격을 갖춘 언어발달 지도사를 채용하여 대상 아동에게 적합한 평가도구로 언어발달 정도를 평가한다. 평가 결과에 따라 언어 교육이 필요한 아동은 장단기 교육 목표에 따라 어휘·구문 발달 촉진과 사회적 의사소통 능력 향상을 위해 언어발달 교실에서 언어발달 지도사와 함께 상호작용하며 교육을 받는다. 단, 다문화가족 방문교육 서비스의 자녀 생활 서비스와 중복지원과 가정방문 서비스는 불가하다. 가족센터 내 언어발달교실 또는 자녀가 속한 외부 기관이나 분리된 공간이 확보된 공공장소 등에서 수업을 진행한다.

3) 가족생활사업

가족생활사업은 가족 특성에 따른 고충 해결, 생활 정보 제공, 초기 정착 및 실제적 역량 강화 등 맞춤형 생활을 지원하는 것을 목적으로 한다. 세부 사업은 맞벌이가정 일 · 가정 양립 지원, 다문화가족 초기 정착 지원, 결혼이민자 취업 지원, 다문화가족 자녀 지원(기초학습 지원, 진로설계 지원, 교육활동비 지원) 등이 있다.

(1) 맞벌이가정 일 · 가정 양립 지원사업

맞벌이가정 부부가 직장이나 가정에서 겪을 수 있는 고충을 해소하고, 일 · 가정 양립을 위한 가정 내 역할분담, 부부 소통, 자녀와 함께하는 가족 활동 등을 지원한다.

(2) 다문화가족 초기 정착 지원사업

한국 거주 1~3년 정도인 초기 이민자 및 그 가족을 대상으로 내 · 외부 자원 연계, 가족센터 가입 및 이용 안내, 필요로 하는 가족서비스 안내 및 연계, 한국어교육 서비스 연계 등 초기 정착을 위한 서비스를 제공한다.

(3) 결혼이민자 역량 강화 지원사업

결혼이민자, 중도입국자녀의 다양한 학습 욕구를 반영하여 국적 취득에 필요한 법무부 사회통합프로그램과 차별화된 실용 한국어를 자율적으로 선택해 한국어를 습득할 수 있도록 지원한다. 교육과정은 주로 자녀학습 지도, 지역문화활동, 중도입국자녀 및 취업지원, 한국어능력시험(토픽) 대비반 등으로 지역 수요를 반영하여 가족센터 여건에 맞게 개설할 수 있다.

(4) 결혼이민자 통 · 번역 서비스 지원사업

결혼이민자가 입국과 정착 초기 단계에서 경험하는 의사소통 문제를 즉각적으로 해결하기 위해 가족센터에서 채용, 한국건강가정진흥원이 양성 및 관리하는 통 · 번역(지원)사가 통역, 번역, 정보 제공 서비스를 제공한다. 통 · 번역(지원)사의 출신국 언어를 기본으로 하되, 서비스를 신청하는 결혼이민자의 출신국에 따라 타 가족센터나 센터 내부 인적 자원과 연계도 가능하다. 센터 내방 또는 전화 등 비대면 서비스를 병행하고, 통역이 필요한 장소로 파견 서비스도 지원하며, 결혼이민자가 직접 신청하지 않더라도 가족 등 관계자나 결혼이민자를 지원하는 관련 기관에서도 서비스를 신청할 수 있다. 유의할 점은 병원 이용, 학부모 역할 등 일상생활에서 즉각적으로 해소를 원하는 통 · 번역 서비스는 제공 가능하지만 법적으로 전문자격을 갖춘 자가 할 수 있는 공증 서비스는 제외된다.

(5) 결혼이민자 취업 지원사업

결혼이민자의 취업을 위한 각종 서비스를 제공한다. 취업 관련 기초 소양 교육(한국어, 컴퓨터, 직업소양 등), 실제 취업 현장에서 활용할 수 있는 자격증 · 면허증 취득반, 새일센터 등 직업훈련기관과 연계한 결혼이민자 강점과 적성 맞춤형 교육 프로그램 등 취업과 관련된 서비스 전반을 제공할 수 있다.

(6) 다문화가족 자녀 지원사업

취학 전 · 후 자녀의 기초학습(읽기, 쓰기, 셈하기 등) 지원, 청소년기 자녀를 대상으로 상담 · 진로 설계 지원, 교육 급여를 받지 않는 일정 가계소득 이하 다문화가족 초 · 중 · 고 자녀에게 교육활동비 지원 서비스를 제공한다. 이 사업의 가장 주된 목적은 기초학습 지원을 통해 조기에 학교 적응력이 향상되도록 돕고, 청소년기 자녀가 가정 내 문제, 학업, 교우 관계 등 생활 전반에서 느끼는 고민을 편안하게 상담하고, 진로 탐색 · 취업 활동을 경험하며 향후 성인기 사회 적응을 위해 미리 준비하며, 교육활동비 활용을 통한 문제집 구입, 독서실 이용, 진로 체험 기회를 갖는 것이다. 이는 다문화가족 자녀가 아동 · 청소년으로서 갖는 교육권과 동등한 출발선을 보장받기 위한 것이자 성장환경에서 가져야 할 다양한 경험에서 소외되거나 제때 누리지 못하는 것을 방지, 건강한 성인으로 성장하여 사회의 일원으로 적응할 수 있도록 돕기 위한 예방적 사업이기도 하다.

4) 가족과 함께하는 지역공동체사업

가족과 함께하는 지역공동체사업은 양성평등 및 가족친화적 사회환경 조성을 위한 공동체 · 교류 지원과 다문화 인식 개선, 지역 연계 프로그램 운영으로 지역 내 가족의 다양성 수용을 지원하는 사업이다. 세부 사업은 가족봉사단(또는 다문화가족 나눔봉사단), 공동육아나눔터 및 가족품앗이, 다문화가족 교류 · 소통공간 운영, 가족사랑의 날, 결혼이민자 정착단계별 지원 패키지, 인식 개선 및 공동체 의식, 가족친화 문화 프로그램, 다함께 프로그램, 기타 사업 영역에 속하지 않는 사업 등이 있다.

(1) 가족봉사단(또는 다문화가족 나눔봉사단)

가족봉사단은 가족 단위 자원봉사활동을 통해 지역 내 돌봄나눔활동을 전개할 뿐만 아니라 봉사를 매개체로 가족이 건전한 공동 활동을 하며 관계를 증진하는 기능을 할 수 있다. 다문화가족 나눔봉사단은 다문화가족만 참여할 수 있으며 봉사활동을 통해 다문화가족이 지역의 일원으로서 수혜자의 역할에서 벗어나 기여할 수 있다는 의미가 있으며, 다문화가족의 자조모임 기능을 겸하는 사업이기도 하다.

(2) 공동육아나눔터 및 가족품앗이

사업의 명칭 그대로 공동육아와 육아 관련 정보를 나눌 수 있는 공간(터)을 운영하는 사업이다. 가족센터의 사무공간 및 교육장과는 별개의 장소에 일정 공간을 확보하여 공동육아나눔터를 설치, 운영하고 있으며 그 규모와 현황은 가족센터마다 다를 수 있다. 공동육아나눔터에서는 상시 프로그램 운영을 통해 공간 운영 및 육아 정보 제공을 활성화할 뿐만 아니라 부모-자녀 참여 프로그램을 제공하며 양육 방법 습득, 부모-자녀 상호작용을 지원한다. 또한 공동육아를 위해 자녀를 양육하는 2~3가정 이상이 모여 하나의 그룹을 구성하고, 재능 나눔, 돌봄 나눔, 부모 수업, 역할분담, 교육 및 문화 프로그램 공동체험, 지역사회 기여 활동 등 자녀 양육 활동을 지속적이고 자발적으로 할 수 있도록 지원하는 가족품앗이사업도 포함된다.

(3) 다문화가족 교류 · 소통공간 운영

다문화가족의 사회참여와 소통을 위한 공간을 운영한다. 상시적인 방문과 공간 이용을 허용하며 차를 마시거나 비치된 책을 읽을 수도 있으며, 다문화가족 자녀돌봄 및 성장 지원 프로그램, 결혼이민자의 취미나 자조활동을 위한 모임 지원, 지역 내 다문화와 비다문화의 통합을 위한 교류 프로그램 등을 제공하여 소통을 지원하기도 한다.

(4) 가족사랑의 날

여성가족부에서 정시퇴근문화 확산을 위해 건강가정지원센터를 통한 가족사업 수행 초기 단계부터 기본 사업으로 추진하였다. 여성가족부는 매주 수요일 가족이 함께 저녁 여가시간을 보낼 수 있도록 유도하고자 전국적으로 캠페인을 전개하였고, 최근까지 가족센터에서는 월 1회 이상 수요일을 중심으로 저녁 시간 가족이 함께 참여하는 친화 문화 프로그램을 운영하고 있다.

(5) 결혼이민자 정착 단계별 지원 패키지

가족센터가 우선적으로 수행해야 하는 사업 중 하나이다. 우리나라로 결혼이민자가 유입되기 시작한 초기와는 달리, 현재 10~15년 이상 장기 정착 결혼이민자의 비율이 점차 증가하는 추세를 반영하여 개발된 사업이기도 하다. 최소 한국 거주 3~5년 이상, 즉 초기 적응 단계를 지나 어느 정도 정착을 이룬 결혼이민자와 그 욕구에 초점을 두고, 결혼이민자가 건강한 사회 적응과 장기 정착을 위해 스스로 미래를 설계하고 관련 서비스를 탐색, 활동을 전개하고자 실행 계획을 수립하는 전 과정을 지원하는 사업이다. 미래 설계 프로그램, 직업/학부모 길찾기, 지역사회 활동을 위한 서비스 탐색 및 이용 등 세부 프로그램을 제공한다.

(6) 인식 개선 및 공동체의식사업

다문화가족, 한부모가족, 조손가족, 북한이탈가족 등 우리 사회에서 일원으로 살아가고 있는 다양한 가족의 특성을 이해하고 편견 해소를 지원하기 위한 사업이다. 지역사회 협의체, 유관기관, 기업 등과의 네트워크를 적극 활용하고 연계 · 협력하여 가족단위 동아리 조성, 이웃 간 품앗이 조성, 캠페인, 자치활동 공간 조성 등을 지원할 수 있다. 또한 비다문화(일반)가족을 대상으로 다문화에 대한 인식을 개선하는 캠페인이나 교육도 포함한다.

(7) 가족친화 문화 프로그램

가족구성원 전체가 참여하는 문화 프로그램 전반을 포괄한다. 가족 캠프, 가족 축제 등 지역의 다양한 축제 및 행사, 가족여가활동, 가족 나들이 프로그램 등 가족 체험 프로그램을 지역 요구와 여건에 맞게 실시할 수 있다. 지역 내 가족친화 문화를 조성하고 자발적으로 센터를 찾지 못하는 지역주민을 대상으로 가족센터를 알리기 위해 '찾아가는 가족센터'를 운영하기도 한다.

(8) 다(多)함께 프로그램

결혼이민자와 배우자, 배우자의 부모 등 다문화가족구성원 간 상호 이해를 강화하고 다문화가족의 긍정적 정체성 형성과 문화 공존을 유도하기 위한 사업이다. 센터 회원을 대상으로, 특히 법무부의 '결혼이민자 조기적응 프로그램'을 운영하는 센터라면 배우자와 그 부모를 포함하여 프로그램 참여를 독려하고, 상대국 문화 이해, 가족 간 소통방법, 가정폭력 예방 교육 등을 공동

활동, 발표, 이야기 나누기 등의 다양한 방법으로 실시할 수 있다.

3. 사업 현황/통계

2024년 기준, 전국 가족센터는 총 212개소이다. 기존에 각 지역 여건에 맞게 설치되어 있던 건강가정지원센터, 다문화가족지원센터를 통합서비스 운영기관(가족센터)으로 전환하기 위해 2014~2015년 시범적으로 운영하였고, 연도별로 점차 확대하며 22개소('15년) → 152개소('18년) → 203개소('21년) → 212개소('24년)가 가족센터로 지정되었다. 가족센터의 가족사업 및 업무 매뉴얼을 개발 · 보급하고 실질적 관리 실무를 전담하는 한국건강가정진흥원의 2022년 가족지원사업 연간결과보고서를 토대로 영역별 가족사업의 현황을 살펴보면 다음과 같다.

가족센터사업의 연간 참여 인원을 연도별로 비교해 보면, 1,328,997명('14년) → 1,418,820명('15년) → 1,613,049명('16년) → 2,464,587명('17년) → 4,063,660명('18년) → 5,813,755명('19년) → 3,784,196('20년) → 5,589,677명('21년) → 7,166,261명('22년)으로 나타났다. 가장 최근인 2022년 기준, 207개 가족센터 이용자 수는 총 7,166,261명으로 그중 가족관계사업 970,155명(13.54%), 가족돌봄사업 943,759명(13.17%), 가족생활사업 738,175명(10.30%), 가족과 함께하는 지역공동체사업 4,514,172명(62.99%)으로 나타났다. 가족사업 참여 인원은 가족센터 전환시기부터 꾸준히 상승세를 보이다가 2020년 코로나19 팬데믹으로 인한 상시 휴관, 사회적 거리두기 정책 시행 등 사업 수행 여건의 어려움으로 참여 인원이 감소하였다. 그러나 가족상담을 통한 심리방역, 대면과 비대면 사업의 상시 전환 운영 등으로 2022년까지 코로나19 팬데믹 현상이 지속되었음에도 불구하고 예년의 참여 인원 수준으로 회복 및 상승세를 이어가는 것을 파악할 수 있다.

〈표 9-2〉 가족센터의 연도별 가족사업 참여인원 및 비율

(단위: 명, %)

연도(개소수)	가족관계	가족돌봄	가족생활	지역공동체	계 / 개소당 평균
2014년 (78개소)	407,496 (30.66)	360,923 (27.16)	-	560,578 (42.18)	1,328,997 / 17,038 (100)
2015년 (78개소)	422,012 (29.74)	335,990 (23.68)	-	660,818 (46.58)	1,418,820 / 18,190 (100)
2016년 (78개소)	306,902 (19.03)	384,072 (23.81)	161,820 (10.03)	760,255 (47.13)	1,613,049 / 20,680 (100)
2017년 (101개소)	382,449 (15.52)	503,859 (20.44)	185,094 (7.51)	1,393,185 (56.53)	2,464,587 / 24,402 (100)
2018년 (152개소)	664,160 (16.34)	752,386 (18.52)	343,096 (8.44)	2,304,018 (56.70)	4,063,660 / 26,735 (100)
2019년 (183개소)	883,042 (15.06)	940,923 (16.05)	446,524 (7.61)	3,593,266 (61.28)	5,863,755 / 32,042 (100)
2020년 (196개소)	702,359 (18.56)	747,828 (19.76)	404,539 (10.69)	1,929,470 (50.99)	3,784,196 / 19,307 (100)
2021년 (203개소)	940,431 (16.82)	965,301 (17.27)	515,829 (9.23)	3,168,116 (56.68)	5,589,677 / 27,535 (100)
2022년 (207개소)	970,155 (13.54)	943,759 (13.17)	738,175 (10.30)	4,514,172 (62.99)	7,166,261 / 34,125 (100)

출처: 한국건강가정진흥원(2022). 가족지원사업 연간결과보고서.

또한, 4개의 가족사업 영역 중 가족과 함께하는 지역공동체 사업의 비중이 가장 높은 것으로 나타났다. 이는 다른 영역에 비해 세부 프로그램의 가짓수가 많고 공동육아나눔터, 다문화가족 교류 · 소통 공간 등 규모가 큰 사업을 포함하며, 가족친화 문화 프로그램, 교류 및 공동체 프로그램 등 가족 단위의

대상자들이 대규모 참여가 가능한 프로그램이 다수이기 때문으로 추정된다. (〈표 9-2〉 참고).

〈표 9-3〉 가족센터 사업의 진행방식에 따른 참여인원 현황 (단위: 명, %)

진행방식	참여인원	비율
교육	1,629,836	26.20
문화	1,360,468	21.87
공간운영	1,046,694	16.83
정보 제공	723,844	11.64
상시프로그램	362,040	5.82
비내면	348,601	5.60
그룹활동	321,455	5.17
연계	254,669	4.09
파견	68,137	1.10
상담	57,549	0.92
회의	44,078	0.71
컨설팅	3,286	0.05
계	6,220,657	100

※ 가족상담, 사례관리, 다문화가족자녀 방문교육사업 실적 제외
출처: 한국건강가정진흥원(2022). 가족지원사업 연간결과보고서.

한편, 가족센터의 사업의 진행방식에 따른 참여인원 현황(〈표 9-3〉 참고)을 살펴보면, 교육(26.20%) → 문화(21.87%) → 공간운영(16.83%) → 정보 제공(11.64%) → 상시 프로그램(5.82%) → 비대면(5.60%) → 그룹활동(5.17%) → 연계(4.09%) → 기타(2.79%) 순으로 나타났다. 공간 운영, 상시 프로그램처럼 연중 상시 장기적으로 이용자의 참여를 유도하는 진행방식의 참여인원 비중이 높을 것으로 예측할 수 있으나, 교육이나 문화 형식의 프로그램 참여 인원이 많은 것으로 볼 때, 가족센터의 사업 전반에서 교육 또는 문화 형식을 가장

많이 활용하고, 단순 정보 제공, 공간 이용, 연계보다 프로그램 기획을 통한 사업 수행 비중이 훨씬 높다는 것을 시사한다.

4. 가족사업의 구성요소

'가족'이 내포하는 의미와 범위는 아주 넓어서 프로그램으로써 가족사업도 매우 다양한 구성으로 개발될 수 있다. 구성요소를 크게 대상, 주제, 형태, 시기, 규모, 장소로 나누고 그에 따른 예시를 〈표 9-4〉로 제시하였다. 가족생활교육 프로그램을 기획할 때 사고를 확장하고 구성요소를 점검하는 데 도움이 될 것으로 생각된다. 단, 중요한 점은 가족사업의 구성요소는 선택적으로 달라질 수 있지만 그 어떠한 대상에게도, 어떠한 주제와 형태로든 교육적 의미와 효과를 가져다줄 것이라는 점이다. 가족생활교육을 강의식 교육 형태로만 구성할 필요가 없다는 것을 의미한다. 어떠한 요소의 조합도 그 대상과 욕구, 프로그램의 목적성에 적합한 형태이고 교육적 의미를 담은 기획이라면 가족생활교육이 될 수 있을 것이다.

〈표 9-4〉 가족사업의 구성요소와 예시

구분	구성 예시	
대상	생애주기별	- 부부: 예비-신혼기-중년기-장년기-노년기 - 부모: 예비-영유아기 자녀-학령기 자녀-청소년기 자녀-성인기 자녀를 둔 부모
	가족 유형별	- 일반가족, 취약위기가족, 저소득가족, 다문화가족(결혼이민자, 자녀) 및 중도입국자녀, 외국인가족, 한부모가족, 맞벌이가족, 장애인(아)가족, 군인가족, 조손가족, 북한이탈가족, 소년소녀가장가족, 미혼부 · 모가족, 수형자가족, 교통사고피해자가족, 재난피해가족, 입양가족, 1인 가구 등
	가족구성원별	- 부부, 부모, 고부, 부모-자녀 등 특정 관계의 구성원끼리 - 자녀만 또는 보호자가 동반하는 자녀 대상 - 가족구성원 전체가 함께하는 구성 - 다문화-비다문화가 함께하는 구성
주제	자기	- 자기 이해, 자기 성장(역량 강화), 진로 및 미래 설계
	타인, 상호	- 성격 유형, 의사소통, 관계망 형성, 사회성 발달
	역할, 관계 정립, 관계 개선	- 가정 내 역할(부부, 부모, 맞벌이)
	가치관 교육	- 양성평등, 인권교육, 다문화 이해 및 인식 개선 교육
	실생활 교육	- 정리수납, 식생활(영양), IT(스마트 기기) 교육
	공익교육	- 범죄예방, 화재 예방, 심폐소생술, 교통안전, 운전면허, 선거권, 우리 동네 주변 안전
	기술교육	- 취 · 창업 훈련, 직업훈련, 자격 취득 과정
	사회적 이슈 (아젠다)	- ESG(Environmental Social Governance), 아동학대 예방, 고립 예방, 마음심리방역
형태	교육	- 강의식 - 강연식 - 토크식 - 토론, 참여식(퍼실리테이션)
	상담 및 치료	- 개인상담이론, 가족상담이론, 각종 치료이론 등 - 기법 접목(원예, 모래, 독서, 음악, 미술 등)
	문화, 체험형	- 레크리에이션, 보드게임, 실험, 여가문화체험 등
	봉사활동, 재능나눔	- 타인, 지역을 위한 자발성, 무(無)대가성의 활동 - 자신이 가진 품, 시간, 재능, 역량을 나누는 활동

형태	자조모임	– 유사한 특성 또는 어려움을 지닌 대상 간 자조적 활동 – 상호 지지적 역할을 통한 기능 회복 및 치료적 효과
	대면과 비대면	– 전달자와 참여자 모두 대면 – 참여자는 집합, 전달자는 화상 – 전달자와 참여자 모두 실시간 화상 – 교육적 자료로 진행되는 사이버 교육
	혼합형 또는 종합형	– 분리활동(부모교육 시 별도 자녀 체험) – 교육(개념 이해)+실습(기술 습득) – 기본에서 확장(교육 → 체험 심화 → 교류 & 관계망 형성)
시기	기간에 따라	– 연중 상시, 일회성, 단회기, 연내 중장기, 연차별
	주기에 따라	– 주 1회, 주 2회 이상, 월 1회, 분기별 1회, 연 1회
	특정 시점에 따라	– 계절별 – 자녀 입학, 개학, 방학 – 명절, 연말연시
	대상자의 참여 가능 시간대 또는 자녀 동반 필요 여부에 따라	– 평일 주간 – 평일 야간 – 주말
규모	인원과 특성에 따라	– 1:1, 1:2, 1:소수(특히 상담, 학습 및 치료 등) – 10명 미만 소규모 집단 – 10~15명 내외 강의식 또는 그룹 – 30~50명 내외 가족단위 참여 – 100명 이상 대규모 집합식
장소	수용인원 또는 프로그램 특성에 따라	– 센터 내부 교육장 – 타 기관 교육장(대여) – 지역의 문화예술공간, 야외 공원 – 타 지역 특정 교육 및 숙박시설

CHAPTER 10

가족센터의 가족생활교육 사례

CONTENTS

가족센터에서 사업 영역을 가족관계, 가족돌봄, 가족생활, 가족과 함께하는 지역공동체로 둔 것에 기반하여 가족생활교육 프로그램을 목적과 기능에 따라 첫째, 가족 역할 이해 및 관계 증진 프로그램, 둘째, 자기돌봄 및 역량 강화 프로그램, 셋째, 생활 지원 프로그램, 넷째, 교류 · 공동체 프로그램으로 분류하고 구체적인 프로그램 개발 · 운영 사례를 살펴보고자 한다. 이는 특정 대상에 초점을 두지 않고 다양한 가족을 포괄하여 지원할 수 있는 통합적 관점으로 바라보기 위함이자, 기존 가족생활교육 관련 서적들이 생애주기나 가족 유형별로 구분된 것에서 벗어나 새로운 관점을 적용해 보고자 하는 시도이기도 하다.

1. 역할 지원 및 관계 증진 프로그램

1) 기능 및 요소

'가족'은 개인이 가장 첫 번째로 경험하는 사회로, 하나의 단어로 지칭하고 있지만 구성원, 관계성, 구조나 형태, 속한 환경에서의 가족은 아주 다양하고 세분화할 수 있다. 사전적 의미로 가족(家族)이란 주로 부부를 중심으로 한 친족 관계에 있는 사람들의 집단, 또는 그 구성원이며, 혼인, 혈연, 입양 등으로 이루어진다(네이버 국어사전). 사전적 의미에서도 알 수 있듯 가족은 관계성을 가지는 여러 구성원이 하나의 울타리 안에 속해 있는 형태라고 할 수 있다.

현재 우리 사회에는 과거에 비해 더욱 다양한 가족 유형이 있지만, 여전히 가족을 구성하는 보편적인 형태는 혼인한 부부가 만든 가족이다. 따라서 가족관계에서 부부관계와 부모관계는 핵심적으로 다루는 영역이다. 아동 · 청소년이나 가족을 다루는 많은 관련 기관에서 부부교육, 부모교육이 개발, 보급되고 있으나, 가족센터(과거 건강가정지원센터를 포함)는 그 기관 명칭에 걸맞게 부부, 부모를 위한 역할 지원, 가족관계 증진과 갈등 예방을 위한 프로그램을 가장 기본적으로 오랜 기간 수행해 왔으며, 앞으로도 꾸준히 다루어져야 할 분야이기도 하다.

가족센터에서는 부부역할 지원 프로그램으로써 가족생애주기에 따라 예비부부(결혼 준비 단계), 신혼기 부부, 중년기 부부, 노년기 부부로 나누어 부부가 함께 달성해야 하는 과업과 상호 간 소통을 다루는 프로그램을 운영하거나, 공통 주제로써 부부관계 전반을 다루는 프로그램을 운영한다. 또한 부모 역할 지원 프로그램은 예비부모, 영 · 유아기 자녀를 둔 부모, 학령기 자녀를 둔 부모, 청소년기 자녀를 둔 부모, 성인 자녀를 둔 부모 등 자녀의 출생과 발달 주기에 따라 운영하거나, 자녀를 양육하는 과정에서 특성을 갖는 대상 집단을 중점으로 지원하는 프로그램을 운영할 수도 있다. 특히, 아버지로서의 가치관과 역할, 양성 평등한 가족관계, 자녀 양육에 필요한 부모의 역할 분배, 일 · 가정 양립에 대한 인식을 심어 주기 위한 아버지 역할 지원 프로그램, 황혼육아, 즉 과거 자녀 양육 경험과 달라진 현대에서 양육 재이행기를 갖는 조부모의 긍정적인 손자녀 돌봄과 스트레스 완화, 자녀와의 긍정적 관계 맺기를 위한 조부모 역할 지원 프로그램, 이혼이나 비동거 등의 환경으로 인해 자녀를 양육하지 않는 부모로서 자녀와의 관계 정립과 비양육자 부모 역할의 이해를 다루는 비양육자 부모 역할 지원 프로그램이 대표적인 예이다.

역할 지원 및 관계 증진 프로그램에 반영되어야 할 핵심적 요소는 다음과 같다.

첫째, 자기 이해와 타인 이해를 통한 상호 이해의 과정을 담고 있어야 한다. 둘째, 가족과 자신이 처한 환경과 가족구성원의 유기적인 관계성을 바라볼 수 있어야 한다. 셋째, 가족생애주기에 따른 발달 과업, 건강한 가족관계에 필요한 자신의 역할을 인지할 수 있어야 한다. 넷째, 가족 간 갈등을 예방하고 가족 건강성을 증진할 수 있는 소통 기술을 습득할 수 있어야 한다.

2) 사례

(1) 부부 역할 지원 프로그램

사례 가-1

**중·노년기 부부 프로그램 <중·노년기 부부행복학교>
(경기 김포시가족센터)**

출처: 김연화, 김유경(2019). 노년기 부부프로그램 실제 및 활성화 방안
- G시를 중심으로. 한국가족자원경영학회 학술대회논문집, 101-108.

1. 추진 배경

- 가정생활 주기 중 중·노년기 가정, 특히 부부 관계 향상을 위한 프로그램이나 지원은 신혼기 등 주로 초기 적응을 위한 것, 자녀 양육기 부모나 이혼 등 위기 가정을 위한 것에 비해 미미한 실정
- 100세 시대, 고령화, 자녀출산 및 양육기간의 단축 등으로 중·노년기 부부가 함께 인생을 보내야 하는 시기가 길어짐. 황혼이혼의 증가, 베이비부머 은퇴 증가 등을 고려할 때 중·노년기 가정 부부와 성인 자녀와의 관계 향상 등을 위한 중·노년기 부부지원 프로그램이 필요
- 가족센터에서도 생애주기별 가족교육이 예산 등의 어려움을 부분적 실시가 대부분이고, 노인복지관 등에서도 노인교육, 집단상담 등을 실시하고 있지만 1, 2회기 정도의 노년기 부부교육이나 여가문화 위주의 나들이 프로그램, 문화관람, 봉사활동, 교양 프로그램 정도이며 중·노년기 이해, 샌드위치 세대의 어려움, 소통과 양성적 역할, 잠재력 개발을 위한 통합적 지원 프로그램은 거의 없는 상황

2. 목적 및 목표

- 빈둥지시기, 샌드위치 세대인 중·노년기 부부들에게 통합적인 부부교육, 상담,

문화 프로그램을 제공하여 중 · 노년기 특성, 갈등 이해와 의사소통 향상을 도와 행복지수를 높이고 가정경영에 도움을 주고자 함

- 의사소통, 성격이해교육, 경제 및 생활설계, 건강관리 등 부부교육, 예술놀이를 통한 집단상담, 문화탐방, 가족 레크리에이션 및 자조모임을 통해 부부적응과 건전한 여가문화를 제공하고자 함
- 자신과 배우자의 강점과 잠재력 향상, 부부 친밀감 강화와 개인 및 집단 효능감 향상 외에 3세대 통합 프로그램이나 다양한 세대 따로 또 같이 프로그램을 통해 부부의 가족 건강성 향상, 부모자녀 관계 향상 등 세대 통합을 돕고 다양한 세대 부부와 함께하는 자조모임을 통해 세대공감, 인생의 선배로서 행복한 부부를 위한 자녀 세대나 다문화가족 부부의 건강한 가정 만들기에 도움을 주고자 함

3. 대상

- 김포시 거주 50~60대 중 · 노년기 부부

4. 추진 방법

- 경기도가 지원하는 특성화 사업으로 약 7년 간 운영
- 부부 또는 가족캠프, 자조모임, 기본 교육 등 통합적 프로그램 기획 지원

5. 세부 내용

- 2014년 김포시 중 · 노년기 부부학교
  - 일정: 2014. 9. 20.~9. 21. (캠프) / 10.~11. (기본 교육 및 자조모임)
  - 대상: 중 · 노년기 부부 12쌍
  - 내용: 캠프 1회, 기본 교육 4회, 자조모임 4회

구분	진행 내용	시기	장소
부부캠프	〈1일차〉 • 여가문화체험 – 연천군 문화탐방 • 중식 • 입교식, 안전교육, 서약, 아이스 브레이킹 • 교육① 나를 알고 그대를 알고1 – MBTI 성격검사 및 배우자 이해 교육 • 교육② 화성에서 온 남편, 금성에서 온 부인 – 부부 수다방 • 석식 • 교육③ 부부는 최고의 놀이친구 – 레크리에이션 및 연극놀이 〈2일차〉 • 교육① 동하는 부부 – 부부 의사소통 코칭 • 교육② 갱년기 부부 이미지 메이킹 – 마음가짐과 몸가짐 – 성인 자녀와 손자녀와의 관계 • 교육③ 예술놀이를 통한 집단상담 – 푸드 이트데라피 • 중식 • 여가문화체험 – 복주산 산책 • 귀가	2014.9.20. ~9.21. 1박2일	연천 일대
기본 교육	• 1회기 – 갱년기 심신증상의 이해(한의학 체질과 음식) • 2회기 – 갱년기 부부관계 및 사회관계망 • 3회기 – 부부대화법 교육 • 4회기 – 부부의 여가관리와 생활설계	2014.10.11. ~11.11.	센터 교육실
자조모임	• 활동과 의견 나누기로 진행 • 활동 – 부부친밀감 및 봉사활동을 위한 손마사지 교육 – 우리동네 문화체험(평생학습축제) – 선배와의 만남 및 색종이 접기 – 문화데이트(국립극장 공연관람) – 수료식 및 평가회	2014.10.11 ~11.11.	센터 및 외부 (행사장 등)

• 2016년 3세대 가족사랑 삼행 프로젝트: 가족과 놀자! 배우자! 만들자!

- 일정: 2016. 10. 22. (사전 가족교육) / 10. 29.~10. 30. (캠프) / 11. 5. (문화체험) / 12. 10. (자조모임)
- 대상: 중 · 노년기 부부+자녀+손자녀 10가족 56명
- 내용: 사전 가족교육 1회, 3세대 캠프 1회, 문화체험 1회, 자조모임 1회

구분	진행 내용	시기	장소
세대별 가족교육 및 문화체험	〈가족교육〉 • OT 및 안전교육 • 3세대 소통하며 도자기 만들기 (센터 연간성과보고회 시 전시회 개최) 〈문화체험〉 • 엄마, 아빠와 함께하는 낙농체험 – 피자치즈 만들기, 가축 먹이주기, 배추 수확하기	2016.10.22.	외부 (체험장)
세대공감 캠프	〈1일차〉 • 여가문화 체험 – 남산한옥마을 체험, 애니메이션센터 체험 • 중식 • 입교식, 선서 및 서약서 작성, 아이스 브레이킹 • 교육① 세대별 교육 프로그램 – 1세대: 브라보 마이라이프 – 2세대: 멋진 부모, 행복한 자녀 – 3세대: 음악놀이 • 석식 • 교육② 1,2,3세대가 함께하는 가족 레크리에이션 〈2일차〉 • 교육① 세대별 교육 프로그램 – 1세대+3세대: 음악놀이를 통한 소통 – 2세대: 부모교육(자녀 유형별 밥상머리교육) • 중식 • 여가문화체험 – 3세대 남산투어 (남산케이블카, 팔각정, 봉수대, N타워 관람 등) • 해산	2016.10.29. ~10.30. 1박 2일	남산 일대

• 2019년 김포시 부부행복학교

- 일정: 2019. 9. (캠프) / 10.~11. (자조모임)
- 대상: 중 · 노년기 부부 10쌍(캠프) / 중 · 노년기 부부+다문화 부부(자조모임)
- 내용: 부부캠프 1회, 자조모임 2회

구분	진행 내용	시기	장소
부부캠프	〈1일차〉 • 여가문화체험 – 덕수궁 추억여행 – 서울시립미술관 관람 • 중식 • 입교식, 캠프지침 및 안전교육 • 교육① 브라보 마이 라이프 – 중 · 노년기 특성 알기 – 긍정적 자아상 만들기 – 인생회상 Life line 그리기 – 소중한 것, 소망, 부부 의견 나누기 • 석식 • 여가문화체험 – 한강유람선 투어 〈2일차〉 • 교육① 통하는 부부 – 부부갈등과 해결방법 – 부부 의사소통기술 및 실습 – 부부 사명서 작성 • 여가문화체험 – 남산 한옥마을 관람 및 향낭 만들기	2019.9. 1박 2일	서울 일대
자조모임	〈1차 자조모임〉 • 부부 여가문화체험 – 덕포진교육박물관 관람 – 학교종이 땡땡땡! 추억 속 교실체험 – 인문학 교육 – 생활사 박물관 관람	2019.10. ~11.	외부 (체험장)

	• 다문화부부와 함께하는 다문화체험 – 외할머니의 부엌 – 베트남, 중국 생활문화용품 전시관람 및 요리 • 중 · 노년기 부부와 다문화 부부 간 나눔의 시간 **〈2차 자조모임〉** • 부부 여가문화체험 – 소통하며 부부 도자기 만들기 체험, 의견 나누기 • 부부 여가계획 나누기		

6. 평가

- 가정생활주기 중 빈둥지 시기, 은퇴 전후 시기인 중년기와 그 이후 노년기 부부관계 및 가족생활은 다음 세대와 사회에도 큰 영향을 미침에도 고령화에 대한 대책은 연금 등 물적 복지서비스 중심으로 지원 중임. 그러나 경기도 특성화 사업으로 다양한 유형의 중 · 노년기 부부 프로그램을 실시하여 중 · 노년기 특성 이해 및 미래설계 프로그램 모델 개발에도 많은 도움이 됨
- 센터가 다양한 가족 대상 가족문제 해결 및 가족 잠재력 개발, 가족 건강성 향상을 위한 사업을 하는 기관임에도 예산 부족 등으로 생애주기별 가족교육 중 중 · 노년기 부부 교육, 특히 통합적 프로그램 진행은 어려운 실정이었으나 경기도가 선도적으로 7년간 장기 지원한 점은 타 시 · 도에 모델이 됨
- 향후 미혼, 만혼, 사별 등으로 1인 중 · 노년기 가구 증가를 고려할 때 그들을 위한 통합적 가족 지원 프로그램 개발 및 지원도 요구됨

(2) 부모 역할 지원 프로그램 ①

사례 가-2 **Z세대 부모교육 <어서와, Z세대 엄빠는 처음이지?> (경북 구미시가족센터)**

출처: 한국건강가정진흥원(2022). 2022년 가족서비스 우수수기 및 사례집.

1. 추진 배경

- 우리나라의 평균 초혼 연령이 평균 30대를 넘기고 있고, 10~20대 초반 자녀를 출생한 젊은 부모를 위한 교육이 많지 않음
- 여성가족부 『청소년 부모 지원정책 개발 연구』에 따르면 청소년 부모(만 24세 이하 부모)들은 스스로도 준비 기간이 짧았다고 느끼고 자녀 양육과 훈육을 어떻게 해야 하는지 막막하다는 어려움을 호소하고 있으며 또래 친구들과는 달리 어린 나이에 자녀를 출산하고 부모의 삶을 시작한 10~20대를 위한 부모교육이 Z세대의 욕구에 부합하는 맞춤형으로 필요함
- 코로나19로 인해 개별 가정의 고립감이 증가, 다양한 사회문제가 발생하고 있으며, 특히 구미지역 조혼가정(청소년 또는 20대에 결혼한 가정)이 아동양육 및 가정 내 소통에 어려움을 겪는 사례들이 자주 발생하여 필요성이 대두됨

2. 목적 및 목표

- 목적: 10~20대 부모의 수요에 맞는 맞춤형 부모교육을 통한 건강한 양육기술 습득 및 긍정적 부모 역할 증진 도모
- 목표: 자녀의 기질적 특성과 발달 이해 및 올바른 양육기술 습득

3. 대상

- 구미시 거주 10~20대 부모 16가정(발굴)

4. 추진 방법

- 장소: 센터 내 및 외부 교육장, 온라인 비대면 병행
- 홍보: 대상자 발굴을 위한 수요자 표적 홍보(지자체, 행정복지센터, 드림스타트, 교육지원청 등)

5. 세부 내용

구분	회기별 진행 내용		시기	장소
1차 부모로서 나와 내 아이 이해하기	1	부모됨의 의미와 부모의 역할 이해 부모-자녀 대화법	3/19 10:00~12:00	센터
	2	개별 코칭	3/12~3/25	개별 가정
	3	우리 아이의 발달과 기질, 애착 아동의 권리이해 및 올바른 훈육법	3/26 10:00~15:30	외부
	4	도자기 체험활동		
	5	개별 코칭	3/28~4/1	개별 가정
2차 우리 아이 나답게, 잘 노는 아이로 키우기	1	자녀 놀이의 중요성 자녀의 건강한 성장을 돕는 놀이법	4/22 13:30~15:30	개별 가정
	2	오감놀이: 한지 풀가루 체험활동	4/23 13:30~14:30	공동육아 나눔터
	3	개별 코칭	4/25~4/29	개별 가정
	4	성 평등한 아이 키우기 자녀 연령에 맞는 성교육 가이드	4/29 13:30~15:30	개별 가정
	5	오감놀이: 생태 체험활동	4/30 13:30~14:30	공동육아 나눔터
	6	개별 코칭	5/2~5/6	개별 가정
3차 나의 양육태도 유형은?	1	부모의 성격 유형별(MBTI) 양육태도 이해	8/13 13:00~15:00	개별 가정
	2	개별 코칭	8/16~8/19	개별 가정
	3	부모의 양육태도 검사 해석 및 점검	8/20 10:00~12:00	개별 가정
	4	개별 코칭	8/22~8/26	개별 가정
	5	엄마 아빠 체력증진! 번지피지오 체험활동	8/25 11:00~13:00	외부

4차 그림책 읽어주기, 효과적인 대화법	1	엄마는 아동문학가, 그림책 읽어주기	9/21 13:30~15:30	개별 가정
	2	개별 코칭	9/22~9/27	개별 가정
	3	건강한 대화법 및 스트레스 대처법	9/24 13:30~15:30	개별 가정
	4	온가족 베이킹 체험 활동	9/28 13:00~15:30	센터
	5	개별 코칭	9/22~9/27	개별 가정

6. 평가

- 10~20대 부모이자 한부모 · 미혼모 및 취약계층으로 홀로 양육과 외벌이로 경제적 · 심리적 여유가 없는 가운데 1:1 비대면 코칭을 통해 양육 코칭에 참여할 수 있어 접근성과 참여율 증가
- 맞춤형 부모교육으로 부모 역할 수행 능력 향상
- 개별 코칭, 실생활 양육 기술을 코칭하여 양육 부담감 감소, 부모 역할 수행에 자신감 상승
- 어린 부모의 육아 책임감과 적극성 향상

(3) 부모 역할 지원 프로그램 ②

사례 가-3 손자녀 돌봄 조부모 상담·교육 프로그램 <나를 봄, 너를 봄> (한국건강가정진흥원 개발 매뉴얼)

출처: 한국건강가정진흥원(2023). 손자녀 돌봄 조부모 상담 · 교육프로그램 "나를 봄, 너를 봄"

1. 추진 배경

- 일반적으로 조부모가 된다는 것은 부모로서 책임감에서 벗어나는 것을 의미함. 그러나 전통적으로 혈연 중심의 가족문화 특성이 있는 우리나라에서는 조부모가 손자녀 양육의 대리자로서 해야 할 역할을 함으로써 자연스럽게 양육의 책임을 가짐(김은정 · 정순돌, 2011). 또한, 맞벌이가족이 증가하면서 돌봄 수요보다 양적, 질적인 공급이 부족해지면서 신뢰할 수 있는 조부모가 양육의 공백을 메우고 있는 실정이며, 성인 자녀 역시 자신을 대신해 안정적 보육환경을 제공해줄 대체자원으로 조부모를 선호함(김양지영, 2015). 실제 2021년 전국 보육실태조사에서 부모 이외의 양육지원자로 조부모가 48.8%로 나타났으며, 손자녀가 영아일 경우 56.0%, 모(母)가 취업한 경우 59.3%를 차지함
- 손자녀를 양육하는 조부모는 노년기 신체적 기능 저하와 양육으로 인한 심리 · 정서적 스트레스가 맞물리는 어려움을 겪는 동시에 손자녀와 그의 부모를 도우며 느끼는 만족감, 손자녀에게서 갖는 친밀감과 행복감이 공존하기도 함
- 긍정심리학의 관점으로 양육 스트레스에 대한 수용적 태도, 자발적인 긍정성 강화가 중요하다고 보고, 손자녀를 양육하는 조부모를 대상으로 '즐거운 삶'의 낙관성, 긍정적 정서, '참여하는 삶'의 강점 발견 및 적용, 적극적인 문제 대응, '의미 있는 삶'에서 가족, 사회에 기여 하는 가치 등의 요소를 담아 손자녀 돌봄 역량을 높이고 양육 스트레스를 경감, 예방하는 프로그램을 개발함

2. 목적

- 조부모의 발달 특성과 긍정심리학에 기반한 양육 스트레스 예방과 관리
- 양육효능감 향상을 위한 돌봄 역량 강화

3. 대상

- 손자녀를 양육하는 조부모

4. 추진 방법

- 돌봄 유형에 따라 프로그램 회기를 재구성하여 운영할 수 있음

<table>
<tr><th colspan="2" rowspan="2">구분</th><th colspan="4">돌봄 책임성</th></tr>
<tr><th>유형</th><th>공동 돌봄</th><th>유형</th><th>전담 돌봄</th></tr>
<tr><td rowspan="2">돌봄 자발성</td><td>자발적 돌봄</td><td>1</td><td>부담 없는 즐거운 돌봄 유형</td><td>2</td><td>힘들지만 돌봄을 즐기는 유형</td></tr>
<tr><td>비자발적 돌봄</td><td>3</td><td>돌봄을 회피하려는 유형</td><td>4</td><td>회피할 수 없는 힘든 돌봄 유형</td></tr>
</table>

- 노년기 특성을 고려한 프로그램 환경 구성 필요
  - 요리, 만들기 등 도구 활용 시 유의점 안내
  - 자원봉사자 배치
  - 쉽게 접할 수 있는 시각적 자료 제공 등
- 조부모 간 자조모임 형성을 통한 사회적지지 체계 조성 유도
- 본 집단 프로그램 운영을 위한 집단지도자의 자격 조건(두 가지 중 1개 충족)
  - 집단 프로그램 기획 및 수행경력 3년 이상인 상담사, 사회복지사, 건강가정사 등 전문가
  - 노인 대상 또는 상담 관련 연구경력이 3년 이상인 학계 전문가(상담 관련학 석사학위 이상인 자)

5. 세부 내용

• 전체 회기 구성

회기	구분	주제	내용	요소
1	봄! 봄! 시작	• 만나서 반가워요 – 친밀감 형성 – 프로그램 소개	• 집단구성원 친밀감 증진 활동 • 프로그램 목적과 목표 인지하기	수용 감사
2	나를 봄 프로젝트	• 나의 삶과 긍정적 태도 – 노년기 발달 특성 이해 – 긍정적 경험 및 감정 인식	• 나이 듦에 따른 변화 공유 • 과거, 현재, 미래에 대해서 긍정적 감정 인식	수용 감사
3		• 자기돌봄① 신체 돌보기 – 신체적 자기돌봄 실천하기	• 신체적 강점 찾기 • 신체적 자기돌봄 실천하기	강점 발견
4		• 자기돌봄② 마음 돌보기 – 심리적 자기돌봄 실천하기	• 심리적 강점 찾기 • 심리적 자기돌봄 실천하기	강점 발견
5		• 나의 삶의 의미 찾기 – 삶의 의미 발견하기	• 삶의 가치 탐색하기 • 삶의 의미 부여하기	가치 발견
6	너를 봄 프로젝트	• 발달 특성 이해 • (손)자녀와 긍정적 관계 경험	• 손자녀의 발달 특성 이해하기 • 자존감 열매 맺기	강점 발견
7		• 좋은 조부모가 되기 위한 양육 기술 습득하기① – 행동 구분과 제한 설정	• 좋은 보호자를 위한 긍정 훈육 • 행동 구분하기 • 제한 설정하기	강점 발견
8		• 좋은 조부모가 되기 위한 양육 기술 습득하기② – 긍정적 상호작용 실천하기	• 대인관계 패턴 진단 • 갈등 예방하기	문제 대응
9		• 좋은 조부모가 되기 위한 양육 기술 습득하기③ – 긍정적 의사소통 실천하기	• 의사소통의 걸림돌 알기 • 의사소통 유형 진단 • 긍정적 의사소통 실천하기	문제 대응
10	다시 봄! 봄!	• 충만한 삶 영위하기	• 삶의 긍정적 의미 찾기	가치 발견

※ 손자녀 돌봄 유형별 필수 회기(그 외의 회기는 권장)
- 유형① 부담 없는 즐거운 돌봄 유형 ▶ 1, 5, 6, 10회기
- 유형② 힘들지만 돌봄을 즐기는 유형 ▶ 1, 5, 6, 7, 8, 9, 10회기
- 유형③ 돌봄을 회피하려는 유형 ▶ 1, 2, 3, 4, 5, 6, 10회기
- 유형④ 회피할 수 없는 힘든 돌봄 유형 ▶ 1~10회기

※ 주제 유형별 필수 회기(그 외의 회기는 권장)
- 양육 스트레스 완화 프로그램 ▶ 1, 2, 3, 4, 5, 10회기
- 돌봄 역량 강화 프로그램 ▶ 1, 6, 7, 8, 9, 10회기

• 회기별 내용

<table>
<tr><th colspan="5">봄! 봄! 시작 - 1회기 〈만나서 반가워요〉</th></tr>
<tr><td colspan="2">주제</td><td colspan="3">• 프로그램 소개 및 친밀감 형성</td></tr>
<tr><td colspan="2">목표</td><td colspan="3">• 프로그램의 참여동기 및 상호교류를 고취하고 신뢰할 수 있는 안전한 집단을 구성한다.
• 긍정적인 삶을 위한 실천 의지를 다질 수 있다.</td></tr>
<tr><th>단계</th><th>세부 목표</th><th>활동 내용</th><th>시간</th><th>준비물</th></tr>
<tr><td>도입</td><td>환영하기</td><td>• 집단지도자 소개 및 인사
• 집단구성원 자기소개</td><td>10분</td><td rowspan="4">형용사 (그림)카드, 8절지, 필기도구, 명찰</td></tr>
<tr><td rowspan="2">전개</td><td>집단원 알아가기</td><td>• '형용사 (그림)카드' 목록을 활용하여 나를 표현하기, 집단원의 첫인상을 표현하기
• 나를 표현한 형용사 중 '가장 마음에 드는 형용사 단어' 하나를 골라 'ㅇㅇ스러운 ㅇㅇ'으로 별칭 정하기</td><td>20분</td></tr>
<tr><td>긍정적 삶 실천을 위한 의지 다지기</td><td>• 봄! 봄! 프로그램 소개
- 프로그램의 목적과 목표를 공유하기
• 양육 스트레스(부정적 경험) 재정의하기
- 양육 스트레스 수준 자가점검(사전도구)
- '진정한 행복'과 '긍정적 삶'에 관해 공유하기
- 양육 스트레스 재정의하기</td><td>40분</td></tr>
<tr><td>마무리</td><td>소감 나누기</td><td>• 내용 정리 및 과제 안내
- 하루에 한 가지씩 감사할 내용 찾기
• 집단 참석 소감 나누기
• 다음 회기 예고</td><td>20분</td></tr>
<tr><td>유의점</td><td colspan="4">• 긍정적인 형용사(그림)카드 목록을 활용하여 자신을 표현하도록 독려한다.
• 집단원과의 첫 만남이므로 서로를 관찰하고, 형용사 카드를 활용하여 첫인상을 긍정적으로 표현할 수 있도록 독려한다.
• 프로그램의 목적과 목표를 인지할 수 있도록 돕는다.
• 긍정심리학에 기반하여 양육 스트레스를 재정의하고, 긍정적 삶의 동기를 높일 수 있도록 돕는다.</td></tr>
</table>

<table>
<tr><th colspan="5">나를 봄 프로젝트 - 2회기 〈나의 삶과 긍정적 태도〉</th></tr>
<tr><td colspan="2">주제</td><td colspan="3">• 노년기 발달 특성 이해
• 긍정적 경험 및 감정 인식</td></tr>
<tr><td colspan="2">목표</td><td colspan="3">• 노화로 인한 신체, 심리, 사회적 변화를 이해하고 수용할 수 있다.
• (손)자녀 양육과 관련한 긍정적 경험 인식을 통해 만족감과 기대감을 가질 수 있다.</td></tr>
<tr><th>단계</th><th>세부 목표</th><th>활동 내용</th><th>시간</th><th>준비물</th></tr>
<tr><td>도입</td><td>인사하기</td><td>• 인사 나누기
• 지난 회기 이후 생활 점검하기</td><td>10분</td><td rowspan="4">요리활동 재료</td></tr>
<tr><td rowspan="2">전개</td><td>발달특성 이해하기</td><td>• 노화로 인한 변화에 관해 공유하기
– 노화와 관련된 그림, 단어를 활용하여 공감대 형성하기
• 노년기의 발달 특성 이해하기 (교육)</td><td>20분</td></tr>
<tr><td>긍정적 태도 가지기</td><td>• (손)자녀를 양육하면서 행복했던 순간을 생각해 보고, 경험 나누기
– 자녀 또는 손자녀를 양육하면서 즐거웠던 순간, 감사했던 순간에 대한 이야기 나누기
• '행복한 나'를 주제로 요리 활동하기
– 또띠아 야채 브리또
– 또띠아 위에 '행복한 나'의 얼굴 모습 만들기
• 진정한 행복을 위해 현재 할 수 있는 것은 무엇인지 탐색하기</td><td>40분</td></tr>
<tr><td>마무리</td><td>소감 나누기</td><td>• 집단 참석 소감 나누기
• 과제 안내
– 하루에 한 가지씩 감사할 내용 찾기
• 다음 회기 예고</td><td>20분</td></tr>
<tr><td>유의점</td><td colspan="4">• 집단원 자신의 부정적 경험을 공유했을 때 다른 집단원도 동일한 경험이 있는지, 어떤 기분이었는지 질문하고 공유함으로써 '보편성'의 치유 효과를 경험할 수 있도록 한다.</td></tr>
</table>

<table>
<tr><th colspan="5">나를 봄 프로젝트 - 3회기 〈자기돌봄 ①: 신체 돌보기〉</th></tr>
<tr><td colspan="2">주제</td><td colspan="3">• 신체적 자기돌봄 실천하기</td></tr>
<tr><td colspan="2">목표</td><td colspan="3">• 노화로 인한 신체, 심리, 사회적 변화를 이해하고 수용할 수 있다.
• (손)자녀 양육과 관련한 긍정적 경험 인식을 통해 만족감과 기대감을 가질 수 있다.</td></tr>
<tr><th>단계</th><th>세부 목표</th><th>활동 내용</th><th>시간</th><th>준비물</th></tr>
<tr><td>도입</td><td>인사하기</td><td>• 인사 나누기
• 과제 점검하기
• 지난 회기 이후 생활 점검하기</td><td>20분</td><td rowspan="4">신체적 자기돌봄 리스트, 시니어 스트레칭 영상, 마사지볼</td></tr>
<tr><td rowspan="2">전개</td><td>신체적 자기돌봄 강점 탐색</td><td>• 스트레스로 인한 신체적 증상 표현, 평가하기
• 신체적 증상에 대한 대처방법을 탐색하고, 강점 강화하기</td><td>20분</td></tr>
<tr><td>신체적 자기돌봄 실천</td><td>• 신체적 자기돌봄 방법 탐색하기
– 신체적 자기돌봄 리스트 확인하기
• 시니어 스트레칭 및 근육 이완을 위한 마사지 습득하기</td><td>30분</td></tr>
<tr><td>마무리</td><td>소감 나누기</td><td>• 집단 참석 소감 나누기
• 과제 부여(지속과제)
– 매일 1번 스트레칭, 신체 마사지하기
– 매일 감사하기(감사일기 쓰기)
• 다음 회기 예고</td><td>10분</td></tr>
<tr><td>유의점</td><td colspan="4">• 노화와 양육으로 인한 신체적 피로와 증상 등을 있는 그대로 공감하고 격려하도록 한다.
• 충분한 공감과 격려 후에는 신체적 증상에 대한 대처방법을 질문하고, 이를 강점으로 전환하여 메시지를 전달함으로써 강점 관점을 강화한다.</td></tr>
</table>

나를 봄 프로젝트 - 4회기 〈자기돌봄 ② ; 마음 돌보기〉				
주제		• 심리적 자기돌봄 실천하기		
목표		• 심리적 자기돌봄 방법을 배우고, 자신에게 적용할 수 있다. • 심리적 자기돌봄 역량 강화를 통해 양육 스트레스 수준을 낮추고, 예방할 수 있다.		
단계	세부 목표	활동 내용	시간	준비물
도입	인사하기	• 인사 나누기 • 과제 점검하기 • 지난 회기 이후 생활 점검하기	10분	심리적 평가 간이척도, 포스트잇, 필기구
전개	심리적 건강과 자기돌봄	• 심리적 건강 평가하기 – 심리적 증상을 표현하고 평가하기 • 심리적 증상에 대처방법 탐색하기 – 대처방법 탐색해 보기 – 자신의 강점을 인지하고 전환, 강화하기	30분	
	심리적 자기돌봄 실천하기	• 심리적 자기돌봄 실천하기 – 자기에게 친절한 행동하기 – 긍정적 자기 대화	30분	
마무리	소감 나누기	• 집단 참석 소감 나누기 • 과제 부여 – 심리적 자기돌봄 실천하기 – 매일 감사하기(지속과제) • 다음 회기 예고	20분	
유의점	• 본 프로그램에서는 정신건강 수준을 상세하게 진단하기보다는 긍정적 대처방안을 습득하는 데 목적을 둔다. • 다만, 집단지도자는 집단원이 경험하는 고독감, 우울감, 불안감 등의 수준을 평가할 필요성은 있다. 만일 정신건강이 심각한 수준으로 평가된다면 자원 연계를 통해 적절한 개입이 이루어질 수 있도록 지원한다.			

<table>
<tr><th colspan="5">나를 봄 프로젝트 - 5회기 〈내 삶의 의미 찾기〉</th></tr>
<tr><td colspan="2">주제</td><td colspan="3">• 삶의 의미 발견하기</td></tr>
<tr><td colspan="2">목표</td><td colspan="3">• 손자녀 돌봄의 가치와 의미를 발견할 수 있다.
• 의미 있는 삶을 실천할 수 있다.</td></tr>
<tr><th>단계</th><th>세부 목표</th><th>활동 내용</th><th>시간</th><th>준비물</th></tr>
<tr><td>도입</td><td>인사하기</td><td>• 인사 나누기
• 과제 점검하기
• 지난 회기 이후 생활 점검하기</td><td>10분</td><td rowspan="4">교육자료 '내가 살아가는 이유', 가치 리스트, 포스트잇, 필기구</td></tr>
<tr><td rowspan="2">전개</td><td>손자녀 돌봄의 가치와 의미 부여하기</td><td>• 교육) 내가 살아가는 이유
– 삶의 의미가 중요한 이유 공유하기
• 활동) 손자녀 돌봄의 가치와 의미 나누기
– '가치' 리스트에서 손자녀 돌봄의 가치 단어를 찾고, 그 의미를 공유하기</td><td>40분</td></tr>
<tr><td>의미 있는 삶 실천하기</td><td>• '의미 있는 삶' 실천하기
• 현재 할 수 있는 의미 있는 일을 탐색하고 실천하기</td><td>30분</td></tr>
<tr><td>마무리</td><td>소감 나누기</td><td>• 집단 참석 소감 나누기
• 과제부여
의미 있는 삶 실천하기
– 지속과제: 신체 · 심리적 자기돌봄, 매일 감사하기
• 다음 회기 예고</td><td>20분</td></tr>
<tr><td>유의점</td><td colspan="4">• 집단원들은 '의미 있는 삶'은 거창하고 대단한 사람들이 누리는 삶이라 생각할 수 있다. 그러나 사람마다 의미 있는 삶의 형태와 내용은 다르다는 것을 말해주고, 현재 자신의 입장에서 실천할 수 있는 '의미 있는 일'을 구체적으로 생각하고 실천할 수 있도록 지원하는 것이 필요하다.</td></tr>
</table>

너를 봄 프로젝트 – 6회기 〈(손)자녀 이해하기〉				
주제		• 발달 특성 이해 • (손)자녀와의 긍정적 관계 경험		
목표		• 인간의 발달 단계와 주요 과업을 알고, 이에 요구되는 조부모 역할을 수행할 수 있다. • 강점, 장점을 발견하고 이를 기반으로 손자녀의 긍정적 자아존중감 형성에 도움을 제공할 수 있다.		
단계	**세부 목표**	**활동 내용**	**시간**	**준비물**
도입	인사하기	• 인사 나누기 • 지난 회기 이후 생활 점검하기 • 과거와 오늘날 양육 비교하여 이야기 나누기 – 도입질문: 여러분들이 어렸을 때 부모님이 여러분을 어떻게 키우셨나요?	20분	도화지, 사과모양 포스트잇, 필기구
전개	생애발달 주기와 과업 알기	• 에릭슨의 발달주기와 과업 • 아동기 발달특성 – 아동기 신체(성) · 정서 · 사회성 발달 • 자아존중감을 높이는 양육법 – 자립심 키워주기 등	20분	
	강점, 장점 발견하기	• 자존감 열매 맺기 – 강점, 장점 등 자랑거리를 찾고 열매 모양 포스트잇에 작성 – 나무그림에 열매 붙이기 – 손자녀의 강점을 어떻게 활용할지, 이를 어떻게 도울지 조부모로서 역할 탐색하기	30분	
	좋은 조부모란?	• 좋은 조부모에 대한 생각 나누기	10분	
마무리	소감 나누기	• 집단 참석 소감 나누기 • 과제부여 – 하루에 한 가지씩 손자녀 강점 또는 장점을 칭찬하고 반응 관찰해오기 – 지속과제: 신체 · 심리적 자기돌봄, 매일 감사하기 • 다음 회기 예고	10분	
유의점	• 조부모들이 손자녀의 지난 발달과업에 대해서 잘 도와주지 못했다는 죄책감을 가지지 않도록 한다.			

너를 봄 프로젝트 - 7회기 〈좋은 조부모가 되기 위한 양육 기술 습득하기 ①〉				
주제		• 양육 기술 습득 - 행동 구분과 제한 설정하기		
목표		• 집단원들이 서로 위로와 지지를 제공할 수 있다. • 손자녀의 행동을 구분하고, 제한하기를 설정할 수 있다. • 손자녀를 대상으로 긍정적인 훈육을 실천할 수 있다.		
단계	세부 목표	활동 내용	시간	준비물
도입	인사하기	• 인사 나누기 • 지난 회기 이후 생활 점검하기 • 과제 확인하기 • 도입질문: 훈육은 벌일까요?	15분	교육자료, 워크지, 필기구
전개	다양한 훈육 경험 사례 공유	• 손자녀 양육시 성공적인 훈육 경험 사례 공유하기 – 손자녀 행동과 그에 따른 조부모의 훈육 및 그 결과에 대해 이야기 나누기	10분	
	좋은 보호자를 위한 긍정 훈육	• 좋은 보호자를 위한 긍정 훈육 'SPACE' – Ockwell-Smith(2017)의 긍정적 훈육을 위한 다섯 가지 원칙 – Stay Calm(평정유지): 손자녀가 나를 자극하였을 때는 바로 훈육하지 않고 타임아웃 실시 등 진정된 후에 제대로 판단하기 – Proper expectations(적절한 기대치 설정): 성인의 눈으로 손자녀를 보지 않고 발달 수준을 고려하여 행동을 평가하기. 손자녀가 스스로 행동을 통제할 수 있는지, 그러한 행동의 결과를 충분히 예측할 수 있는지 등에 대한 고려가 필요 – Affinity with your child(친밀감 쌓기): 친밀감을 쌓는 나는 것은 서로 유대감을 갖고 이해, 공감한다는 것으로 손자녀의 행동이 잘못된 것이라 하더라도 손자녀는 여전히 사랑스러운 존재임을 알기. 즉, 손자녀의 행동에 대한 부정적 감정과 손자녀에 대한 감정을 분리하기 – Connect and contain emotion(공감, 수용하기): 손자녀 스스로 정서를 조절하는 방법을 배울 때까지 그 마음을 공감, 수용해 주고 조절 능력을 키울 수 있도록 돕기	10분	

	– Explain and set a good example(설명하고 모범 보이기): 손자녀의 의사소통(어휘) 능력 수준을 고려하여 상호작용하기. 조부모의 행동이 손자녀에게 영향을 줄 수 있으므로 좋은 본보기 보이기		
	행동 구분하기	• 손자녀 행동 구분하기 – 바람직한 행동, 인정되는 행동, 바람직하지 않은 행동 구분	10분
	제한 설정하기	• 교육) 제한 설정하기 3단계 'ACT' – 1단계 Acknowledge Feeling: 손자녀(아동)의 감정, 소망, 욕망을 인정하기 – 2단계 Communicate Limit: 비난이나 잘못을 강조하지 않고, 구체적이고 분명하며 정확하게 제한을 전달하기 – 3단계 Target an Alternative: 손자녀가 제한으로 인해 좌절감을 느끼지 않도록 감정 표현, 행동 수정을 위한 수용 가능한 대안을 제시해주기 – 제한이 깨진 경우 마지막 선택 제시: (행동1)을 선택하면, (결과1)을 선택하는 것이다. (행동2)를 선택하면, (결과2)를 선택하는 것이다. 어느 쪽을 선택하겠니? • 실습) 제한 설정하기 단계를 적용하여 효과적인 훈육 연습하기	35분
마무리	소감 나누기	• 집단 참석 소감 나누기 • 과제부여 – 손자녀의 행동을 구분하고 ACT에 따라 제한하기를 실천해 보기 – 지속과제: 신체 · 심리적 자기돌봄, 매일 감사하기 • 다음 회기 예고	10분
유의점	• 제한 설정하기의 기술이 지나친 제약으로써 기능하지 않도록 지도한다. • 제한 설정하기를 과제로 실천했을 때 손자녀의 언어적 · 비언어적 변화를 관찰할 수 있도록 당부한다.		

너를 봄 프로젝트 - 8회기 〈좋은 조부모가 되기 위한 양육 기술 습득하기 ②〉

<table>
<tr><td colspan="2">주제</td><td colspan="3">• 양육 기술 습득 - 긍정적 상호작용 실천하기</td></tr>
<tr><td colspan="2">목표</td><td colspan="3">• 아동기 문제행동의 발생 원인을 알고 이를 이해한다.
• 긍정적인 상호작용을 증진하기 위한 방법을 알고, 이를 실천할 수 있다.</td></tr>
<tr><th>단계</th><th>세부 목표</th><th>활동 내용</th><th>시간</th><th>준비물</th></tr>
<tr><td>도입</td><td>인사하기</td><td>• 인사 나누기
• 지난 회기 이후 생활 점검하기
• 과제 확인하기
• 도입질문: 나는 손자녀와 어떤 긍정적 상호작용이 있나요?</td><td>15분</td><td rowspan="4">워크지, 필기구</td></tr>
<tr><td rowspan="2">전개</td><td>자신의 패턴이나 유형을 이해</td><td>• 나는 어떤 유형의 조부모인가?
– 고든(Gordon)의 (조)부모 유형
– 승자형: 부모와 자녀 사이에 욕구갈등이 생길 때 부모가 이기고 자녀가 지는 방식으로 문제 해결양식을 일관되게 하는 유형(독재, 자녀의 행동 제한, 명령과 순종, 처벌)
– 패자형: 부모와 자녀 사이에 욕구갈등이 생길 때 부모가 지고 자녀가 이기는 방식으로 문제 해결 양식을 일관되게 하는 유형(지나친 허용과 방임, 무조건적인 존중)
– 동요형: 엄격과 관용, 제한과 자유 사이를 자주 오가며 신념이 불확실한 상태로 흔들리는 교육방식을 갖는 유형
• 나의 부모 유형과 대인관계 유형 알아보기
• 바람직한 부모 유형이 되기 위한 다짐하기</td><td>30분</td></tr>
<tr><td>긍정적 상호작용 증진</td><td>• (손)자녀 갈등 예방하기
– 교육) 갈등과 문제 해결, 갈등에 따른 대응방안
• 갈등 해결을 위한 긍정적 대화
• (손)자녀와의 갈등을 줄이기 위해 내가 할 수 있는 방법 찾기</td><td>30분</td></tr>
<tr><td>마무리</td><td>소감 나누기</td><td>• 집단 참석 소감 나누기
• 과제부여
– (손)자녀와 긍정적 상호작용 하기
– 지속과제: 신체 · 심리적 자기돌봄, 매일 감사하기
• 다음 회기 예고</td><td>15분</td></tr>
</table>

유의점	• 고든의 부모 유형 대신 아래의 유형에 대해 교육할 수도 있다. – 키슬러(Kiesler)의 대인관계 유형: 지배형, 실리형, 냉담형, 고립형, 복종형, 순박형, 친화형, 사교형 – 토마스와 킬만(Thomas & Kilmann)의 갈등 관리 유형: 경쟁, 수용, 협력, 타협, 회피 • 손자녀와의 갈등을 욕구 차원에 따라 분류할 경우, 욕구와 사회적 자원을 연결하여 관련 정보를 제공할 수 있다. – 생리와 안전의 욕구: 일반 복지체계(행정복지센터, 지역사회복지관 등) – 소속의 욕구: 지역아동센터, 다함께 돌봄센터, 청소년문화의 집, 가족센터 등 – 자기존중, 자아실현의 욕구: 청소년문화의 집, 청소년상담복지센터, 가족센터 등

<table>
<tr><th colspan="5">너를 봄 프로젝트 - 9회기 〈좋은 조부모가 되기 위한 양육 기술 습득하기 ③〉</th></tr>
<tr><td colspan="2">주제</td><td colspan="3">• 양육 기술 습득 - 긍정적 의사소통 실천하기</td></tr>
<tr><td colspan="2">목표</td><td colspan="3">• 의사소통의 걸림돌을 알고, 사용을 지양한다.
• 긍정적인 의사소통의 방법을 알고, 이를 실천할 수 있다.</td></tr>
<tr><th>단계</th><th>세부 목표</th><th>활동 내용</th><th>시간</th><th>준비물</th></tr>
<tr><td>도입</td><td>인사하기</td><td>• 인사 나누기
• 지난 회기 이후 생활 점검하기
• 과제 확인하기
• 도입영상(사오정 대화) 혹은 도입퀴즈(신조어 맞추기) 실시</td><td>10분</td><td rowspan="5">의사소통 유형지, 필기구</td></tr>
<tr><td rowspan="3">전개</td><td>의사소통의 걸림돌 알기</td><td>• 의사소통의 개념 알기
• 내가 사용하는 의사소통의 걸림돌 인식하기
– 명령, 지시, 주의, 협박, 훈계, 설교, 충고, 해결책 제안, 강의나 이론의 전개, 비판이나 비난, 욕설과 조소, 수치감, 분석 및 진단, 질문이나 탐문, 중지, 주의를 다른 곳으로 돌리기
– 내가 사용하는 걸림돌은?</td><td>10분</td></tr>
<tr><td>의사소통 유형</td><td>• 의사소통 유형 진단
회유형, 비난형, 초이성형, 산만형, 일치형
– 나의 의사소통 유형은?
– 손자녀의 의사소통 유형은?</td><td>20분</td></tr>
<tr><td>긍정적 의사소통 실천하기</td><td>• A) 관련 경험이 전무한 경우(의사소통 초급훈련)
– 그랬구나 대화 영상보기
– 그랬구나 대화 실습하기
• B) 관련 경험이 있는 경우(의사소통 고급훈련)
– 적극적 경청하기(감정/내용 반영하기)
– 적극적 말하기(나–전달법: 행동–느낌–결과)
• 실습) 긍정적인 의사소통방법 연습하기</td><td>40분</td></tr>
<tr><td>마무리</td><td>소감 나누기</td><td>• 집단 참석 소감 나누기
• 과제부여
– 손자녀와 긍정적 의사소통 해보기
– 지속과제: 신체 · 심리적 자기돌봄, 매일 감사하기
• 다음 회기 예고</td><td>10분</td></tr>
<tr><td>유의점</td><td colspan="4">• 과제 확인시 조부모가 '똑같더라' 등의 부정적인 반응을 한 경우, 손자녀를 이해하려는 시각에서 문제행동을 바라보려 시도한 것이 중요하다며 노력을 인정해 준다.
• 자신의 의사소통 걸림돌과 '그랬구나' 대화법, 나–전달법 등을 이용하여 다음 회기 전까지 손자녀와 의사소통을 한 후 반응을 주의 깊게 살펴서 오기를 당부한다.</td></tr>
</table>

다시 봄! 봄! – 10회기 〈충만한 삶 영위하기〉

주제	• 삶의 긍정적 의미 찾기 및 긍정적 미래 그리기
목표	• 삶을 돌아보는 작업을 통해 있는 그대로의 자기를 인정하고 받아들인다. • 긍정적인 삶을 이루기 위해 지속적으로 실천해 나가도록 격려한다.

단계	세부 목표	활동 내용	시간	준비물
도입	인사하기	• 인사 나누기 • 지난 회기 이후 생활 점검하기 • 과제 확인하기 • 지금까지 한 내용을 되짚어보는 시간 갖기 • 도입질문 – 내가 이루고 싶던 삶은? – 내 삶의 가치는? – 현재 나의 삶과 손자녀를 돌보는 삶과 연결	10분	워크지, 필기구
전개	내 삶을 돌아보기	• 아래의 2개 활동 중 택1 • A) 내 삶의 역사 – 나의 생애 연대기표 작성 또는 생애곡선 그리기 • B) 내 인생의 플러스/마이너스 – 내가 이룬 것들과 이루지 못한 것들 탐색하기	30분	
	내 삶을 계획하기	• 아래의 2개 활동 중 택1 • A) 내 삶의 버킷리스트 작성 – 내가 지금 당장 할 수 있는 것 – 내가 앞으로 이루어야 할 것들 • B) 행복한 내 삶을 그리기 또는 그림카드 고르고 이야기 나누기 – 그리기: 지금 나의 삶, 5년 후의 삶 등 – 그림카드: 솔라리움카드, 타로카드, 장점카드 등	30분	
마무리	소감 나누기	• 집단 참석 소감 나누기 – 성장경험 나누기: 마음가짐, 상호작용 중심으로 • 종결 – 본 프로그램을 통해 알게 된 점, 배운 점, 변화된 점을 지속하기 위한 노력을 꾸준히 할 것을 당부하기	20분	

유의점	• 내 인생의 플러스/마이너스에서 시각 전환하기를 적극적으로 실천하여 포기하였기 때문에 얻을 수 있었던 것에 대해 탐색하도록 돕기 • 활동 2가지를 모두 다 하기에 시간이 다소 부족할 수 있으므로 집단지도자의 선택에 따라 집중하여 진행할 수 있음

6. 평가

• 본 프로그램을 통해

- 조부모의 자기돌봄 역량, 손자녀 돌봄 역량을 강화하고 삶의 질 향상에 기여할 것으로 기대
- 돌봄 대상자인 손자녀와의 긍정적 상호작용을 통해 손자녀의 성장과 발달을 기대

(4) 아버지 역할 지원

사례 가-4

아버지 교육
(여성가족부 개발 부모교육 매뉴얼 중 10권)

출처: 여성가족부 가족정책과(2017). 부모교육 매뉴얼 총론.
여성가족부 가족정책과(2017). 부모교육 매뉴얼 제10권 아버지.

1. 추진 배경

- 핵가족 구조 안에서 자녀 양육과 부모 역할에 대한 학습 기회가 많지 않고, 가족구성원 간의 지원이 어려운 시대에서 '부모'라는 쉽지 않은 역할에 대해 안내와 교육 기회 제공에 대한 요구가 증가하고 있음. 그러나 교육을 위한 체계적인 표준 매뉴얼이나 교육자료 등 콘텐츠가 부족한 실정임
- 여성가족부는 이러한 요구에 부응하여 국가 수준의 부모교육 활성화를 목적으로 결혼과 임신 출산, 자녀의 성장에 따른 부모 역할 변화를 반영하고, 각 시기별 부모를 지원하고 역량을 강화하기 위해 2017년 부모교육 매뉴얼을 발간함
  - 생애주기별, 가족 특성을 반영하여 ① 공통(전체 부모), ② 청소년 예비 부모, ③ 성인 예비 부모, ④ 영유아기 자녀를 둔 부모, ⑤ 초등학생 자녀를 둔 부모, ⑥ 중학생 자녀를 둔 부모, ⑦ 고등학생 자녀를 둔 부모, ⑧ 아버지 교육, ⑨ 가족 특성별(맞벌이, 한부모, 재혼, 다문화, 조손, 비동거 가족) 부모교육, ⑩ 상담 프로그램으로 구성
- 매뉴얼 전반에서 자녀와 더불어 성장하는 부모에게 필요한 내용을 구성하고, 생애주기에 맞는 구체적인 지식과 기술을 세분화하여 개발함. 특히, 양성평등적 가치관을 반영하여 기존의 부모교육이 어머니 위주로 이루어졌던 것에서 벗어나 자녀 양육의 주체인 부모 모두를 대상으로 균형 있게 고려하며, 아버지 교육을 특화하였음

2. 목적

- 아버지로서 역량 강화

3. 대상

- 아버지

4. 추진 방법

- 주제 당 약 30~40분 정도의 강의로 구성
- 매뉴얼과 함께 개발된 강의용 PPT 및 동영상 등 시각적 자료 활용

5. 세부 내용

- 전체 회기 구성

회기	세부 프로그램명	주제	내용
1	신(新)나는 아빠	'부담' 아닌 '즐거움'	• 남녀의 차이와 부성의 본질 • 아버지 효과에 대한 이해 • 아버지 참여에 대한 쟁점 • 적극적이고 자발적인 아버지 참여
2	함께하는 아빠	'어쩌다' 아닌 '언제나'	• 아버지상의 변화와 일 · 생활 균형 • 생활시간 분석과 일 · 생활 균형 • 아빠 시간 15분 계획하기
3	놀이하는 아빠	'놀아주는' 아닌 '같이 노는'	• 아빠 놀이의 의미 • 자녀의 발달단계에 따른 놀이의 특성 • 아빠 놀이 실습
4	통(通)하는 아빠	'통제' 아닌 '공감'	• 가족과 의사소통의 어려움 • 아버지의 3단계 소통법 • 판단하지 않고 아이의 마음을 읽는 공감 훈련 • I 나-전달법
5	키(Key)우는 아빠	'지식' 아닌 '태도'	• 자녀교육에 대한 아버지의 책임과 역할 • 마음근력에 대한 이해 • 더불어 살아가기 위한 아버지의 역할

• 회기별 내용

<table>
<tr><th colspan="3">1회기 〈신(新)나는 아빠 – '부담' 아닌 '즐거움'〉</th></tr>
<tr><td>주제</td><td colspan="2">• 자발적이고 즐거운 아빠 되기</td></tr>
<tr><td>목표</td><td colspan="2">1. 부성의 본질을 이해한다.
2. '아버지 효과(father effect)'에 대해 이해한다.
3. 오늘날 바람직한 아버지상에 대해 생각해 본다.
4. 아버지 참여의 현실과 장애요인을 안다.
5. 적극적이고 자발적인 아버지 참여 방안을 모색한다.</td></tr>
<tr><th>단계</th><th>활동 내용</th><th>자료</th></tr>
<tr><td>도입</td><td>• 아버지 교육 5회기 과정에 대한 소개
• '아버지됨'의 과정이 자신의 삶에 어떤 의미를 가지는지 성찰해 본다.
• 아빠가 되었을 때의 첫 느낌 나누기</td><td rowspan="6">PPT,
활동지,
A4용지</td></tr>
<tr><td rowspan="3">전개</td><td>• 아버지란 어떤 존재인지 부성(父性)의 본질에 대해 알아본다.
– 부성의 특성 및 본질에 대해 생각해 본다.
– 부모의 양육 태도를 비교해 보고 부모로서 역할 균형에 대해 이해한다.</td></tr>
<tr><td>• 아버지 효과(father effect)에 대해 이해하고 아빠 참여의 다양한 효과를 살펴본다.
– 아이 발달과 교육에 적극적인 아빠를 둔 아이는 학업성취도가 높고, 사회성이 좋고, 결혼생활에 성공적이라는 연구결과를 소개한다.
– 아빠 참여가 가족에게 미치는 영향에 대해 생각해 본다.</td></tr>
<tr><td>• 아빠 역할을 방해하는 통념과 편견에 대해 다룬다.
– 아빠 역할은 제2의 엄마라는 통념과 편견을 살펴본다.
– 친구 같은 아빠에 대한 통념과 편견을 살펴본다.
– 아빠는 돈 버는 기계라는 통념과 편견을 살펴본다.</td></tr>
<tr><td>적용
및
응용</td><td>• 아빠 참여를 위한 인식 전환이 필요함을 설명한다.
– 자녀 양육은 부모가 함께 적극적인 양육을 통해 조화 속에서 안정적으로 제공되어야 함을 설명한다.
– 아빠 육아의 적극적 참여는 이제 선택이 아니라 필수임을 설명한다.</td></tr>
<tr><td>마무리</td><td>• '좋은 아빠'보다 '웃는 아빠'가 되기 위해 노력하고 실천해 본다.
– 아빠의 자발적이고 적극적인 참여가 필요하며, 적극적인 참여가 '부담'이 아니라 '기쁨'이 될 때 아이도 부모도 공동체도 행복해짐을 되새긴다.
• 학습 관련 정보를 소개한다.</td></tr>
</table>

2회기 〈함께하는 아빠 – '어쩌다' 아닌 '언제나'〉

주제	• 함께하는 아빠 – 아빠 시간 15분 만들기	
목표	1. 아버지상의 변화와 일 · 가정 양립의 중요성을 인식한다. 2. 아버지의 일 · 가정 양립 현실을 살펴본다. 3. 생활시간 분석을 통해 자신의 일 · 가정 양립 수준을 파악한다. 4. 아빠 시간 15분을 계획하고, 가족과 함께 하는 시간을 만든다.	
단계	**활동 내용**	**자료**
도입	• 변화하는 아버지상을 이해한다. – 아빠를 소재로 한 방송 프로그램 이미지 사진을 보고 변화하는 아버지상 이야기 나누기 – 아버지상의 변화는 사회 전반적으로 나타나고 있지만, 특히 TV 등 대중매체에서 불고 있는 '아빠열풍'은 아버지들에게 강력한 사회적 압력으로 느껴진다. 강의 참여자들에게 이러한 사회적 변화와 압력에 대해 어떻게 느끼는지 질문하고 이야기를 나누어 본다.	PPT, 활동지, 동영상
전개	• 아버지로서 자신의 모습을 점검해 본다. – 변화하는 아버지상과 관련된 신조어(홈대디, 프렌디, 스칸디 대디, 라테파파 등)를 살펴보고, 자신에게 아빠 별칭을 만들어 본다. – 아빠 관심 점수(영유아기 아빠/아동기 아빠/청소년기 아빠)를 체크해 본다.	
	• 아버지의 일 · 가정 양립 현황을 파악한다. – 아버지 관련 시간으로 퀴즈를 풀면서 우리나라 아버지들의 일 · 가정 양립 현실을 살펴본다. – 자녀와 함께 하는 시간, 가사 노동시간, 연간 노동시간 등 아버지의 일 · 가정 양립 관련 시간 통계를 살펴본다.	
	• 생활시간 분석을 통해 아버지의 일 · 가정 양립 수준을 파악한다. – '당신에게 남은 시간' 동영상 시청 – 자신의 하루일과를 돌아보고 생활시간을 분석한다. : 수면시간, 근무시간, TV 및 스마트폰 이용 시간, 가족 외 사람과의 교제시간, 혼자 또는 가족 외 사람과의 취미시간, 위생 및 외모 등 개인 관리시간, 기타 혼자 또는 가족 외 사람과 갖는 시간 – 생활시간 분석을 토대로 가족과 함께 할 수 있는 남은 시간을 계산해 본다.	
적용 및 응용	• 아빠 시간 15분을 만들고 계획한다. – 아빠 시간 15분의 필요성을 이해한다. – 아빠 시간 15분이 가능한 시간대를 찾는다. – 아빠 시간 15분에 할 수 있는 활동을 구체적으로 작성하고 실천한다.	
마무리	• 아빠 시간 15분의 중요성과 아버지의 일 · 가정 양립의 의미를 생각해 본다. – 아버지의 행복은 일에서의 행복과 가정에서의 행복이 균형을 이룰 때 완성됨을 안다. – 아빠 시간 15분으로 가족과 함께 시간을 나누는 일상에서 아버지의 행복이 시작됨을 안다. – 아빠 시간 15분으로 아빠의 사랑을 전하고 가족의 행복을 만들어 본다. • 학습 관련 정보를 소개한다.	

<table>
<tr><th colspan="3">3회기 〈놀이하는 아빠 – ‘놀아주는’ 아닌 ‘같이 노는’〉</th></tr>
<tr><td>주제</td><td colspan="2">• 놀이하는 아빠 - 아빠의 놀이 지원</td></tr>
<tr><td>목표</td><td colspan="2">1. 아빠 놀이의 의미를 이해한다.
2. 아빠 놀이의 필요성을 인식한다.
3. 자녀의 발달단계 특성과 발달단계별 놀이 특성을 파악한다.
4. 아빠 놀이 실습을 통해 직접 아빠 놀이를 체험한다.</td></tr>
<tr><th>단계</th><th>활동 내용</th><th>자료</th></tr>
<tr><td>도입</td><td>• 아빠 놀이의 다양한 사례 동영상을 보고 아빠 놀이 배틀로 시작한다.
– 아빠 놀이 배틀 활동을 통해 자연스럽게 강의에 참여하도록 만들기
• 아빠 놀이 배틀
① 자녀 연령대가 비슷한 아빠로 3~5명 정도 그룹 만들기
② 그룹 내 자기소개, 자녀와의 놀이 경험, 놀이시간, 내 자녀가 좋아하는 놀이, 주로 하는 놀이, 놀이할 때 어려움 이야기하기
③ 성공 사례, 실패 사례를 바탕으로 그룹별 새로운 아빠 놀이 1가지 만들기
④ 그룹별 활동지에 아빠 놀이 준비물, 놀이방법, 시간, 장소, 효과 등을 구체적으로 기록
⑤ 그룹별 나와서 발표 후, 투표를 통해 최고의 아빠 놀이를 선정
⑥ 아빠 놀이를 개발하고 난 후 느낌을 간단히 나누기</td><td rowspan="3">PPT,
동영상,
활동지,
신문지</td></tr>
<tr><td rowspan="2">전개</td><td>• 아빠 놀이의 의미를 살펴본다.
– 아빠 놀이를 통해 아버지의 사랑을 전달하고, 존재감을 확인하며, 가족이 행복감을 느낄 수 있다는 것을 이해하도록 한다.
– 아이들에게 놀이는 표현, 성장, 교육의 기회라는 점에서 아빠 놀이의 의미를 확인한다.</td></tr>
<tr><td>• 아빠 놀이의 효과를 통해 아빠 놀이의 필요성을 인식한다.
– 다양한 연구결과를 통해 아빠 놀이의 효과를 확인한다.
– 아빠 놀이의 영향을 정서, 자존감, 사회성, 지능 발달 차원에서 인식한다.
– 아빠 놀이와 엄마 놀이의 특성을 비교하면서 아빠 놀이의 필요성을 인식한다.
• 엄마 놀이 vs 아빠 놀이
– 엄마 놀이: 다양한 감정표현, 정적인 놀이, 역할 놀이, 내면이나 정서를 다룸, 책 읽기나 손 조작 놀이
– 아빠 놀이: 감정보다는 전략과 방법 제시, 경쟁과 게임(방법과 규칙), 신체놀이, 동적인 놀이, 외부/사회성/규범을 다룸
– 이분법적 형태가 아닌 일반적인 경향성 차원에서 소개하여 자녀의 균형적인 발달과 양성성 형성이 필요하다는 점을 강조</td></tr>
</table>

<table>
<tr>
<td>전개</td>
<td>

• 자녀의 발달 단계별 특성과 아빠 놀이 사례를 살펴본다.
 – 시기와 키워드를 중심으로 자녀의 발달 단계별 특성을 이해한다.
 – 발달 단계별 놀이 특성과 사례를 알아본다.

<table>
<tr><th>구분</th><th>영아기
(0~2세)</th><th>유아기
(2~6세)</th><th>아동기
(6~12세)</th><th>청소년기
(12~19세)</th></tr>
<tr><td>신체
발달</td><td>급격한
신체성장</td><td>소근육 발달과
협응, 자조
기능 향상</td><td>운동 능력
정교화</td><td>2차 성징 발달</td></tr>
<tr><td>지적
발달</td><td>대상영속성</td><td>상징적 사고</td><td>논리적 사고
(유목화,
서열화, 보존
개념 획득)</td><td>추상적 사고</td></tr>
<tr><td>사회
정서
발달</td><td>애착 형성,
자율성</td><td>자아개념,
자존감</td><td>탈중심화,
근면성</td><td>자아정체감,
집단정체감</td></tr>
<tr><td>놀이
사례</td><td>오감놀이,
까꿍놀이,
책 읽어주기,
스킨십 놀이</td><td>그네, 목마,
블록 놀이,
그림 그리기,
상징 놀이,
종이 접기,
퍼즐 놀이</td><td>다양한
운동 놀이,
보드게임,
카드게임,
협동 놀이</td><td>–</td></tr>
</table>

</td>
<td rowspan="3">PPT,
동영상,
활동지,
신문지</td>
</tr>
<tr>
<td>적용
및
응용</td>
<td>

• 주변에서 손쉽게 구할 수 있는 도구로 아빠 놀이를 실습해 본다.
 – 신문지와 같이 손쉽게 구할 수 있는 도구를 활용하여 다양한 놀이를 개발해 본다.
 – 자녀의 발달 단계를 고려한 놀이를 개발하여 실습해 보고 소감을 나눈다.
• 신문지 놀이
 – 영아기 자녀: 신문지 땅에 서기, 찢기, 눈뿌리기, 신문지 공놀이
 – 유아기 자녀: 신문지 야구, 신문지 전화 놀이, 신문지 종이접기
 – 아동기 자녀: 신문지 농구, 신문지 글자 오리기 게임

</td>
</tr>
<tr>
<td>마무리</td>
<td>

• 아빠 놀이의 의미를 되새기며 마무리한다.
 – 놀이를 통해 표현하는 아빠의 사랑, 존재, 행복을 확인한다.
• 학습 관련 정보를 소개한다.

</td>
</tr>
</table>

<table>
<tr><th colspan="3">4회기 〈통(通)하는 아빠 – '통제' 아닌 '공감'〉</th></tr>
<tr><td>주제</td><td colspan="2">• 존중하고 공감하는 아빠의 소통</td></tr>
<tr><td>목표</td><td colspan="2">1. 가족 의사소통의 어려움을 이해한다.
2. 감정을 공유(공감)하는 방법을 안다.
3. 비언어적 의사소통을 다양하게 경험한다.
4. 내가 느끼는 감정과 경험을 표현한다.
5. 가족들과 소통하기 위한 구체적인 방법을 계획하고 실천한다.</td></tr>
<tr><th>단계</th><th>활동 내용</th><th>자료</th></tr>
<tr><td>도입</td><td>• 가족 의사소통의 어려움을 탐색하고 아버지로서 가족들과 나누는 대화에 대해 생각해 보고 언어적 · 비언어적 반응을 점검한다.</td><td rowspan="9">PPT,
동영상,
활동지,
A4용지</td></tr>
<tr><td rowspan="4">전개</td><td>• 가족 간 의사소통의 어려움과 소통법을 알아본다.
– 아내와 자녀에게 가장 많이 하는 말과 가장 많이 듣는 말 적어보기
– 보고적 말하기(report talk)와 관계적 말하기(rapport talk)</td></tr>
<tr><td>• 가족들이 나에게 원했던 것들을 생각해 보고 감정을 공유(공감)하는 연습을 한다.
– 퇴근 후 가족들로부터 듣고 싶었던 말과 반응, 자녀가 힘든 상황일 때 듣고 싶었던 말과 반응을 구체적으로 시연해 보고 감정을 공유(공감)하는 경험을 해본다.</td></tr>
<tr><td>• 소통능력 향상을 위해 몸이 전하는 메시지, 즉 비언어적 의사소통을 다양하게 경험하고, 비언어적 표현의 중요성을 이해한다.
– 비언어적 의사소통으로 몸짓(제스처), 목소리, 거리, 눈맞춤을 살펴본다.</td></tr>
<tr><td>• 아버지가 느끼는 감정과 경험을 표현하는 나–전달법을 연습한다.
– 내가 상대의 행동으로 어떤 영향을 받게 되었는지, 생각이나 느낌을 표현한다.
– You–메시지를 I–메시지로 바꿔 말하기</td></tr>
<tr><td>적용
및
응용</td><td>• 자녀의 성장을 촉진하고 긍정적인 영향력을 미치기 위해 효과적으로 소통하는 방법 'SNS 소통'을 제안한다.
– Share(감정 공유): 상대방이 어떤 감정을 느끼는지 헤아려 보고 그 마음을 읽어 본다.
– Non verbal(비언어 표현): 나의 비언어 표현(몸짓, 목소리, 거리, 눈맞춤 등)을 점검한다.
– Say(말하기): 상대의 행동으로 어떠한 영향, 생각, 느낌을 가지고 있는지 표현해 본다.</td></tr>
<tr><td>마무리</td><td>• 가족들과 소통하기 위한 구체적인 방법들을 계획해 본다.
• 학습 관련 정보를 소개한다.</td></tr>
</table>

5회기 〈키(Key)우는 아빠 – '지식' 아닌 '태도'〉		
주제	• 마음 근력을 키우는 아빠	
목표	1. 자녀교육에 대한 아버지의 책임과 역할을 안다. 2. 마음 근력에 대해 이해한다. 3. 마음 근력을 어떻게 키워줄 것인지 안다. 4. 더불어 살아가기 위한 아버지의 역할에 대해 이해한다.	
단계	**활동 내용**	**자료**
도입	• 아빠의 치열한 삶을 돌아보고 험한 세상에서 내 아이가 강하고 성공적으로 살아가기 위해 아빠로서 해야 할 역할에 대해 생각해 본다.	PPT, 동영상, 활동지, A4용지
전개	• 자신에게 가치 있고 의미 있는 일을 시작하는 힘에 대해 이해한다. – 아이의 자율성을 존중해 주었을 때 스스로 더 나은 결과를 만들어 내는 사례를 보여준다.	
	• 선택한 일을 어려움이 있어도 포기하지 않고 끝까지 지속하는 힘을 연습한다. – 끈기 있는 사람은 어려움 속에서도 강한 집중력과 의지력을 발휘한다. – 긍정성은 집중력과 의지력이 바탕이 되는데 자신의 강점을 긍정적으로 바라보는 태도를 말한다. – 마음 근력을 키우기 위해 노력, 태도, 과정, 진정성 등을 구체적으로 칭찬하는 방법을 시연한다.	
	• 내가 하는 일이 나와 타인 모두에게 유익이 될 수 있도록 함께하는 힘을 키운다. – 나에서 우리 그리고 더 큰 공동체로 생각의 폭을 넓혀 더불어 살아가는 모습을 실천한다.	
적용 및 응용	• 마음 근력의 3가지 요소 – 시작하는 힘(자기동기력), 지속하는 힘(자기조절력), 함께하는 힘(대인관계능력) • 아빠가 자녀에게 마음 근력을 키워주기 위한 방법을 확인한다. – 시작하는 힘은 자율성을 통해 발휘되며 자녀에게 선택의 기회를 제공하는 것임을 확인한다. – 지속하는 힘은 긍정성에서 유지되며 부모의 효과적인 칭찬을 통해 강화됨을 확인한다. – 함께하는 힘은 상대방의 입장을 이해하는 대인관계능력으로 아빠의 솔선수범이 필요함을 확인한다.	
	• 자녀의 마음 근력을 키우는 아빠의 실천 방법에 대해 생각해 본다. – 3의 법칙(3명이면 상황을 변화시킬 수 있는 힘이 생긴다)을 통해 공동체를 위해 나부터 변화하는 계기를 만든다.	
마무리	• 5회기 전체를 갈무리한다. – 시작하는 힘, 지속하는 힘, 함께하는 힘을 자녀에게 키워줄 수 있는 방법을 재확인한다. • 학습 관련 정보를 소개한다.	

6. 평가

• 본 프로그램을 통해

- 부모 스스로 진단 가능한 척도를 활용하여 부모의 지식, 태도 및 행동의 변화를 측정하고 부모 스스로가 부모 역할에 대한 성찰과 성장을 가능하게 할 수 있음

(5) 가족관계 증진 지원 프로그램 ①

사례 가-5

꿈동이 가족 통합프로그램,
3대 다문화가족이 함께 하는 <다좋아>
(서울 강북구가족센터)

출처: 서울시가족센터(2023). 2023 서울가족사업 공모전 우수사례집.

1. 추진 배경

- 다문화가족의 민주적이고 양성평등한 가족관계를 도모하고, 가구 구성이 다양화되고 장기거주자가 증가하면서 다문화가족을 위한 중장기적 맞춤형 서비스가 필요
- 2011년부터 다문화가족 자녀 초등학교 입학 준비 교육 프로그램을 시작하며 2023년 가족통합 프로그램까지 확대 발전
- 강북구 다문화가정 내 초등학생이 71.2% 차지, 다문화가정의 시부모 동거율 48.1%, 시가의 양육 도움이 약 40%, 가족구성원 전체가 조화로운 가족 체계 형성이 필요

2. 목적 및 목표

- 목적
  - 다문화가족의 부모 갈등 완화
  - 소통을 통한 부모체계 재정립
  - 가족 간 갈등, 스트레스 완화
  - 건강한 가족관계 형성
- 목표
  - 개인 스트레스 지표 3% 감소
  - 부모 대상 부부적응척도 3% 향상
  - 조부모 대상 노인생활만족도 3% 향상

3. 대상

- 강북구 거주 초등학생 자녀를 함께 양육하는 다문화 3대 가족 6가족

4. 추진 방법

- 환경 속 보호자(부모, 조부모)의 관계 증진을 도모하기 위한 자녀, 부부, 조부모 대상 개별 맞춤 프로그램을 추진하여 모든 가족체계를 아우르는 통합 프로그램 운영
- 매월 과정평가, 내부 평가회의를 통해 프로그램 효과 증진

5. 세부 내용

회기	내용	참여 대상
1회기	OT 및 체험활동	3대 가족
2회기	집단상담 - 스트레스 파악 및 해소	부부
3회기	나들이 체험활동	자녀
4회기	집단상담 - 스트레스 파악 및 해소	조부모
5~12회기	통합힐링캠프	3대 가족
13~28회기	가족별 맞춤형 가족코칭	3대 가족
29~30회기	체험활동 및 종결	3대 가족

6. 평가

- 조부모: 노인생활만족도 점수 5명 중 3명 상승, 자녀에 대한 이해 증가
- 부부: 부부적응척도 점수 5쌍 중 4쌍 상승, 자녀 양육에 대한 관심 증가
- 자녀: 자립적 행동 강화, 부모의 일치로 환경 안정화, 다자녀 간 협동 향상, 개별 진로진학 코칭, 또래와의 어울림과 의사소통의 변화 등 자녀 개개인의 긍정적 변화
- 가족: 가족 전체의 신뢰도 상승, 자녀 속도에 맞춘 부모 역할 정립, 부부 대화와 이해도 증가, 갈등 완화를 위한 가정환경(외조모 분리) 개선, 조부모의 자기돌봄 자조모임 활성화로 손자녀 돌봄 스트레스 완화, 자녀의 사춘기 대비 가정환경 개선 등 가족별 긍정적 변화 및 환경 개선

(6) 가족관계 증진 지원 ②

사례 가-6 코로나19 시기의 소상공인 가족관계 지원 프로그램 (서울 도봉구가족센터)

출처: 강진아, 전현정, 장유경(2022). 코로나19 시기의 소상공인 가족관계 지원 프로그램 개발 및 적용: 도봉구가족센터를 중심으로. 한국가족정책학회, 2(1), 25-42.

1. 추진 배경

- 중소기업중앙회(2020)의 코로나 19로 인한 소상공인의 일과 삶 변화 조사 보고서에 의하면, 매출액이 적은 소상공인일수록 일에서 받는 스트레스를 가족들에게 푸는 경우가 더 많다고 보고됨. 가족이 함께 사업체를 운영하는 소상공인들이 일이라는 공적인 역할과 가족관계라는 사적인 역할이 중첩된 공간에서 스트레스와 짜증을 가족에게 투사하지 않고 서로 건강하게 소통하여 연대할 수 있는 예방적 차원의 가족관계 지원방안을 기획
- 도봉구는 상대적으로 대규모 생산시설이나 큰 기업보다 소규모 영세 사업장이나 전통시장이 더 발달된 지역으로, 생업으로 센터 방문 기회가 적고 코로나19로 인한 사회적 변화에서 고립감을 느끼지 않도록 사각지대를 찾아가는 대안을 모색
- 코로나19의 시기에 단지 경제적 손실을 보상하는 지원에만 집중되었던 관심을 넘어 소상공인 가족관계를 지원하며 예방적 기능을 가족센터의 실천적 역할로써 수행

2. 목적 및 목표

- 목적: 10회기 이상 참여한 소상공인 가족들의 가족관계 위기징후 수준 및 스트레스 수준 감소

• 목표

- 가족들의 심리지원 프로그램으로 소상공인 개인의 스트레스를 객관적으로 측정하고 가족 간 의사소통을 점검
- 가족문화지원 프로그램으로 가족구성원별 퀴즈와 온 가족이 참여하는 미션 제공
- 지역사회와 연계하여 응원하는 가족 일상지원 프로그램 실시

3. 대상

• 소상공인(고용인 없이 가족들이 운영하는 영세 상공업체) 10가족

4. 추진 방법

• (사)도봉구소상공인회와의 업무협력

• 위기로 인한 스트레스 상황에 놓여 있으나 센터를 방문할 수 없는 대상으로써 사각지대 발굴, 찾아가는 서비스 지원

5. 세부 내용

구분	추진 내용 및 방법
사전검사	• 가족관계 위기징후척도 – 비대면, 구글폼 회수
가족 심리 지원 프로그램 '마음을 살펴 봄'	• 스트레스 점검 – 소상공인 휴식권 보장을 위해 사전에 약속된 시간에 방문 진행 – 스트레스 측정기 활용한 스트레스 상태(초기, 일시적, 약화된, 만성 등) 및 심혈관 건강상태 정보 제공, 실내 스트레칭 키트 배부 및 활용 유도 • 의사소통 유형 점검 – Satir 의사소통 유형 질문지 활용 – 의사소통 검사에 관한 일반화 방지를 위해 가족상담전문가를 활용하여 대면(방문) 실시 – 의사소통 검사 결과가 가족구성원을 평가하는 도구로 오해되지 않기 위해 가족상담전문가의 별도 피드백 문서 제공

가족 문화 지원 프로그램 '가족과 마주 봄'	• 가족구성원별 유퀴즈온더도봉 – TV프로그램 '유퀴즈온더블럭'을 모방하여 '나만의 스트레스 해소법'의 나눔 활동과 선물 증정 – 다회기 참여가 부담스러운 지역 소상공인의 일시적 스트레스 해소 경험을 제공하기 위해 5군데 각 1회 진행, 총 78개 업체 지원 • 가족 단위별 온가족 미션 프로그램 – 일터라는 공적 공간에서 가족의 심리적 공간의 역할을 확대하기 위해 가족 문화 경험의 기회를 마련 – 소통 미션: 가족과 눈맞춤, 칭찬하기 등 미션 수행 – 가족 밸런싱 게임: 가족구성원 취향 알기 – 만들기 활동: 가족구성원 서로에게 선물하기 – 마무리 활동: 가족이 함께 우리가게 간판 만들기, 가족사진 퍼즐 맞추기
가족 일상 지원 프로그램 '이웃과 함께 봄'	• 가족봉사단의 소상공인 응원 활동 – 센터 내 소속된 가족봉사단이 방역 물품과 소독 지원, 소상공인 요구를 반영한 가게 주변 환경 미화 활동 – 소상공인에게 이웃들로부터 공감과 지지의 경험을 제공 – 봉사단, 소상공인 모두 공동체 의식을 경험

6. 평가

- 심리, 문화, 일상 등 맞춤형 방문 가족지원서비스 제공
- 가족관계위기징후 척도를 활용한 사전 · 사후검사 결과, 방어적으로 응답하는 경향을 보인 사전검사 대비 프로그램 참여를 통해 가족 간 의사소통 기회가 증가하며 사후검사에서는 솔직하게 보고하는 현상이 나타나 양적 통계에서 파악할 수 없는 가족관계에 대한 어려움을 발견
- 일터와 가정생활이 중첩된 일상을 스스로 인식하는 환기적 이해를 통해 가족 내 부정적인 영향을 미칠 수 있는 불편한 감정들에 대한 가족들의 이해와 건강한 소통 증진을 도움으로써 위기 발생 이전에 예방적 접근이 가능

2. 자기돌봄 및 역량 강화 프로그램

1) 기능 및 요소

자기돌봄(Self-care)은 다양한 측면에서 스스로 돌보고 가꾸는 생각과 활동 전반을 의미한다. 버틀러 등(Butler et al., 2019)은 신체적, 심리적, 정서적, 영적, 관계적, 직무적 돌봄의 6가지로 자기돌봄을 세분화하고 상호 밀접하게 연결되어 있다고 보았다. 신체적 자기돌봄으로는 충분한 수면, 영양, 운동, 건강관리가 있고, 심리적 자기돌봄으로는 자기 경험 축적을 위한 습관, 지적 욕구를 충족하고 만족하는 행동, 욕구를 이해하고 주의를 기울이는 성찰을 포함한다. 정서적 자기돌봄으로는 긍정적 경험을 갖고 부정적 경험을 방지하기 위한 행동이며, 영적인 자기돌봄은 자기 삶과 세상을 바라보는 관점과 의미 부여, 그것에 도움이 되는 행동을 자각하는 것이고, 관계적 자기돌봄은 타인, 특히 가족이나 친구 등 의미 있는 타인과의 상호작용, 지지적 관계를 유지하고 강화하는 것, 마지막으로 직무적 자기돌봄은 소진을 예방하고 스트레스 유발 요인을 관리하여 스트레스를 완화하고 직무적 성과와 성취감을 획득하는 것이다(Butler, Mercer, McClain-Meeder, Horne, & Dudley, 2019; 백승률, 2024). 자기 자체를 건강한 신체와 마음으로 가꾸는 것뿐만 아니라 주변의 환경을 스스로 조율하며 삶의 균형을 유지하기 위해 노력하는 것이 자기돌봄의 핵심이기도 하다(Pope, Vasquez, 2005; Williams, 2010; 안복희, 2023). 즉, 자기돌봄이란 자기 자신에게 집중하여 내·외부적으로 자기를 알아차리고 필요한 것을 찾아내고 그것을 챙기기 위해 행동할 수 있는 실천력까지 포괄하는 것이다.

자기돌봄은 상담사나 치료자 등 소진과 대리 외상의 위험에 처한 전문가를 돕기 위해 많이 활용되었는데, 최근 요양기관 등 노인을 돌보는 직무 종사자, 장기간 환자를 돌보는 가족 등이 사회적 이슈로 떠올라 그들을 위한 정서 회복 프로그램으로도 많이 만나볼 수 있다. 또한 현대사회에서 수명 연장에 따른 건강한 인생과 노후의 관점으로 활발히 공유되는 '웰니스(Wellness)[4]'의 삶을 위해서도 자기돌봄은 매우 중요한 화두이다.

이처럼 자기돌봄의 개념은 다양한 대상에게 적용할 수 있겠지만 가족센터에서는 노년기의 건강한 삶, (조)부모와 같은 양육자의 스트레스 완화, 갈등을 겪는 부부나 성인 집단상담 등에서 치유의 의미로 자기돌봄 개념을 적용하고, 특히 최근 핵가족화를 넘어 1인 가구의 가파른 증가세에 따라 그들의 일상적 자기돌봄에 많이 주목하고 있다.

우리나라 전체 인구 대비 1인 가구는 2000년 15.5%에서 2020년 31.7%로 2배 이상 뛰어올랐으며, 2022년 34.5%, 2023년 35.5%로 지속적인 증가세를 보이고 있다(통계청 인구총조사). 또한 통계청에서 발표한 '2023 통계로 보는 1인 가구'에 따르면, 2022년 1인 가구 10가구 중 4가구는 서울과 경기도에 거주하는 것으로 나타났고, 29세 이하가 19.2%로 가장 많고, 70세 이상이 18.6%로 다음을 차지하였다. 1인 가구의 증가 속도가 매우 가파르고 연령별 · 세대별 욕구가 다양해지고 있으며, 특히 사회적 고립 · 고독사 문제와 맞물려 1인 가구 내에서도 복지 사각지대가 발생하면서 1인 가구 지원센터 확대 설치 및 서비스 지원, 5060세대 1인 가구 실태조사 추진 등 범정부적으로 대응하고 있는 현실에서 이들에게 자기돌봄은 더욱 중요한 의미가 있다.

사회복지 분야에서 '역량 강화(Empowerment)'는 대상자가 이미 갖고 있는

---

4) 웰니스(Wellness): Well-being(웰빙)과 Happiness(행복), Fitness(건강)의 합성어로 신체와 정신은 물론 사회적으로 건강한 상태를 말함(네이버 지식백과).

강점을 기반으로 능동적인 성장을 이끌어내기 위한 핵심 키워드다. 자기가 처한 환경적 어려움이 있는 가운데에서도 자신이 가진 힘과 강점을 발견하고 또 다른 가능성과 역량을 활용할 수 있도록 동기부여하는 과정이라고도 할 수 있다. 가족생활교육 현장에서도 주체성을 가진 대상자의 역량 강화는 주요한 목적 중 하나일 것이다. 단순 지식이나 기술을 전수하는 대상으로서 참여자를 바라보지 않고 그들이 자신의 강점과 개발해야 할 점 모두를 발견할 수 있도록 마땅히 도와야 한다.

한 사례로, 가족센터의 '다문화가족 자녀 성장지원사업'은 다문화청소년[5]의 잠재적 역량을 키우기 위한 프로그램으로 개발되어 있다. 다문화, 이주 배경에 따른 어려움을 지닌 다문화아동·청소년이 아직은 스스로 발견할 수 없거나 미처 깨닫지 못한 자신의 재능과 역량을 찾아나가고 능동적으로 미래를 설계하여, 향후 개인적 성취는 물론 사회적인 인재로 성장하고 안정적으로 정착하여 삶을 살아갈 수 있도록 인간의 생애 초기부터 동기를 부여하고 지원하며 사회적 문제를 예방하는 사업으로써 그 의미가 있다. 특히, 다문화가정 자녀가 학령기-청소년기-성인기로 이행해 갈수록 부모는 자녀의 학업이나 진로에 대한 전문성과 정보 부족으로 어려움을 겪으면서도, 취업 및 경제활동을 위해 사회 진입을 시도하는 경향이 커, 가족센터는 다문화가정 부모와 다문화청소년의 성장을 지원하는 사회적 역할로써 초기 한국어 교육, 정보 제공의 수준보다 더욱 광범위하고 고차원적으로 대응할 필요가 있다.

실제로 한국청소년정책연구원의 2023 다문화청소년 종단연구 총괄보고서

5) 다문화청소년이란 체류자격 또는 국적에 관계없이 청소년 자신이나 부모가 외국에서 국내로 이주를 경험한 만 9세부터 24세까지의 사람을 의미하며, ① 국내 출생 국제결혼가정 자녀, ② 국내 출생 외국인가정 자녀, ③ 국외 출생 국제결혼가정 자녀, ④ 국외 출생 외국인가정 자녀로 유형화할 수 있다(양계민 외, 2020; 한국청소년정책연구원, 2023).

에 따르면, 이미 다문화 사회로 진입한 우리나라는 2021년 11월 기준 외국인 주민 수가 약 213만 명으로 국내 주민등록인구의 4.1%에 해당한다. 국내 출생 외국인 주민 자녀 수는 약 274천 명으로 점차 증가세를 보이고 있다. 국내에 거주하는 다문화청소년은 국내 출생 국제결혼가정의 자녀가 주를 이루었던 것에서 근래 중도입국청소년, 외국인가정 자녀의 수가 지속적으로 증가하며 다문화청소년의 양상이 매우 폭넓어지고 있는 추세이다. 또한, 다문화청소년의 연령 분포대가 과거 미취학에서 초등학생 저학년이 주를 이루었다면, 2021년 이후에는 초등학생 이상 연령이 60.4%로 학령기 외국인주민 자녀(국내 출생, 귀화 및 외국국적 자녀 포함)가 증가하였다. 초·중등 전환기 다문화청소년의 비중이 늘고 그들의 학교생활이나 심리·사회적 적응, 진로탐색 및 미래설계 등에 대한 이해와 지원이 매우 중요해졌다는 것을 알 수 있다.

이처럼 자기돌봄 및 역량 강화가 필요한 대상자를 발견하고 그들의 욕구에 보다 깊이 있게 주목하며 이들을 위한 프로그램에서 종합적으로 반영되어야 할 핵심적 요소는 다음과 같다.

첫째, 자기 자신과 욕구를 알아차리고 바라보는 과정과 능동적인 실천이 그 무엇보다 중요하고 우선시되어야 함을 인지할 수 있어야 한다. 둘째, 강점 발견, 소진 예방, 스트레스 완화할 수 있는 과정이어야 한다. 셋째, 다양한 경험과 치유로 성장하는 자신을 발견할 수 있어야 한다. 넷째, 적응과 자립을 위한 동기부여가 스스로 가능할 수 있도록 배움을 얻어야 한다.

2) 사례

(1) 1인 가구 지원 프로그램

사례 나-1

1인 가구 심리 방역 프로젝트 <동일이를 부탁해>
(서울 동대문구가족센터 내 1인 가구지원센터)

출처: 한국가족정책학회 외(2021). 2021 한국가족정책학회 추계학술대회 및 가족사업 세미나: K-Family, 변화와 정책의 확장.
데일리팝(2021). ttps://www.dailypop.kr/news/articleView.html?idxno=50995

1. 추진 배경

- 2020년 기준, 서울 동대문구 내 1인 가구는 60,925가구로 전년도 대비 4.8% 증가, 전체 인구 대비 40.5%를 차지함
- 동대문구 1인 가구를 상징하는 명칭으로 '동일이'를 사용하여 대상자를 브랜딩하고 상호 간 소속감과 결속력을 강화하여 관련 사업을 기획함

2. 목적 및 목표

- 1인 가구 연령별 · 특성별 관계망 형성 지원으로 지지체계 강화
  - 고독 · 외로움 해소, 세대 갈등 완화, 고용 중단 극복 및 연대 강화
- 관계망 구축을 통한 1인 가구 식생활 문제 개선
  - 건강한 식사문화 형성, 1인 가구의 식생활 역량 증진
- 고용중단 여성 1인 가구의 긍정적 자기인식과 심리 회복
  - 강점 강화로 자존감 향상, 재취업 의지 회복
- 1인 가구 대상자 발굴 및 특성별 맞춤형 서비스 제공
  - 동대문구 특화사업 운영, 1인 가구 복지 증진, 복지 사각지대 해소에 일조

3. 대상

- 동대문구 거주 1인 가구(2021년 회원 270명)

4. 추진 방법

- 목적(식생활 개선, 심리회복, 소통나눔)에 맞는 3개 프로그램 운영
- 1인 가구 맞춤형 복지서비스 운영, 복지 사각지대에 놓인 1인 가구 발굴

5. 세부 내용

1) 1인 가구 다 함께 따뜻한 밥 한끼 '따밥따밥'

참여 대상	• 동대문구 생활권 1인 가구
주요 내용	• 건강한 식생활 문화 형성과 소통 기회를 제공하는 소셜 다이닝 운영 및 여가·문화 서비스 제공
참여 실적	• 7건 7회 71명 참여, 목표 대비 101% 달성 • 이용자 만족도 4.7점(5점 만점)
질적 성과	• 건강한 식생활에 대한 관심과 중요성 환기 • 세대를 아우르는 지속가능한 네트워킹 형성 지원 • 중장년 대상 비대면 플랫폼 사전교육 실시를 통해 중장년 참여 활성화 등
자원 연계	• 관내 사회적 경제기업과 네트워크 형성 • 네트워크를 기반으로 강사 섭외, 자원연계 등 효율성 극대화
사후 관리	• 사업기획, 중간점검, 결과 평가 시 환류 반영 • 공모사업 신청을 통한 자원 마련 (2021 양성평등기금지원사업 '동일이의 나로서기')

2) 고용중단 여성 1인 가구 심리 회복 프로젝트 동일이의 '나로서기'

참여 대상	• 6개월 이내 고용중단을 경험한 동대문구 생활권 1인 가구 20명
주요 내용	• 고용중단 여성 1인 가구의 자신감 및 자존감 회복을 위한 긍정적 자기 인식 · 회복 프로젝트 – 1회기: 성격 · 기질검사를 통해 나에 대해 알아보기 – 2회기: 나의 소중한 강점 찾아보기 – 3회기: 무드등과 함께하는 나와 너의 소통시간 – 4회기: 감정카드를 활용한 특별한 고민 상담소 – 5회기: 마음에 와 닿는 문장 필사 및 나누기 – 6회기: 나만의 에세이 써보기 – 7회기: 아름다운 나만의 컬러 찾기 – 8회기: 나만의 컬러가 담긴 작품 만들기(수료식)
참여 실적	• 8건 8회 120명, 목표 대비 100% 달성 • 이용자 만족도 4.7점(5점 만점)
질적 성과	• 긍정적 자기 인식, 자존감 회복에 방점을 둔 다회기 프로그램 제공을 통해 고용중단 극복 연대감 강화 및 재취업 의지 회복
자원 연계	• 사각지대에 놓인 여성 1인 가구를 발굴하여 복지 증진 및 동대문구만의 특화 사업 운영
사후 관리	• 사업기획, 중간점검, 결과 평가 시 환류 반영 • 2022년 양성평등기금지원 공모사업 참여로 프로그램의 연속성 확보 • 동대문여성인력개발센터 협업

3) 전통시장 나들이 및 재료 품앗이 '나눔의 미덕'

주요 내용	• 이웃과 함께 관내 전통시장 투어, 소통 교육과 함께 구매한 식재료를 나눔하는 프로그램 – 소통) 참여자 간 아이스 브레이킹 – 활동) 관내 전통시장 방문, 함께 장보기 – 체험) 과일청 만들기, 샐러드 만들기 등
참여 실적	• 5건 5회 50명, 목표 대비 100% 달성 • 이용자 만족도 4.98점(5점 만점)
질적 성과	• 전통시장이 발달한 동대문구 특성 반영하여 신선한 재료를 합리적인 가격으로 구매하여 1인 가구끼리 소분 나눔 • 1인 가구 각자의 택배 등 포장재 사용을 줄여 환경보호 실천 • 전통시장 상품권을 활용한 지역경제 활성화에 일조

자원 연계	• 관내 전통시장, 요리연구소 등 사전 방문하여 운영 협조 요청 • 센터 내 활동 재료와 강사 자원, 유관기관 장소 지원 등 연계 노력
사후 관리	• 사업기획, 중간점검, 결과 평가 시 환류 반영 • 2021년 1인 가구지원사업 내 예산 추가 편성 • 센터 내 사회적 관계망 지원사업 참여 독려

6. 평가

- 동대문구 내 1인 가구 현황에 따른 맞춤형 프로그램 지원
  - 동대문구 지역 인구 분석 실시
  - 1인 가구 맞춤형 복지서비스 구현
  - 관내 유관기관 네트워크 활용
- 코로나19 장기화로 인한 신체적 · 심리적 어려움 해소 도모
  - 복지 사각지대 1인 가구 발굴
  - 지역사회와의 단절 예방
  - 심리적 · 신체적 · 정서적 건강 증진
- 다양한 컨텐츠로 구성되어 유연하게 적용 및 표준화 가능
  - 동적 · 정적 활동 균형을 고려한 기획 구조
  - 3가지 세부 사업을 개별 또는 통합 운영의 형태로 유연하게 적용 가능
- 인적 · 물적 자원의 확보로 운영 효율 극대화
  - 외부사업 공모를 통해 예산 확보
  - 네트워크망 활용으로 홍보 효과 극대화
  - 적절한 자원 연계로 효율적 사후 관리

(2) 다문화가족 자녀 지원 프로그램

사례 나-2

다문화가족 자녀 지원 - 다(多)재다능 프로그램
(한국건강가정진흥원 개발 매뉴얼)

출처: 한국건강가정진흥원(2016). 「다문화가족 자녀성장지원사업」 사업안내 및 직무교육: 다문화가족 자녀성장지원사업 프로그램 매뉴얼.

1. 추진 배경

- 다문화가족 자녀의 건강한 성장을 위한 여성가족부의 추진 정책에 따라 다문화가족 자녀 지원 - 다(多)재다능 프로그램이 '부모-자녀 관계 향상', '사회성 발달', '미래설계', '심리 및 정서치료'의 4가지 차원으로 기획되었음
- 국내 출생 다문화가족 자녀뿐만 아니라 중도입국 등 외국 성장 다문화가족 자녀까지 포괄하여 부모, 특히 한국에서의 성장배경을 갖고 있지 않은 이주민 부 또는 모와 함께 참여할 수 있고 또래 관계인 비(非)다문화 청소년과도 어울릴 수 있는 요소를 담고 있음
- 또한 본 프로그램을 통해 다문화가족 자녀가 출신국이 다른 부모의 문화를 이어주는 다리 역할을 할 수 있는 자녀로 성장하길 기대하는 관점에서 개발됨

2. 목적

- 아동청소년기 다문화 부모-자녀의 상호이해와 관계 향상을 기초로, 가족의 갈등을 예방하고 건강한 성장, 발달을 지원
- 다문화가족 자녀의 또래 및 대인관계 기술 향상과 사회적응력을 높임으로써 건강한 사회구성원으로 성장을 지원
- 다문화가족 자녀의 학습 능력 향상을 통한 진학과 진로를 돕고, 장기적인 미래설계를 구체화할 수 있도록 지원

3. 대상

- 국내 출생 다문화가족 자녀, 중도입국 자녀 등

4. 추진 방법

- 운영 체계

사례(대상자) 발굴

↓

다(多)재다능 프로그램

상담심리치료	프로그램		
	부모–자녀 관계 향상	사회성 발달	미래설계
청소년상담, 부모/가족상담, 위기사례 기관연계	친밀감 향상, 의사소통 개선, 가족 강점 발굴 관련	자아정체감, 또래관계, 이성관계, 공동체, 봉사와 나눔	학습동기, 흥미와 적성, 진로선택, 직업영역과 미래설계

5. 세부 내용

- 전체 회기 구성

회기	프로그램		
	부모–자녀 관계 향상	사회성 발달	미래설계
1	• 우리, 가족입니다! – 별칭 짓기를 통한 가족 소개 – 가족구성원의 친밀감 향상 및 집단원 상호 간 신뢰 형성 – 디문화가족인 우리 가족의 특징 알아가기	• 나의 아이디 찾기! (ID, Identity) – 자기 이해를 통한 자아 존중감과 정체성 확립 – 생태체계이론을 바탕으로 사회관계망 탐색 – 자신의 위치 및 역할 점검 – 아동기와 성인기의 달라지는 권리와 의무 교육	• 나! 이런 사람이야 – 학습동기를 탐색하고 희망 직업을 찾기 – 희망 직업을 위한 현실 조건 탐색과 동기 강화

2	• 우리 가족 탐구생활 – 가족 발달주기와 발달 과업 및 아동 · 청소년기 부모–자녀 관계 특성 이해하기 – 부모 양육태도 점검 및 부모 역할 강화하기 – 부모–자녀 상호 기대와 역할, 가치관 알아가기	• 클릭! 버디 접속 – 친구 관계 지도 작성을 통한 관계 패턴 탐색 – 공감과 경청 훈련을 통한 긍정적인 또래 관계 향상 – 자신의 감정과 생각을 정확하게 표현하기	• 신바람, 공부바람 – 나의 현재 학습스타일 점검하기 – 학습 코칭과 학습동기 부여 – 내가 할 수 있는, 갈 수 있는 학업의 길 탐색하기
3	• 다(多)통(通)가족 1 – 가족 놀이 가계도를 활용한 가족관계 탐색하기 – 의사소통 분석을 통한 대화의 걸림돌 제거하기 – 의사소통 유형과 기술 배우기	• 우리끼리, 또래끼리 1 – 독서치료를 활용한 또래관계 기술 익히기 – 또래와 원활한 의사소통을 위한 자기행동 파악하기 – 또래관계 개선을 위한 해결점 찾기	• 드림(Dream) 드려요 1 – 진로적성검사 및 관련 직업 이해 – 직업소양교육 및 취업기술 맛보기 프로그램 진행
4	• 다(多)통(通)가족 2 – 가족의 갈등 형태 및 대처방법 알기 – 새로운 해결 방식으로 대처하기 – 갈등 관리 기술을 통한 가족 건강성 향상하기	• 우리끼리, 또래끼리 2 – 영화를 활용한 또래 관계유지와 강화하기 – 또래 관계에서 자신의 감정과 반응 알아차리기 – 또래 관계 지지체계 굳히기	• 드림(Dream) 드려요 2 – 관심 있는 직업군에 종사하고 있는 선배와의 만남을 통한 직업체험 활동
5	• 우리 가족 설계도 – 명시적, 암묵적 가족 규칙 찾기 – 건강가족 10계명 만들기	• 알쏭? 달성(性) – 양성평등의식 고취 – 이성교제와 올바른 성 가치관을 확립 – 성에 대해 올바르게 이해하기(성교육, 성 소수자 이해 교육, 성폭력 예방 교육 등)	• 낭비 잡는 소비 습관 – 소비습관 점검을 통한 재무관리기술 학습

6	• 우리 가족 보물찾기 1, 나도 쿡(cook)가대표! – 요리 만들기를 통한 이주배경 부모 국가의 문화체험하기 – 한국문화와의 비교를 통한 문화의 다양성 수용하기 – 타 문화에 대한 존중감 높이기	• 어울통(어울림으로 통하기) – 동아리 활동 장려를 통한 어울림 문화 조성 – 취미, 특기 활동 장려를 통한 자존감 향상	• 미래로 가는 징검다리 – 자신이 생각하는 행복한 삶에 대한 설계 – 행복한 미래를 위해 극복해야 될 어려움 알기 – 현실과 미래를 연결하는 강점 찾기
7	• 우리 가족 보물찾기 2, 꼭꼭 숨었니? 찾았다! – 세계의 다문화가족 성공 사례 배우기(다문화가족, 이주민가족 성공기 활용) – 우리 가족 강점과 자원 파악하기	• 에코(Eco) 나눔 – '환경 및 지구 보호'와 관련한 봉사활동의 참여를 통한 사회 참여의식 고취	• 알파고 시대의 리더십 – 'SWOT 분석'을 통한 자기점검 – 미래설계를 위한 리더십 – 다문화가족 강점을 살릴 수 있는 미래직업군 탐색
8 외국 성장 자녀	• 찰칵찰칵! 행복 사진관 – 가족 역사책 만들기를 통한 우리 가족 알기 – 다문화가족의 강점과 어려움 파악하기 – 성공적 경험 나누기	• 문화 네비게이터 – 문화체험(전통과 현대의 소비, 교통, 가족 가치관 등)을 통한 한국 생활 익히기 – 한국의 청소년문화 이해하기(스마트폰, 연예계 문화 등) – 가족의 성장배경 속 고유 문화 함께 나누기	• 우리함께 톡(Talk) – 맞춤형 사회 진입 프로그램 설계(검정고시, 대안학교, 청년 창업, 사회적 기업 등) – 이주배경 청소년 성공 사례 특강

• 회기별 내용

부모-자녀 관계 향상 프로그램 〈Let's go '가족 보물섬'〉	
목적	• 아동 · 청소년기 다문화부모-자녀의 상호 이해와 관계 향상을 기초로, 가족의 갈등을 예방하고 건강한 성장, 발달을 지원한다.
목표	• 가족발달주기를 이해하고 발달적 과업을 안다. • 부모의 양육태도를 점검하고 청소년기 자녀의 특징을 이해한다. • 가족의 의사소통기술 향상을 통한 갈등 해결력을 높인다. • 개인과 가족의 강점과 자원을 발굴한다. • 가족구성원의 소속감과 친밀감을 향상시킨다.

1회기 - 우리, 가족입니다!			
주제	• 가족에 대한 이해와 친밀감 향상		
목표	1. 프로그램에 대한 목표와 이해를 높인다. 2. 참여 동기를 부여하고 집단원 간의 신뢰감과 안정감을 구축한다. 3. 가족구성원에 대한 상호 이해를 높이고 친밀감을 향상시킨다.		
단계	활동 내용	시간	자료
도입	[들어가기] • 진행자 소개 및 전체 프로그램을 안내한다. • 프로그램 규칙을 정한다. • 첫 회기 활동 내용을 간략히 소개한다.	10분	아이스 브레이킹, 이름표, 활동자료
전개	[가족을 소개합니다] • 프로그램을 진행하는 동안 불리고 싶은 별칭을 짓는다. • 이름표를 꾸미고 별칭을 쓴다. • 가족 별칭을 소개하는 시간을 갖는다. • 별칭 외우기 게임을 한다.	40분	
	[가족 이미지 찾기] • 가족구성원에 대해 생각한다. • 도화지를 아홉 개의 영역으로 나눈다. • 각각의 부분에 가족과 관계된 그림을 그린다. • 그림에 제목을 붙이고 발표한다.	60분	
종결	[오늘의 활동 나누기] • 이번 회기에 대한 느낌과 생각을 나눈다. [다음 회기 소개 및 과제, 준비물 소개]	10분	

2회기 - 우리 가족 탐구생활			
주제	• 가족발달주기와 아동 · 청소년기 부모-자녀 관계 특성 이해		
목표	1. 가족발달주기와 아동 · 청소년기 부모-자녀 관계 특성을 이해한다. 2. 부모양육태도를 점검하고 부모 역할을 강화한다.		
단계	활동 내용	시간	자료
도입	[들어가기] • 집단원들과 반갑게 인사한다. • 간단한 게임으로 분위기를 이완한다. • 이번 회기의 내용을 소개한다.	10분	아이스 브레이킹, 동영상, 역할극, 활동자료
전개	[가족발달주기와 발달과업 배우기] • 가족의 생성과 발달 속 역할의 변화에 대해 교육을 실시한다. • 자녀의 성장과 그에 따른 부모의 역할 변화에 대해 준비한 자료를 시청한다.	20분	
	[나도 청소년기가 있었던 걸?] • 부모들의 청소년 시절에 대해 이야기 나눈다. • 활동자료 '상상 부모 놀이'를 작성한다. • 활동자료를 토대로 부모와 자녀가 역할을 바꾸어 '상상 부모 놀이'를 한다. • 역할극에 대한 느낌을 나눈다.	80분	
종결	[오늘의 활동 나누기] • 프로그램을 통해 느낀 점을 나눈다. [다음 회기 소개 및 과제, 준비물 소개]	10분	

3회기 - 다(多)통(通)가족 (1)			
주제	• 가족관계 패턴 탐색과 건강한 의사소통 배우기		
목표	1. 우리 가족의 의사소통 패턴을 안다. 2. 부모-자녀의 건강한 의사소통기술을 배운다.		
단계	활동 내용	시간	자료
도입	[들어가기] • 집단원들과 반갑게 인사한다. • 간단한 게임으로 분위기를 이완한다. • 이번 회기의 내용을 소개한다.	10분	CD, 색종이, 활동자료
전개	[가족을 동물로 표현한다면?] • 활동자료 '가족놀이 가계도'를 설명한다. • '동물 그림'을 나누어 주고 자신이 생각하는 가족구성원의 이미지에 맞는 동물을 선택하도록 한다. • '가족놀이 가계도'를 완성하고 느낌을 발표한다.	60분	
	[듣고 싶은 말, 하고 싶은 말] • 가족의 일상용어에 대해 이야기 나눈다. • 활동지를 통해 가족 일상용어에 대한 느낌을 나눈다. • 의사소통의 걸림돌 및 유형을 탐색한다. • 대안적인 의사소통을 연습한다.	40분	
종결	[오늘의 활동 나누기] • 프로그램을 통해 느낀 점을 나눈다. [다음 회기 소개 및 과제, 준비물 소개]	10분	

4회기 - 다(多)통(通)가족 (2)			
주제	• 건강한 의사소통과 갈등 관리 기술 배우기		
목표	1. 부모-자녀의 건강한 의사소통기술 배우기 2. 가족 갈등 관리 기술 익히기		
단계	**활동 내용**	**시간**	**자료**
도입	[들어가기] • 집단원들과 반갑게 인사한다. • 명상을 활용한 간단한 이완활동을 한다. • 본 회기 내용에 대해 설명한다.	10분	이완에 필요한 음악, 활동자료, 그림도구, 접착 메모지
전개	[숨은 감정 찾기] • 평소에 느끼는 감정들에 대해 생각하게 한다. • '감정파이'로 자신의 감정을 표현한다. • 각 면에 표시된 감정에 대해 이야기를 나눈다.	30분	
	[나를 어떻게 표현하지?] • 평소의 자기표현법(어투)를 점검한다. • 나-전달법을 설명한다. • 갈등 상황의 예를 적고, 나-전달법을 연습한다.	70분	
	[소통의 선물] • 가족에게 하고 싶었던 말을 나-전달법을 활용하여 적는다. • '가족소통 희망나무'에 작성한 메시지를 붙이고, 느낌과 기대를 나눈다.		
종결	[오늘의 활동 나누기] • 프로그램을 통해 느낀 점을 나눈다. [다음 회기 소개 및 과제, 준비물 소개]	10분	

<table>
<tr><th colspan="4">5회기 - 우리 가족 설계도</th></tr>
<tr><td>주제</td><td colspan="3">• 우리 가족의 규칙을 알고 새로운 가족 규칙 만들기</td></tr>
<tr><td>목표</td><td colspan="3">1. 가족 규칙을 통해 우리 가족의 특성과 가족문화를 이해한다.
2. 가족발달주기의 변화에 맞는 새로운 가족 규칙을 만든다.</td></tr>
<tr><th>단계</th><th>활동 내용</th><th>시간</th><th>자료</th></tr>
<tr><td>도입</td><td>[들어가기]
• 집단원들과 반갑게 인사하며, 간단한 게임으로 분위기를 이완한다.
• 이번 회기의 내용을 소개한다.</td><td>10분</td><td rowspan="4">아이스 브레이킹, 활동자료, 도화지, 그림도구</td></tr>
<tr><td rowspan="2">전개</td><td>[우리도 몰랐던 가족 규칙?!]
• 활동자료 '문장완성검사'를 작성한다.
• 일상생활 속의 명시적, 암묵적 가족 규칙을 발견한다.
• 가족별로 공통점과 차이점이 무엇인지 이야기 나눈다.</td><td>60분</td></tr>
<tr><td>[설계도가 필요해!]
• 가족구성원이 함께 만드는 '건강가족 10계명'을 작성한다.
• 건강가족 10계명을 전시하고 발표한다.
(우리 가족 헌법 만들기 활동으로 대체 가능)</td><td>40분</td></tr>
<tr><td>종결</td><td>[오늘의 활동 나누기]
• 프로그램을 통해 느낀 점을 나눈다.
[다음 회기 소개 및 과제, 준비물 소개]</td><td>10분</td></tr>
</table>

<table>
<tr><th colspan="4">6회기 - 가족 보물찾기 (1) ‘나도 쿡(COOK)가대표’</th></tr>
<tr><td>주제</td><td colspan="3">• 이주배경 부모 국가 문화에 대한 이해와 존중</td></tr>
<tr><td>목표</td><td colspan="3">1. 이주배경 부모 국가의 문화를 체험한다.
2. 문화의 다양성을 수용하고 존중하는 태도를 배운다.
3. 요리를 통해 부모-자녀 친밀감을 높인다.</td></tr>
<tr><th>단계</th><th>활동 내용</th><th>시간</th><th>자료</th></tr>
<tr><td>도입</td><td>[들어가기]
• 집단원들과 인사하며, 분위기를 이완한다.
• 이번 회기의 내용을 소개한다.</td><td>10분</td><td rowspan="4">아이스 브레이킹, 영상물, 활동자료, 문화활동 재료</td></tr>
<tr><td rowspan="2">전개</td><td>[짜장면과 쌀국수]
• 비교문화와 관련한 영상자료 후 이주배경 부모 나라에 관심을 갖도록 동기를 부여한다.</td><td>20분</td></tr>
<tr><td>[요리로 통하는 우리 가족]
• 이주배경 부모 출신국의 대표음식을 선정하여 함께 요리한다.
• 만들어진 요리를 전시하고, 시식한다.
• 비슷한 점과 다른 점을 나눈다.
※ 요리교실이 어려울 경우, ‘전통의상 한지공예인형 만들어 보기’ 등과 같은 문화체험으로 변경</td><td>80분</td></tr>
<tr><td>종결</td><td>[오늘의 활동 나누기]
• 프로그램을 통해 느낀 점을 나눈다.
[다음 회기 소개 및 과제, 준비물 소개]</td><td>10분</td></tr>
</table>

7회기 - 가족 보물찾기 (2) '꼭꼭 숨었니? 찾았다!'			
주제	• 가족 강점 찾기를 통한 다문화가족의 자원 발굴		
목표	1. 가족구성원의 강점과 자원을 발견한다. 2. 우리 가족 강점을 통한 가족 기능을 향상시킨다.		
단계	활동 내용	시간	자료
도입	[들어가기] • 집단원들과 반갑게 인사한다. • 간단한 게임으로 분위기를 이완한다. • 이번 회기의 내용을 소개한다.	10분	아이스 브레이킹, 영상물, 활동자료, 도화지
전개	[세계의 다양한 다문화가족 성공기] • 이주민가족 정착 성공기 사례를 시청한다. • 다문화가족의 정착시기 어려움을 함께 나눈다.	40분	
	[가족보물, 이젠 자랑하세요.] • 활동지 '강점 찾기'를 설명하고 검사를 실시한다. • 자신의 강점 3가지를 순위별로 기록하고 가족구성원의 강점을 모아 가족 강점으로 발표한다. • 발표 후 가족 강점을 인지하고 격려하는 시간을 갖는다.	60분	
종결	[오늘의 활동 나누기] • 프로그램을 통해 느낀 점을 나눈다. [다음 회기 소개 및 과제, 준비물 소개]	10분	

<table>
<tr><th colspan="4">8회기 (외국성장 다문화자녀) - 찰칵 찰칵! 행복사진관</th></tr>
<tr><td>주제</td><td colspan="3">• 비혈연 및 비동거 부모와 자녀 간 친목 다지기</td></tr>
<tr><td>목표</td><td colspan="3">1. 우리 가족의 역사를 통해 미래를 설계한다.
2. 비혈연 및 비동거 가족구성원 간 소속감과 친밀감을 향상시킨다.</td></tr>
<tr><th>단계</th><th>활동 내용</th><th>시간</th><th>자료</th></tr>
<tr><td>도입</td><td>[들어가기]
• 집단원들과 반갑게 인사한다.
• 간단한 명상으로 분위기를 이완한다.
• 이번 회기의 내용을 소개한다.</td><td>10분</td><td rowspan="4">아이스
브레이킹,
활동자료,
가족사진,
미술도구</td></tr>
<tr><td rowspan="2">전개</td><td>[옛날옛날 엄마 아빠는요~]
• 가족생활주기에 대해 설명한다.
• 활동자료 '가족생활주기'를 작성한다.
• 준비한 사진을 붙인다.
• 완성된 우리 가족 역사책을 전시하고 가족별로 발표한다.</td><td>60분</td></tr>
<tr><td>[함께 배우는 다문화]
• '감정단어'를 활용하여 다문화가족으로 살아가면서 어려웠던 점을 나눈다.
• 문제 해결 방법과 성공 사례를 공유한다.
• '얼마나 알고 있을까?'를 참여자의 구성에 따라 퀴즈 및 빙고 게임의 형태로 진행한다.
– 한국 및 이주배경 부모의 모국별 국기, 대표음식, 전통의상 명칭, 주요 명절, 언어의 이름, 수도 및 대도시명칭, 유행하는 노래 등</td><td>40분</td></tr>
<tr><td>종결</td><td>[오늘의 활동 나누기]
• 프로그램을 통해 느낀 점을 나눈다.</td><td>10분</td></tr>
</table>

사회성 발달 프로그램 〈나와 너, 다(多)함께〉	
목적	• 다문화가족 자녀의 또래 및 대인관계 기술 향상과 사회적응력을 높임으로써 건강한 사회구성원으로 성장할 수 있도록 한다.
목표	• 다문화가족 자녀의 정체성(자아, 집단)을 함양시킨다. • 또래관계에 필요한 기술을 습득하고 비(非)다문화가족 자녀들과 함께 할 수 있는 활동(동아리)을 장려한다. • 양성평등 가치관 및 섹슈얼리티 확립을 위한 교육을 실시한다. • 참여와 나눔을 통하여 건강한 성인이 갖추어야 할 권리 및 의무를 알고, 글로벌 시민으로 성장할 수 있도록 돕는다.

1회기 - 나의 아이디(ID, Identity) 찾기			
주제	• 정체성 확립을 통한 자아존중감 향상하기		
목표	1. 다문화가족 자녀의 자기정체성을 탐색한다. 2. 생태도 작성을 통해 대인관계 및 사회안전망을 점검한다.		
단계	**활동 내용**	**시간**	**자료**
도입	[들어가기] • 진행자 소개 • 프로그램 소개 및 진행순서 안내 • 긍정적 또래관계 사전검사 실시	10분	아이스 브레이킹, 사전척도, 활동자료, 도화지, 미술도구
전개	[나는 누구?] • 활동지 '나무로 나를 표현하기'를 설명한다. • 자신을 나무로 생각하고 도화지에 그림을 그린 후 5가지 질문에 답한다. • 활동지를 전시하고 자신의 특징과 강점 등을 발표한다. ※ 필요시 자아존중감 척도를 활용하여 참여자가 자신의 자아존중감을 알 수 있도록 한다.	40분	
	[나를 둘러싼 세상] • 생태도를 작성한다. • 자신을 둘러싼 관계망 속의 역할 및 책임을 통찰하는 시간을 갖는다. • 형제, 가족, 또래, 사회 등으로 확정하여 토의한다. ※ 후기 청소년의 경우, 아동기와 성인기의 달라지는 권리와 의무 교육을 위해 민주사회의 아동권리헌장, 국민의 권리와 의무 및 독립과 자유의 선택과 책임의식 등에 관해 다루어본다.	60분	
종결	[오늘의 활동 나누기] • 프로그램을 통해 느낀 점을 나눈다. [다음 회기 소개 및 과제, 준비물 소개]	10분	

<table>
<tr><th colspan="4">2회기 - 클릭! 버디 접속</th></tr>
<tr><td>주제</td><td colspan="3">• 공감과 경청 훈련을 통한 의사소통기술 향상과 또래관계 향상하기</td></tr>
<tr><td>목표</td><td colspan="3">1. 나와 또래와 관계를 탐색한다.
2. 또래관계 능력을 키우기 위한 공감과 경청을 배운다.
3. 아동기에서 성인기로 전환에 대해 이해한다.</td></tr>
<tr><th>단계</th><th>활동 내용</th><th>시간</th><th>자료</th></tr>
<tr><td>도입</td><td>[들어가기]
• 진행자 소개
• 프로그램 소개 및 진행순서 안내</td><td>10분</td><td rowspan="4">아이스 브레이킹, 활동자료</td></tr>
<tr><td rowspan="2">전개</td><td>[짝꿍 만들기]
• '친구관계 지도'와 '특징 분석하기'를 작성한다.
• 친구 관계 특징에 대해 이야기를 나눈다.
• 돌이키며 느낀 점을 발표한다.</td><td>20분</td></tr>
<tr><td>[듣는 마음, 품는 마음]
• 공감과 경청에 대한 설명을 한다.
• 두 사람씩 짝을 짓게 한다.
• 또래와 경험했던 갈등 상황을 서로 나눈다.
• 관심 기울이기와 기울이지 않는 연기를 한 후 소감을 나눈다.</td><td>80분</td></tr>
<tr><td>종결</td><td>[오늘의 활동 나누기]
• 프로그램을 통해 느낀 점을 나눈다.
[다음 회기 소개 및 과제, 준비물 소개]</td><td>10분</td></tr>
</table>

3회기 - 우리끼리, 또래끼리 (1)			
주제	• 자기중심적 사고에서 벗어나 또래와 또래관계에 대한 이해를 높인다.		
목표	1. 어떤 행동이 친구의 감정을 상하게 하는지 안다. 2. 감정을 표현하는 방법을 익힌다.		
단계	**활동 내용**	**시간**	**자료**
도입	[들어가기] • 진행자 소개 • 프로그램 소개 및 진행순서 안내 ※ 신체가 이완될 수 있는 활동을 시작하여 긴장감 해소시키기	10분	맨손체조, 읽기자료, 활동자료
전개	[모두가 너의 탓!] • '엄마를 화나게 하는 방법 10가지'를 읽는다. • 이야기의 주요 내용을 파악한다. • 글쓴이가 전하려고 하는 내용은 무엇이었는지 이야기 나눈다.	40분	
	[그럼 모두가 나의 탓?] • 친구를 화나게 한 경험이나 기쁘게 한 경험을 생각하여 나누어 본다. • 책 내용을 '친구를 화나게 하는 방법 10가지'로 바꾸어 본다. • 활동지 '친구를 화나게 하는 방법'을 작성하고 발표한다. • 친구를 화나게 하는 방법과 그 상황을 슬기롭게 이겨내는 방법을 생각하고 공유한다.	60분	
종결	[오늘의 활동 나누기] • 프로그램을 통해 느낀 점을 나눈다. [다음 회기 소개 및 과제, 준비물 소개]	10분	

<table>
<tr><th colspan="4">4회기 - 우리끼리, 또래끼리 (2)</th></tr>
<tr><td>주제</td><td colspan="3">• 생활방식과 문화가 다른 친구를 이해하고 수용한다.</td></tr>
<tr><td>목표</td><td colspan="3">1. 또래관계 유지를 위한 배려와 수용력을 높인다.
2. 또래관계 지지체계를 굳힌다.</td></tr>
<tr><th>단계</th><th>활동 내용</th><th>시간</th><th>자료</th></tr>
<tr><td>도입</td><td>[들어가기]
• 진행자 소개
• 프로그램 소개 및 진행순서 안내
※ 신체가 이완될 수 있는 활동을 시작하여 긴장감 해소시키기</td><td>10분</td><td rowspan="4">맨손체조,
영상자료,
활동자료</td></tr>
<tr><td rowspan="2">전개</td><td>[내가 주인공이라면?]
• 영화 'OOOOO'을 시청한다.
• 영화를 본 소감을 나눈다.
– 가장 인상적인 장면, 가장 기억에 남는 대사, 전체적인 느낌 등에 묻고 답하기
• '내가 주인공이라면?'이라는 주제로 이야기 나눈다.</td><td>60분</td></tr>
<tr><td>[내가 작가라면?]
• 활동지 '다시 쓰는 영화 이야기'를 작성한다.
• 자신이 쓴 이야기를 발표한 후 그 이유를 설명한다.
• 집단원의 발표가 끝나면, 다른 사람의 이야기를 듣고 난 후 자신의 이야기와 비교하여 발표한다.</td><td>40분</td></tr>
<tr><td>종결</td><td>[오늘의 활동 나누기]
• 프로그램을 통해 느낀 점을 나눈다.
[다음 회기 소개 및 과제, 준비물 소개]</td><td>10분</td></tr>
</table>

<table>
<tr><th colspan="4">5회기 - 알쏭? 달성(性)</th></tr>
<tr><td>주제</td><td colspan="3">• 건전한 이성 관계와 성(性)가치관 확립하기</td></tr>
<tr><td>목표</td><td colspan="3">1. 양성평등 가치관 및 성(性)을 이해할 수 있다.
2. 이성교제와 올바른 성가치관을 확립한다.</td></tr>
<tr><th>단계</th><th>활동 내용</th><th>시간</th><th>자료</th></tr>
<tr><td>도입</td><td>[들어가기]
• 진행자 소개
• 프로그램 소개 및 진행순서 안내
※ 신체가 이완될 수 있는 활동을 시작하여 긴장감 해소시키기</td><td>10분</td><td rowspan="4">맨손체조,
활동자료,
영상자료</td></tr>
<tr><td rowspan="2">전개</td><td>[여친/여사친, 남친/남사친]
• 활동지 '상상 속의 행복 데이트'를 작성한다.
– '이성'과의 데이트 하면 떠오르는 것은?
– 상상 속의 느낌은?
• 이성친구와 동성친구의 차이점에 대해 이야기한다.
• 이성교제의 장단점에 대해 알아본다.
– 이성교제 상식 토론 '어떻게 생각해?' 작성해 보기</td><td>40분</td></tr>
<tr><td>[성스러운 성(性), 행복한 결혼]
• '당신을 선택한 이유'를 작성한다.
• 이성교제, 결혼에 대해 이야기 나눈다.
• 국가별 이성교제와 결혼에 대해 발표한다.
• 부모와 자녀가 배우자 선택 및 이성교제에 대해 이야기 나눈다.
※ 성소수자, 성폭력 및 데이트 폭력 등 예방교육을 함께 다룰 수 있도록 한다.</td><td>60분</td></tr>
<tr><td>종결</td><td>[오늘의 활동 나누기]
• 프로그램을 통해 느낀 점을 나눈다.
[다음 회기 소개 및 과제, 준비물 소개]</td><td>10분</td></tr>
</table>

<table>
<tr><th colspan="4">6회기 - 어울 통(어울림으로 통하기)</th></tr>
<tr><td>주제</td><td colspan="3">• 동아리활동 장려를 통한 어울림문화 조성하기</td></tr>
<tr><td>목표</td><td colspan="3">1. 비(非)다문화가족 자녀들도 어울릴 수 있는 활동(동아리)을 장려한다.
2. 긍정적 또래관계에 필요한 기술을 습득하게 한다.</td></tr>
<tr><th>단계</th><th>활동 내용</th><th>시간</th><th>자료</th></tr>
<tr><td>도입</td><td>[들어가기]
• 진행자 소개
• 프로그램 소개 및 진행순서 안내
• 청소년 관련 기관 및 학교에서 활동하고 있는 동아리 초청 공연 관람</td><td>20분</td><td rowspan="4">초청공연, 활동자료, 영상자료</td></tr>
<tr><td rowspan="2">전개</td><td>[다양한 동아리 활동 소개]
• 활용할 수 있는 청소년 관련 기관 및 학교 내 동아리 등 프로그램 안내
• 뽐내기 대회 준비(취미, 특기 활동 뽐내기)</td><td>40분</td></tr>
<tr><td>[동아리 이야기]
• 내가 가입할 수 있는 동네/학교/청소년 관련 기관의 동아리 알아보기
• 동아리 활동에 대한 개인적 배경 나누기
- 동아리 활동을 할 수 없었던 이유, 하기 싫은 이유, 하고 싶은 이유 등</td><td>50분</td></tr>
<tr><td>종결</td><td>[오늘의 활동 나누기]
• 프로그램을 통해 느낀 점을 나눈다.
[다음 회기 소개 및 과제, 준비물 소개]</td><td>10분</td></tr>
</table>

<table>
<tr><th colspan="4">7회기 - 에코(Eco)나눔</th></tr>
<tr><td>주제</td><td colspan="3">• 봉사활동을 통한 참여의식 강화</td></tr>
<tr><td>목표</td><td colspan="3">1. 참여와 나눔의 기회를 제공하여 사회 환원의 필요성과 의식을 고취시킨다.
2. 지구보호를 위한 친환경 활동을 실천한다.</td></tr>
<tr><th>단계</th><th>활동 내용</th><th>시간</th><th>자료</th></tr>
<tr><td>도입</td><td>[들어가기]
• 진행자 소개
• 봉사활동 소개 및 봉사일지 작성법 안내</td><td>10분</td><td rowspan="4">활동자료,
영상자료,
만들기 및
그림도구</td></tr>
<tr><td rowspan="2">전개</td><td>[글로벌 지구 보호대]
• 지구오염과 관련한 영상자료를 통해 환경보호의 필요성을 인식한다.
• 함께 사는 '지구보호'를 위해 함께 할 수 있는 '글로벌 환경 수사대'를 구성하여 팀별 과제를 수행한다.</td><td>30분</td></tr>
<tr><td>[에코백 만들기]
• 환경보호 실천 활동으로 에코백을 만들고 환경표어를 작성한다.</td><td>70분</td></tr>
<tr><td>종결</td><td>[오늘의 활동 나누기]
• 프로그램을 통해 느낀 점을 나눈다.
[다음 회기 소개 및 과제, 준비물 소개]</td><td>10분</td></tr>
</table>

8회기 외국성장 다문화자녀 - 문화 네비게이터			
주제	• 한국문화체험을 통한 한국의 생활 파악하기		
목표	1. 외국성장 자녀들의 한국문화체험의 기회 제공을 통해 한국 사회 적응 능력을 갖출 수 있도록 한다. 2. 외국성장 자녀와 국내 출생 자녀들이 다양한 문화를 서로 이해할 수 있도록 한다. 3. 문화상대주의에 따른 타 문화 이해 및 수용 능력을 강화시킨다.		
단계	활동 내용	시간	자료
도입	[들어가기] • 다양한 인사말과 함께 진행자 소개 • 프로그램 소개 및 진행순서 안내	10분	활동자료, 도화지, 영상자료
전개	[한국에 대해 '사실을 말해봐!'] • 문화체험(전통과 현대의 소비, 교통, 가족 가치관 등)을 통한 한국 생활을 알아본다.	30분	
	[Show me the Culture!] • 한국의 청소년 문화를 이해한다. – 스마트폰, 연예인 문화, 오디션 배틀 등 • 기존의 성장배경 속 고유문화 함께 나누기	70분	
종결	[오늘의 활동 나누기] • 프로그램을 통해 느낀 점을 나눈다.	10분	

미래설계 프로그램 〈미래, 두드림(Do-Dream)〉	
목적	• 다문화가족 자녀의 학습능력 향상을 통한 진학과 진로를 돕고, 장기적인 미래설계를 구체화한다.
목표	• 학습코칭 및 진로정보 제공을 통해 학습 능력을 향상한다. • 흥미와 적성에 맞는 직업군을 탐색하고 직업체험을 한다. • 단/중/장기 미래설계를 구상하고, 준비과정에 필요한 다양한 기술(재무관리, 진로 소양, 취업 기술 등)을 배운다. • 다문화가족의 성공 사례를 접함으로써, 미래설계에 대한 필요성과 동기를 높인다.

1회기 - 나! 이런 사람이야			
주제	• 학습동기와 장래희망 직업 찾기		
목표	1. 학습동기를 탐색하고 장래 희망직업을 찾는다. 2. 미래의 꿈을 실현하고자 하는 동기를 강화한다.		
단계	활동 내용	시간	자료
도입	[들어가기] • 진행자 소개 • 프로그램 소개 및 진행순서 안내	10분	
전개	[공부, 된다? 안 된다?] • 활동자료 '공부를 하는 이유'와 '하지 않는 이유'를 작성한다. - 공부를 하는 이유: 나의 학습 동기 찾기 - 하지 않는 이유: 극복 방법 찾기 • 작성한 활동자료를 돌아가며 발표한다. • 집단원의 발표 후 공부를 하는 또 다른 이유를 찾는다.	20분	아이스 브레이킹, 사전척도, 활동자료, 그림도구
	[20년 후 나는요?] • 미래의 나를 알릴 수 있는 '명함'을 만든다. • 집단원에게 명함을 돌리며 자신을 소개한다. • 20년 후의 모습을 상상하며 '보람일기'를 작성한다. • 미래의 나를 위해 현재의 나에게 필요한 것은 무엇인지 작성한다.	80분	
종결	[오늘의 활동 나누기] • 프로그램을 통해 느낀 점을 나눈다. [다음 회기 소개 및 과제, 준비물 소개]	10분	

2회기 - 신바람, 공부바람			
주제	• 적성과 흥미에 기초한 학습 유형과 학습 스타일 찾기		
목표	1. 나의 적성과 흥미에 맞는 직업을 찾는다. 2. 학습 유형을 알고 학습능력 향상을 위한 방법을 모색한다.		
단계	활동 내용	시간	자료
도입	[들어가기] • 진행자 소개 • 프로그램 소개 및 진행순서 안내 • 1분 명상	10분	명상음악, 활동자료
전개	[나의 흥미 유형은?] • 진로선택에 있어 흥미와 적성의 중요성에 대해 간단히 교육한다. • 활동자료 '나의 흥미-적성 찾기'와 '나와 직업'을 작성한다. • 나의 흥미와 적성에 맞는 직업이 무엇인지 찾고 발표한다.	40분	
	[나만의 A+ 스타일] • 활동지 '나의 학습 유형'을 작성한다. (학습 유형 검사) • 학습의 걸림돌을 알고 예외 상황을 점검한다. • 학습의 동기를 높이고 나만의 학습방법을 찾는다.	60분	
종결	[오늘의 활동 나누기] • 프로그램을 통해 느낀 점을 나눈다. [다음 회기 소개 및 과제, 준비물 소개]	10분	

3회기 - 드림(Dream) 드려요! (1)			
주제	• 진로적성 탐색과 직업준비		
목표	1. 진로적성 탐색을 통하여 자신에게 맞는 직업을 탐색한다. 2. 직업의 다양성과 가치를 배운다.		
단계	활동 내용	시간	자료
도입	[들어가기] • 진행자 소개 • 프로그램 소개 및 진행순서 안내	10분	아이스 브레이킹, 활동자료, 영상자료, 스마트폰
전개	[진로선택의 나침반] • Holland 진로탐색 체크리스트를 작성한다. • 유형별 성격특성, 직업선호 활동, 적성 및 대표 직업 등을 설명한다. – R(실재형), I(탐구형), A(예술형), S(사회형), E(기업형), C(관습형) • 자신이 예상한 유형과 비교하여 발표한다.	60분	
	[직업소양 교육 및 취업기술 맛보기] • 다양한 직업 이해(미래의 직업) 동영상 시청 • 나의 강점을 나타낼 수 있는 이력서, 자기소개 작성법에 대해 논의한다. • 나만의, 나를 개성 있게 소개하는 영상 촬영 등을 과제로 준다.	40분	
종결	[오늘의 활동 나누기] • 프로그램을 통해 느낀 점을 나눈다. [다음 회기 소개 및 과제, 준비물 소개]	10분	

4회기 - 드림(Dream) 드려요! (2)			
주제	• 멘토와 함께하는 직업 체험활동		
목표	1. 멘토의 직장 또는 학교 생활현장을 경험함으로써 직업에 대한 이해를 높인다. 2. 직업 선택에 있어 고려사항과 기준점을 배운다.		
단계	활동 내용	시간	자료
도입	[들어가기] • 진행자 소개 • 프로그램 소개 및 진행순서 안내	10분	인사초청 또는 직업탐방
전개	[반갑습니다! 선배님!] • 한국 직업생활의 경험담 듣기 • 직업생활을 위한 준비 과정과 노력할 점, 애로점 • 질의응답, 멘토의 직장 또는 생활현장 탐방	100분	
종결	[오늘의 활동 나누기] • 프로그램을 통해 느낀 점을 나눈다. [다음 회기 소개 및 과제, 준비물 소개]	10분	

<table>
<tr><th colspan="4">5회기 - 낭비 잡는 소비습관</th></tr>
<tr><td>주제</td><td colspan="3">• 소비습관 점검을 통한 재무기술 습득하기</td></tr>
<tr><td>목표</td><td colspan="3">1. 소비습관을 점검한다.
2. 합리적인 소비습관을 계획한다.</td></tr>
<tr><th>단계</th><th>활동 내용</th><th>시간</th><th>자료</th></tr>
<tr><td>도입</td><td>[들어가기]
• 진행자 소개
• 프로그램 소개 및 진행순서 안내</td><td>10분</td><td rowspan="4">아이스
브레이킹,
활동자료,</td></tr>
<tr><td rowspan="2">전개</td><td>[얼마나 벌어야 할까?]
• 가족소비활동에 대해 이야기를 나눈 후 수입 및 소비활동 계획을 위해 가족생활주기별 경제 이슈표를 작성해 본다.</td><td>40분</td></tr>
<tr><td>[나의 소비습관은?]
• 활동자료 '나의 소비습관 그래프'를 작성한다.
• 자신의 소비습관 패턴에 대해 발표한다.
• 개인별, 가족별 성공적 소비활동 사례를 공유한다.
• 현명한 소비의 필요성과 재무 설계에 대해 교육한다.</td><td>60분</td></tr>
<tr><td>종결</td><td>[오늘의 활동 나누기]
• 프로그램을 통해 느낀 점을 나눈다.
[다음 회기 소개 및 과제, 준비물 소개]</td><td>10분</td></tr>
</table>

<table>
<tr><th colspan="4">6회기 - 미래로 가는 징검다리</th></tr>
<tr><td>주제</td><td colspan="3">• 행복한 미래설계</td></tr>
<tr><td>목표</td><td colspan="3">1. 행복한 미래의 모습을 설계한다.
2. 자신의 미래에 대한 생각과 현실적 어려움, 난관을 찾아본다.
3. 미래설계를 위해 도움이 될 수 있는 자원을 탐색한다.</td></tr>
<tr><th>단계</th><th>활동 내용</th><th>시간</th><th>자료</th></tr>
<tr><td>도입</td><td>[들어가기]
• 진행자 소개
• 프로그램 소개 및 진행순서 안내</td><td>10분</td><td rowspan="4">아이스 브레이킹, 활동자료</td></tr>
<tr><td rowspan="2">전개</td><td>[찾았다! 보물]
• 자신의 직업과 연관된 인생의 목표, 삶의 가치를 생각한다.
• 활동지 '나의 보물 5가지'를 작성한다.
• 미래 삶에서 포기할 수 없는 5가지와 그 이유를 발표한다.</td><td rowspan="2">100분</td></tr>
<tr><td>[징검다리 건너기]
• 현재와 미래를 연결하는 다리를 그린다.
• 다리 끝에 '나의 보물 5가지'를 글이나 그림으로 표시한다.
• 행복한 미래를 방해하는 장애물을 적는다.
• 장애물을 극복하고 행복한 미래를 만들기 위한 강점과 자원을 다리에 적는다.
• 그림에 대한 느낌을 발표한다.</td></tr>
<tr><td>종결</td><td>[오늘의 활동 나누기]
• 프로그램을 통해 느낀 점을 나눈다.
[다음 회기 소개 및 과제, 준비물 소개]</td><td>10분</td></tr>
</table>

7회기 - 알파고시대의 리더십			
주제	• 한국 적응을 위한 자기점검과 미래직업 찾기		
목표	1. SWOT 분석을 통하여 자신의 능력을 탐색해 본다. 2. 미래설계를 위한 리더십을 강화한다. 3. 적성에 맞는 미래의 직업을 찾는다.		
단계	활동 내용	시간	자료
도입	[들어가기] • 진행자 소개 • 프로그램 소개 및 진행순서 안내	10분	아이스 브레이킹, 활동자료
전개	[알파고시대의 리더란?] • 활동자료 'SWOT 분석'을 작성한다. • 또래관계기술, 감정곡선, 문화수용력, 사회활동 경험 등을 분석한다. • 현재의 자기 상태를 점검한다.	50분	
	[커리어 고고(go go)!] • '미래직업'을 읽고 현재의 직업과 미래의 직업에 대해 이야기 나눈다. • 취업정보 소개 및 활용방법을 전달하고 교육한다.	50분	
종결	[오늘의 활동 나누기] • 프로그램을 통해 느낀 점을 나눈다. [다음 회기 소개 및 과제, 준비물 소개]	10분	

8회기 외국성장 다문화자녀 - 우리 함께 톡(talk)			
주제	• 외국성장 자녀의 미래성장을 위한 모델 제시		
목표	1. 이주배경 청소년들의 적응 성공 사례 특강을 통해 자신감을 갖는다. 2. 사회 진입을 위한 도전의식을 높이고 구체적 정보를 획득한다.		
단계	활동 내용	시간	자료
도입	[들어가기] • 진행자 소개 • 프로그램 소개 및 진행순서 안내	10분	아이스 브레이킹, 초청특강
전개	[이주배경 청소년 성공 스토리] • 이주배경 청소년기를 경험한 성공 스토리 특강 - 진로 선택 배경, 준비과정, 어려움과 극복 등 • 질의응답과 소통의 시간을 갖는다. • 성공 스토리 특강 이후 참여자들이 자신의 진로를 생각해 보고 구체적인 질문을 통하여 진로(검정고시, 대안학교, 청년 창업, 사회적 기업 등)를 계획할 수 있도록 한다.	100분	
종결	[오늘의 활동 나누기] • 프로그램을 통해 느낀 점을 나눈다.	10분	

• 본 프로그램에서 활용된 각종 척도 및 검사

- 유영주, 이인수, 김순기, 최희진(2013), 한국형 건강성 척도Ⅱ(KFSS-Ⅱ)
- 임호찬(2008), 부모양육태도 검사
- 강종구(1986) 번역, Coopersmith(1967), Self-Esteem Inventory
- 한혜진(2002), 초등학생 대상 자기효능감 척도
- 임세영 외(2012), Kolb 학습유형검사 한글버전
- Holland 진로탐색검사

3. 생활지원 프로그램

1) 기능 및 요소

일상생활의 안정화는 비록 평소에 아무런 문제 상황이 없을 때는 자각하지 못할 수 있으나 매우 필수적으로 유지되어야 할 환경이다. 우리는 2020년 1월부터 2023년 5월까지[6] 코로나19라는 유례없는 팬데믹 현상을 겪으며 일상의 소중함을 깨달았고, 갈망했으며, 일상으로의 회복을 간절히 희망했다. 가족센터의 생활지원 프로그램도 이 시기를 기점으로 많은 변화가 나타났다. 다양한 가족 유형의 하나로써 다문화가정(결혼이민자), 1인 가구, 맞벌이가정의 일 · 가정 양립을 지원하던 수준에서 당시 가족의 유형과 관계없이 위기상황에 즉각적으로 대처할 수 있는 생활지원이 매우 대량으로 집중적으로 광범위하게 이루어졌다. 감염병 확산 방지와 사회적 거리두기 정책으로 등교수업이 불가능하여 화상교육 환경을 구성하고 온라인 학습이 이루어지는 데 어려움을 겪는 가정을 지원해야 했다. 심리 · 정서적으로 불안에 놓인 사람들에게는 즉각적으로 상담이나 치료를 받을 수 있도록 투명 칸막이와 비대면 상담시스템을 구축해야 했다. 또 재택근무와 일상생활이 가정 내에서 모두 이루어져 가족이 함께하는 시간이 비자발적으로 증가하여 심리적 소진을 겪는 가족이 건강하게 상호작용을 할 수 있는 비대면 키트(Kit)를 수차례 지원하였고, 외국인 및 다문화가정의 언어적 취약성을 극복하고 국가적 백신접종, 감염병 검사 및 치료를 위한 통 · 번역 서비스, 격리와 이동 제한으로 취약해진 대상

6) 세계보건기구(WHO)는 코로나19 국제 공중보건 비상사태(PHEIC)를 2020년 1월 발효하여 2023년 5월에 해제하며 팬데믹을 상징적으로 종식하였다(중앙일보, 2023.5.5. 게재 기사 인용).

자를 위한 식료품, 생필품, 방역물품 지원 등 이전에는 예상할 수 없었으나 다양한 가족들이 겪고 있는 많은 문제 · 위기상황을 해결하기 위한 생활지원 프로그램이 다양하고 즉각적으로 이루어졌다. 그 이후, 현재 일상 회복 시기로 진입한 가운데 1인 가구는 더 깊이 있는 돌봄의 기능으로 전환되었고, 일상생활의 적응을 돕는 기능으로써 생활지원 프로그램이 운영되고 있다.

코로나19와 같은 특수한 상황이 아니더라도 생활지원 프로그램은 가족들의 실생활에 즉각적으로 도움이 되는 특징을 갖는다. 가령, 초기 다문화가족생활적응 프로그램, 결혼이민자를 위한 통 · 번역 서비스 및 취 · 창업 프로그램, 한국어 교육 프로그램, 다문화가족 자녀의 기초학습 교육, 다문화가족 자녀 교육활동비 지원, 취약가정을 위한 물품 · 문화 · 교육 · 현금성(상품권 · 장학금 · 격려금 · 위문금) 후원 연계 지원, 맞벌이가정의 일 · 가정 양립을 위한 정보제공/역할 분담/소진 예방/가족소통 프로그램 등이다. 단순 후원 연계나 상황적 위기에 따라 일시적인 지원도 있으나, 학습, 취 · 창업 훈련, 일 · 가정 양립지원 등 비교적 중 · 장기 훈련이 필요한 프로그램으로 진행될 수도 있다.

결론적으로 생활지원 프로그램이 핵심적으로 갖추어야 할 요소는 첫째, 대상자가 갖는 어려움이나 욕구를 해결하는 데에 즉각적으로 서비스가 제공될 수 있어야 한다. 둘째, 바로 습득하고 적용하도록 실제적이고 구체적이며 실용성이 높은 내용으로 구성하는 것이 좋다. 셋째, 시의성, 적시성을 갖추어 당시 대상자가 처한 어려움과 상황을 반영하고 그에 맞는 정보를 제공하며 협력적인 역할로서 네트워킹할 수 있어야 한다. 넷째, 일상생활로써 안정적인 삶을 유지할 수 있도록 지원하여야 한다.

2) 사례

(1) 결혼이민자 취업 지원 프로그램

사례 다-1

결혼이민자 강점 개발 프로젝트
<다문화알(면) 쓸(모있는) 잡(JOB)대학>
(대구 달서구가족센터)

출처: 한국건강가정진흥원(2023). 2023년 가족서비스 우수 수기 사례집.

1. 추진 배경

- 다문화가족의 언어적, 경제적 어려움 호소
  - 2021년 전국 다문화가족 실태조사에 따르면 다문화가족은 한국 생활의 주된 어려움으로 언어 문제(22.9%), 경제적 어려움(21.0%)을 꼽고 있으며 결혼이민자 · 귀화자는 일자리 소개(3.27점/5점 기준), 한국 사회적응교육(3.10점/5점 기준)에 대한 욕구가 높은 것으로 확인됨
- 고용안정성을 위한 역량 개발 필요
  - 결혼이민자의 취업상태는 실제로 단순노무 종사자가 가장 많으며, 취업 직종이 저임금, 사회적 인식이 낮은 단순노무, 서비스에 주로 분포하여 취업 역량 개발 및 미래의 안정적 일자리 확보를 위한 교육이 필요함

2. 목적 및 목표

- 경제적 자립 및 사회적 참여를 통한 결혼이민자 주체적 삶 지원
- 결혼이민자 취업 역량 강화 및 자긍심 고취
  - 결혼이민자 강점 파악 및 개발
  - 전문교육 및 인문학적 소양 습득
  - 결혼이민자의 자발성 및 성취감 획득

• 결혼이민자 맞춤형 일자리 개발
  - 전문 컨설팅을 통한 효과적 취업 전략 구축
  - 유관기관과 협력체계 구축
• 결혼이민자의 사회적 관계망 확대
  - 긍정적 사회적 관계 형성 및 지역사회 참여 지원
  - 동일 학과 학생 간 소속감 및 친밀감 증진

3. 대상

• 취업욕구가 있는 결혼이민자 48명, 전문강사 4명

4. 추진 방법

• 대학 과정을 통한 사업의 전문성과 체계성 구축 및 원스톱 서비스 지원
  - 동기 및 성취감 형성: 입학식 및 졸업식
  - 강점 활용 전문교육: 3개 분야 전공수업
  - 취업 역량 강화: 취업컨설팅 및 취업캠프
  - 사회성 향상: 조별 실습, 지역사회 내 인식 개선 활동
  - 한국 사회 적응: 한국민화 교양수업, 부모교육, 소비자 교육 등
  - 민관 관리체계 구축: 취업 정보 제공 및 취업처 발굴 지원

5. 세부 내용

• 결혼이민자 강점 활용 학과 운영
• 결혼이민자 강점(이중언어 사용, 다문화가족)을 활용한 3개 분야 학과 개설 및 학과별 자격증 2가지 취득을 통한 취업 역량 강화

학과명	강점	취득 자격
글로벌커뮤니케이션학과	언어적 강점	기초 통번역 과정, 유튜브 크리에이터 과정
생애개발상담학과	출신 배경의 유사성	다문화심리상담사, 아동심리상담사, 자기주도학습코칭지도사
아동교육학과	공동육아	놀이교육지도사, 방과후 교육지도사

• 취업 역량 강화 캠프 실시

- 매력적인 이력서 및 자기소개서 작성, 실전 모의면접, 퍼스널 컬러 진단 및 케어 등 취업 기초 교육 제공, 취업 준비에 대한 불안감을 해소하고 자신감 회복에 도움을 주어 높은 만족도(4.67점/5점 만점)를 얻음

• 다양한 그룹을 통한 사회적 관계망 형성

- 다문화 인식 개선 활동: 축제와 연계한 퍼포먼스를 통해 지역사회 내 다문화 사회 도입 등 유의미한 메시지 전달
- 민화 전시회: 학과별로 서로 작품에 대해 이야기해 보고, 지역주민에게 결혼 이민자의 한국 문화 습득의 노력을 알리는 가시적인 성과를 가져옴
- 조별 실습: 놀이교육지도사 자격 취득자 간 그룹을 구성하여 지식 공유의 장을 마련하였으며, 활발한 사회적 활동을 위한 동기부여 기회를 제공함

• 내외적 관리체계 구축

① 전문적 및 체계적 관리체계 구축

- 대학교수 추천을 통한 전문강사 채용, 체계적이고 전문적인 수업 환경 조성
- 학과별 회장 및 부회장 선출을 통한 모범적 역할 부여 및 참여자 주도형 분위기 조성
- 반별 출석부를 통한 출석 관리, 장기 결석자 수업 참여 독려

② 외부 자원 연계 사업의 양적 · 질적 향상

- 전공교육을 통한 취업 역량 강화 외에 소비자교육, 부모교육 특강 등 실생활 교육을 겸하여 결혼이민자들의 한국 생활 적응을 도움
- 계명문화대학교와 연계하여 학과 설명회 등 연속적 학습의 기회를 제공함

③ 민관 협력체계 조성

- 여성인력개발센터와의 업무 협약, 센터 사업 인력 취업 정보 제공

④ 사후 관리체계 구축

- 기존 운영되었던 SNS를 활용한 소통 창구 유지
- 민관협력체계 구축을 통한 일자리 개발 지원
- 2023년 2년차 사업의 연속적 운영

6. 평가

- 체계적 대학과정을 통한 결혼이민자의 전문적 역량 개발
  - 자격 취득 → 실습 → 취업까지 원스톱으로 이루어진 체계적 과정으로 결혼이민자의 전문성 함양

학과명	졸업 현황	진출 분야
글로벌커뮤니케이션학과	18명/22명(82%)	(통번역) 통역사, 번역사 등
생애개발상담학과	13명/13명(100%)	(상담) 코디네이터, 사례관리사 등
아동교육학과	11명/13명(85%)	(놀이지도) 다문화이해교육 강사, 품앗이 등

- 결혼이민자 맞춤형 취업처 발굴 및 근로활동 연계로 지역사회 내 활동성을 높임
- 전문지식 및 취업정보를 제공하여 정보소외계층에 대한 정보 접근성을 높임

• 결혼이민자 신규 취업처 및 맞춤형 일자리 발굴
  - 통번역 기초과정 수강 학생 번역 일자리 계약
  - 통번역 기초과정 수강 학생 대구가정법원 전문상담위원 추천
  - 센터 전문사업 인력 발굴에 도움이 될 것으로 기대(통역풀, 다문화코디네이터, 이중언어 강사 등)

• 결혼이민자의 주체적 삶 설계를 통한 긍정적 자아상 확립
  - 사전 · 사후 자아존중감 척도 검사 결과, 참여자 76%가 사전 대비 사후 점수가 향상되거나 동일하였음. 다양한 취업 프로그램 및 사회참여 활동이 자신감 및 자존감 향상에 기여하였을 것으로 사료됨

• 대인관계 및 사회적 관계 발달
  - 다문화가족의 어려움에 공감하며 언어적 어려움을 겪는 다문화가족에게 통번역 지원 및 상담 등 기회를 가짐
  - 학과별 지속적인 소통을 통해 원만한 교우관계를 형성, 출신국, 거주지, 나이 등 공통점을 발견하여 더욱 친밀한 관계로 발전하는 기회가 되었음

(2) 맞벌이가정 일 · 가정 양립지원 프로그램

사례 다-2

맞벌이 가정 결혼이민자 직장맘 일·가정 양립 지원
<온라인으로 워라인 해요>
(서울 중구가족센터)

출처: 한국건강가정진흥원(2023). 2023년 가족서비스 우수수기 사례집.

1. 추진 배경

• 한국 사회의 다문화가족정책기 초기 적응 및 정착 단계를 지나, 전환의 시기 도래

- 2021년 여성가족부 전국 다문화가족 실태조사에서 15년 이상 장기거주 결혼이민자 비율이 39.9%로 급증하여 2018년 대비 12.3% 상승
- 한국 생활에 어려움이 없다는 비율이 8% 증가, 차별받은 경험은 14.6% 감소하는 등 한국 생활 적응도가 향상되고 있음을 확인

• 장기거주 결혼이민자의 적응도는 향상되었으나, 일 · 가정 병행의 어려움은 증가

- 2021년 여성가족부 전국 다문화가족 실태조사에서 2015년, 2018년 조사와 비교하여 '직장생활의 어려움 요인'으로 저임금과 긴 노동시간, 상사 · 동료와의 문제, 이민자의 특수성 문제(한국어, 차별 등) 응답은 감소하였으나, 일 · 가정 병행에 기인한 어려움은 오히려 증가

• 장기거주 결혼이민자의 욕구 변화 및 필요성 반영한 일 · 가정 양립 지원 필요

- 장기거주자의 경우 사회참여 및 경제활동에 대한 욕구와 수요가 크게 나타남. 다양한 기관을 통한 취업 프로그램이나 자조모임 등의 참여가 가능하나, 이미 안정적으로 적응하여 근무 중인 직장맘의 일 · 가정 양립 지원은 부족한 상황

- 일 · 가정 양립 수준과 행복 수준은 비례(김경미, 2017)하는 것으로 확인되나, 가정에서의 돌봄 역할이 가중되고 사회 전반적인 경제 여건 악화 등 위기 상황 속에서 결혼이민자 직장맘은 많은 역할 부담 및 혼란, 사회적 지지 부족으로 인해 일 · 가정 불균형으로 인한 행복 수준 유지에 상대적으로 취약
- 결혼이민자 직장맘의 일 · 가정 양립 어려움은 개인적 측면뿐만 아니라 다문화가족 내 배우자, 자녀 등의 가족적 측면, 직장 및 지역사회 등 사회적 측면에도 부정적인 영향을 미치게 되므로 이들의 일 · 가정 양립 프로그램을 통한 삶의 행복 수준 향상 지원 필요

• 경제 · 상업 중심지로서 맞벌이가 많고 결혼이민자 비율이 높은 지역적 특성 반영
  - 서울 중구는 서울시 내 경제 · 상업 · 문화 중심지로서 시청과 주요 정부기관, 기업, 패션타운 등이 밀집하여 경제활동인구 및 맞벌이가정이 많은 지역이라는 특성을 보유
  - 서울특별시 기본 통계 조사에 따르면 2021년 8월 기준 서울 중구에 1,282가구 3,345명의 다문화가족(결혼이민자 및 귀화자 1,291명)이 거주 중이며, 주민등록인구 중 다문화가족 비율(2.54%)과 결혼이민자 비율(0.98%)이 서울시 자치구 중 4위를 차지

2. 목적 및 목표

• 목적: 결혼이민자 직장맘과 다문화가족의 행복 실현을 위한 일 · 가정 양립 지원
• 목표

성과목표	산출목표
[가족] 가족 간 이해와 지지활동을 통한 가정 내 일 · 가정 양립 환경 조성	• 주말 활용 가족 동반 프로그램 4회기 이상 실시 • 연인원 60명 이상 참여 • 참여자 후기 중 '가족 활동 참여를 통한 가족구성원의 지지 확대, 가족 간 역할 분담 등 가정 내 긍정적 변화' 관련 내용 3건 이상 수합

[세상] 가족생활과 직장 생활 간 관리 정보 습득을 통한 일 · 가정 양립 수준 향상	• 가족 · 직장 생활 관련 정보 교육 10회기 이상 실시 • 연인원 50명 이상 참여 • 일 · 가정 양립 수준 사전 · 사후 변화 백분율 5% 이상 향상
[미래] 도전하는 삶을 위한 참여자 간 학습의 점검과 공유 기회 제공	• 학습의 점검과 공유를 위한 결혼이민자 참여자 대상 후속 모임 2회 이상 실시 • 프로그램 만족도 백분율 86% 이상(4.3점/5점 만점) 도출

3. 대상

- 한국 거주 10년 이상 결혼이민자 직장맘

4. 추진 방법

- 직장맘의 학습 여건, 코로나19로 인해 대면 및 집단교육이 쉽지 않은 상황 등을 종합적으로 고려하여 화상회의 플랫폼, 서베이폼 활용 비대면 교육 실시
- 참여자의 학습 선택권 확대 및 편의성 확보를 위한 2개 반(정오반, 저녁반) 개설
- 일 · 가정 양립을 위해서는 결혼이민자뿐만 아니라 가족구성원의 인식 변화와 가족문화 조성이 필요함을 고려하여, 가족 단위 주말 프로그램 추가 구성
- 사업 예산 확보 및 지역사회 가족 서비스 네트워크를 위한 외부 공모사업 연계

5. 세부 내용

구분	차시	일정	내용	운영방법
결혼이민자 직장맘 프로그램	1	[정오반] 10/26~11/30 매주 수요일 12:00~13:00 [저녁반] 10/18~11/22 매주 화요일 19:00~21:00	• 가족과 함께하는 나 ① – 행복한 삶의 균형 찾기, 일 · 가정 양립의 구성요소 – 직장맘의 딜레마: 일과 가정 사이 어려움 – 관계와 능력: 나의 유대감과 유능감 점수는?	비대면 온라인 실시간 교육
	2		• 가족과 함께하는 나 ② – 가족과의 상호작용: 시간과 활동의 양과 질 – 평소 가족 갈등의 주요 원인과 해결 방식 – 가족 간 대화 점검: 생산적 대화 vs 비생산적 대화	

	3		• 세상과 함께하는 나 ① – 대한민국 직장 생활, 이런 것이 어려워요! – 프로 직장인을 위한 3가지 성공 Tip (대인관계 능력, 의사소통 능력, 자기관리 능력)	
	4		• 세상과 함께하는 나 ② – 나의 일 · 가정 양립제도 인식 정도 점검 – 개인, 가족, 직장 생활 등에 활용 가능한 제도와 혜택	
	5		• 미래와 함께하는 나 ① – 10년 후, 20년 후 나의 비전 – 내일과 내 일을 위해, 꿈꾸고 도전하는 삶 – 계획된 우연 이론 – Here & Now 행복 충전법	
	6		• 미래와 함께하는 나 ② – 소감 공유 및 변화 점검을 위한 후속 모임 – 지속 가능한 일 · 가정 양립을 위한 팁 공유 등	
주말 가족동반 프로그램	1	11/19(토) 10:00~12:00	• 우리 가족 마음 듣기 ① – 가족 소개, 가족이 함께 만드는 팀 구호 & 별칭 – 가족 얼굴 그리기, 부모 · 자녀 커플 퀴즈	
	2	11/19(토) 13:00~15:00	• 우리 가족 마음 듣기 ② – 맞벌이가정 이럴 때 속상해요(가족의 고민) – 우리 집 가사 & 돌봄은 누가 하고 있나요? – 함께 행복한 워라밸 시대, 우리 가족 소확행은?	
	3	11/26(토) 10:00~12:00	• 우리 가족 응원하기 ① – 서로의 꿈 이야기(어릴 적 꿈, 변천사) 나누기 – 우리 가족 꿈끼 탐구생활: ㄲ보드판 만들기	
	4	11/26(토) 13:00~15:00	• 우리 가족 응원하기 ② – 소원을 말해봐! 가족 소원 상자 만들기 – 가족이 함께 만들어가는 행복한 삶의 다짐 – 서로의 꿈을 응원해요, 이렇게 노력할게요!	

6. 평가

• 목표에 따른 평가

성과 목표	성과 지표	산출 목표	추진실적	달성률
[가족] 가족 간 이해와 지지활동을 통한 가정 내 일 · 가정 양립 환경 조성	운영회기	주말 활용 가족 동반 프로그램 4회기 이상 실시	4회기	100%
	참여인원	연인원 60명 이상 참여	연인원 54명	90%
	성취도 및 변화 정도	참여자 후기 중 '가족 활동 참여를 통한 가족 구성원의 지지 확대, 가족 간 역할 분담 등 가정 내 긍정적 변화' 관련 내용 3건 이상 수합	3건	100%
[세상] 가족생활과 직장 생활 간 관리 정보 습득을 통한 일 · 가정 양립 수준 향상	운영회기	가족 · 직장 생활 관련 정보 교육 10회기 이상 실시	10회기	100%
	참여인원	연인원 50명 이상 참여	연인원 70명	140%
	성취도 및 변화 정도	일 · 가정 양립 수준 사전 · 사후 변화 백분율 5% 이상 향상	6% 개선 (2.57점→ 2.41점)	120%
[미래] 도전하는 삶을 위한 참여자 간 학습의 점검과 공유 기회 제공	운영회기	학습의 점검과 공유를 위한 결혼이민자 참여자 대상 후속 모임 2회 이상 실시	2회기	100%
	프로그램 만족도	프로그램 만족도 백분율 86% 이상(4.3점/5점 만점) 도출	4.83점	112%

• 프로그램 참여 전 · 후 일 · 가정 양립 수준 변화

- 맞벌이 가정의 일 · 가정 양립과 행복 수준에 관한 연구(김경미, 2017)를 반영한 척도 활용
- 일 · 가정 양립에 필수적인 일 · 가정 · 여가시간 · 개인생활 간 균형 수준 파악을 위한 3가지 영역 총 19개 문항의 사전 · 사후 변화 측정 결과 사전(2.57점) 대비 사후(2.41점) 0.16점 감소, 19개 문항 중 16개 항목에서 점수가 감소하여 고르게 개선됨을 확인
- 특히 '집에 있을 때도 직장 일을 생각할 때가 있다' 문항이 가장 크게 개선(4.13점 → 3.75점, 0.38점 감소), 프로그램 진행 시 가정 및 직장 내 다양한 역

할 부담으로 인한 고민(애로사항) 토로와 일과 가정 간의 분리의 필요성, 참여자 간 노하우 공유 등을 통해 심적 부담감 해소가 이루어진 것으로 추측

- '일 · 여가시간 균형' 영역의 점수가 전반적으로 낮아 가장 취약한 부분으로 나타났으며, 실제 프로그램 진행 시에도 현재 여가생활 부재로 인한 고충과 여가생활에 대한 욕구가 활발함을 확인

4. 교류·공동체 프로그램

1) 기능 및 요소

최근 우리나라 사회 전반에 ESG 경영이 필수 요소로 자리잡고 있다. ESG란 환경(Environmental), 사회(Social), 지배구조(Governance)의 영문 첫 글자를 조합한 단어로, 기업 경영에서 지속 가능성을 달성하기 위한 3가지 핵심 요소이다. 기업이 사회에 미치는 영향력을 염두에 두고 사회적 책임에 대한 비재무적 가치를 중시하며 나타난 개념이기도 하나. 특히, 환경적 측면에서 기후변화에 크게 주목하며 탄소 배출과 환경오염을 완화하고 생태계를 보전하는 노력, 사회적 측면에서 데이터와 프라이버시의 보호, 인권이나 성별 평등 및 다양성의 존중하고 지역사회로 사회적 공헌을 하기 위한 노력, 지배구조적 측면에서 청렴도, 반부패와 기업윤리 준수를 위한 노력을 매우 주의 깊게 바라보고 실천하기를 강조한다(한국거래소 EGS포털, ESG의 개념).

우리는 소위 '더불어 사는 사회'라고 표현하며 과거부터 공동체 정신을 중시하는 문화를 갖고 있다. 더 이전의 과거에는 품앗이, 즉 품을 주고받으며 나눈다는 공동체적 상부상조의 미풍양속을 가진 민족이기도 했다. ESG와 같은 개념이 나타나기 이전에도 서로가 서로에게 어떠한 영향을 미치는가, 더 나아가 사회적 책임이 있는 집단의 영향력이 얼마나 큰가에 대한 중요성을 알고 있었다고 할 수 있을 것이다.

세상은 혼자서 살아갈 수 없고, 한 개인은 사회의 일원으로서 기능과 역할을 하며, 건강한 상호작용과 교류의 순기능이 가져오는 나비효과를 이해할 때, 교류 · 공동체 프로그램의 중요성을 깨달을 수 있다. 특히, 가족센터에서는 가족구성원 모두가 함께하는, 우리 가족과 이웃 가족이 함께하는, 더 나아가 지역사회를 위해 모든 가족이 함께하는 교류와 공동체적 프로그램을 지향한다. 그 속에서 사람이 사람에게 관심을 가지고, 보다 편견 없이 다양성을 포용할 수 있으며 더불어 사는 사회의 근간을 단단히 채워나갈 수 있음을 전파한다.

가족센터 교류 · 공동체 프로그램의 대표적인 사례는 가족친화문화 프로그램(가족사랑의 날), 공동육아 및 가족품앗이 활동, 다문화가족 교류 · 소통 프로그램, 가족봉사단, 가족들이 직접 운영하는 다문화 인식개선 활동 등이다. 사례명에서도 알 수 있듯 다양한 가족이 함께하는 활동, 친밀감을 가지고 상호 또는 지역에 돌봄나눔의 역할을 할 수 있는 특징이 있다. 가족들이 만나고 움직이고 나누는 활동이 자연스럽게 이루어지면서 교육적 의미를 담은 프로그램을 제공한다. 가족센터의 가족생활교육 프로그램 전반을 볼 때, 교육 대상자들이 가장 쉽고 부담 없이 처음 진입하기에 좋은 프로그램이기도 하다.

교류 · 공동체 프로그램이 핵심적으로 담고 있어야 하는 요소는 다음과 같다.

첫째, 참여하는 가족들이 자발성과 무대가성 활동을 이해하고 실천할 수 있도록 도와야 한다. 둘째, 상호 수혜의 개념보다는 모두가 주체성을 가지고 사회의 일원으로서 환원할 수 있음을 인식하도록 지원하는 것이 좋다. 셋째, 교육 · 문화적 요소를 통해 보다 편견 없이 다양성을 이해하고 존중할 수 있는 포용성을 지니도록 안내한다. 넷째, 공동의 작업이나 활동, 상호교류와 협력적 관계를 통해 성취감과 소속감을 느낄 수 있도록 경험시킨다.

2) 사례

(1) 공동육아 자조모임 프로그램

사례 라-1

도시텃밭 통합 자조모임 <함께가꿈>
(서울 구로구가족센터)

출처: 서울시가족센터(2022). 2022 서울가족사업 공모전 우수사업 사례집.

1. 추진 배경

- 구로구는 산업화시기에 형성된 국내 노동자 집거지역이 노후화되면서 임대료가 저렴하고 교통이 편리하여 중국동포 및 중국 출신 이주민이 다수 거주, 특히 센터가 위치한 가리봉동은 중국인 밀집지역이자 이주민, 다문화, 중국동포가 공존하는 특성을 가짐. 센터의 공동육아나눔터의 이용자 중 다문화 및 외국인 가족의 비율이 70%를 차지함
- 자녀를 양육하는 가족이라는 공통분모가 있음에도 언어나 문화적 차이, 자국민들 모임에 편중하는 등 다문화가족과 비다문화가족들 간 교류가 느슨하였음
- 도시텃밭을 활용한 자연친화적인 양육 환경, 자녀 양육을 매개로 다문화가족과 비다문화가족이 교류하여 유대감을 강화하고 교류, 공존하는 지역 환경을 조성하고자 함

2. 목적 및 목표

- 목적
  - 다문화 · 비다문화 가족으로 구성된 공동육아 자조모임이 함께 텃밭을 가꾸며 상호 호혜 증진, 공동체적 자녀돌봄 실천

• 성과 목표

- 다문화, 비다문화 통합 네트워크 구축
- 텃밭 활동을 통한 자연친화적 환경 및 공동체적 돌봄문화 조성

3. 대상

• 다문화 및 비다문화가족 23가족(비다문화 30%, 다문화 70%)

4. 추진 방법

• 홍보: 공동육아나눔터 이용 가족, 구로구 지역 내 도서관, 온라인카페 등 내외부 홍보

• 운영: 자치적 운영을 위한 모임 대표 선출, 육아 커뮤니티 형성을 위한 단체 채팅방 개설, 대면 또는 채팅방 소통에서 언어 장벽의 어려움을 해소하기 위해 이중언어 가능한 회원의 통·번역 봉사

5. 세부 내용

구분	추진 내용 및 방법
도시텃밭 활동	• 프로그램명: 텃밭 조성 및 교육 • 장소: 센터 내 텃밭, 강당 • 기간 및 횟수 – 4~12월, 월 2회 수요일 16:00~17:30 – 22회기 • 활동 내용(수행방법) – 텃밭에 대한 기초와 관리 매뉴얼 배우기 – 시기별(봄밭, 가을밭, 겨울밭) 모종 심고 가꾸기 – 작물 종류: 상추, 배추, 방울토마토, 열무, 고추, 감자, 망고, 수박, 캄보디아 가지, 오이, 중국 공심채 등 다문화 요소를 담은 다양한 작물 구성 – 미생물 퇴비(발효액) 만들기 – 키우기, 고르기, 지줏대 세우기, 웃거름주기, 병충방제 등 텃밭 관리 교육

도시텃밭 활동	• 프로그램명: 사전모임 및 활동에 관한 회의 • 장소: 센터 내 텃밭, 강당, 온라인 • 기간 및 횟수 – 4~12월, 수시 운영 • 활동 내용(수행방법) – SNS 함께가꿈 단체방 운영 – 홍보 및 회원 관리 – 활동 재료 준비
요리 및 체험활동	• 프로그램명: 요리활동 및 체험활동 • 장소: 센터 내 조리실, 강당 • 기간 및 횟수 – 요리(2회기): 봄밭, 가을밭 수확 이후 토요일 11:00~14:00 – 체험(5회기): 텃밭 휴지기 중 수요일 16:00~17:30 • 활동 내용(수행방법) – 요리 재료 준비 및 자원 개발 – 수확물을 활용한 요리활동 및 자연물 체험활동

6. 평가

• 정량 측면

- 회원: 23가족 참여(비다문화 30%, 다문화 70%)
- 정기 및 상시모임 횟수: 66회기 진행(정기모임 14회, 비정기모임 52회, 8/30 기준)

• 정성 측면

- 온라인 소통을 통해 회원들이 텃밭 웃거름주기, 땅 고르기와 뒤집기 등 어른들의 업무가 많을 때는 텃밭팀과 아이돌보는 팀을 나누어 운영해 보자고 역할을 나누고, 정기모임이 아닌 날에도 회원들이 온라인 소통방에서 약속을 정하고 텃밭을 가꾸러 방문하는 등 네트워크를 구축
- 부모들은 당번을 정해 수시로 텃밭에 들러 작물을 가꾸고 수확하였으며 자녀들은 텃밭에서 작물들을 관찰, 부모를 따라 작물을 수확하고 만져보고 냄새를 맡아보는 등 자연을 가까이에서 경험하며 자연친화적 환경 조성

- 자녀 양육 정보를 활발히 교류하며 다문화가족에게는 한국 사회의 돌봄 문화를 이해하고 맞춰나갈 수 있도록 돕고, 비다문화가족에게는 다문화가족의 문화를 배우는 계기가 되어 자녀를 서로 안전하게 돌봐주고 상호 문화를 이해하는 공동체적 돌봄 문화를 조성
- 서로의 문화를 깊이 이해하려고 노력하며, 회원들 간 경조사에 도움을 주고받고, 결혼이민자 모국의 음식과 문화를 경험하기 위해 다문화 나라 음식 식당을 방문하며 문화를 교류하는 관계로 발전하며 문화 다양성을 존중하고 지속 가능한 발전을 도모

(2) 가족친화 프로그램

사례 라-2

부모자녀가 함께하는 요리활동 프로그램 (서울시 건강가정지원센터 위탁 연구보고서)

출처: 박정윤, 송혜림, 전숙영, 계선자(2015). 건강가정지원센터의 가족친화문화 프로그램 개발: 부모자녀가 함께 하는 요리활동 프로그램을 중심으로. 한국가족자원경영학회지, 19(4), 121-140.

1. 추진 배경

- 부모와 자녀가 소통하는 시간은 부모-자녀 관계의 질적 향상, 가정 건강성 증진, 자녀의 발달에 기여함에도 불구하고 실제로는 가족이 함께 할 수 있는 절대적 시간은 부족한 현실임
- 요리를 매개로 한 가족 여가활동은 밥상머리 예절교육, 가족 공유의 시간 확대, 가족구성원이 함께 참여하며 평등한 역할분담과 민주적 가족관계를 배우는 장이 될 수 있음
- 또한 요리활동은 아동이 여러 가지 재료를 다루어 보고 오감을 자극시키며, 재료의 탐색, 측정, 과정으로서의 수행, 화학 · 물리적 변화 등 과학적 개념을 익힐 수 있으며, 자신만의 레시피로 창의성 발달에도 기여하면서 건강과 사랑의 개념으로 쉽고 긍정적으로 받아들일 수 있는 좋은 매개체임
- 따라서 가족친화적 문화 조성과 가정의 건강성 증진에 기여하기 위한 건강가정지원센터 가족문화사업의 일환으로 가족이 함께하는 요리활동 프로그램을 개발하고자 함

2. 목적

- 부모와 자녀가 함께 하는 요리활동을 통해 가족 간 소통의 기회를 증진시킨다.
- 부모와 자녀가 함께하는 소통의 기회로 건강한 부모 역할을 수행할 수 있는 역량을 강화한다.

- 부모-자녀 간 결속력과 응집성을 향상시켜 가정의 건강성을 증진시킨다.
- 부모와 자녀가 다양한 공유 활동을 스스로 만들고 소통의 방법을 찾을 수 있는 계기를 마련한다.

3. 대상

- 초등학생 자녀를 둔 가족(부모 및 자녀 동반)

4. 추진 방법

- 한 회기당 120분 기본으로 운영
- 매 회기 도입(프로그램 소개, 라포 형성)-전개(활동)-마무리(소감 나누기)로 진행
- 한부모 또는 양부모가정 모두가 참여할 수 있도록 환경 구성

5. 세부 내용

회기	제목	주제	목표	요리 메뉴 및 활동	준비물
1	오늘은 내가 요리사	부모님 생일상 차려 드리기	• 부모님에 대한 감사의 마음을 통해 인성교육의 효과 • 자녀 중심의 상호작용 경험 • 자녀의 주도성과 의사결정 존중 • 대화활동 자극 • 자녀와 부모에 대한 소중함을 발견	• 카스텔라 케이크 • 4색 카스텔라 경단 • 요리신문 만들기	요리재료, 바구니, 색공, 선물상자, 색지, 전지, 색연필, 사진기
2	오늘은 아빠(엄마)가 요리사	아버지 혹은 어머니의 요리활동	• 아버지가 요리활동을 주도함으로써 양성평등한 성역할 모델 제시 기대 • 아버지-자녀 간 소통으로 부모자녀 관계의 향상 기대 • 나 전달법 ~구나구나 요법 활용 • 가족 역할 참여를 통해 아버지의 일-가정/여가/생활의 균형을 유지	• 볶음우동(가열기구가 완비된 경우) • 월남쌈(가열기구가 없는 경우) • 자녀에 관한 퀴즈	요리재료, 도화지

			• 어머니가 요리활동을 주도하는 경우, 그동안 가족을 위한 어머니의 수고에 대해 다시 한 번 인식하고, 온 가족이 함께 하는 요리활동의 의미를 알게 됨		
3	부모를 위한 요리, 자녀를 위한 요리	부모 집단과 자녀 집단의 요리활동	• 부모와 자녀들이 상호 강점 파악 및 강화 • 부모됨/자녀됨에 자긍심을 갖고 가족 간의 유대감 증진 • 공동 작업을 통해서 책임감, 협동심 향상 기대	• 누텔라 샌드위치/참치 카나페(자녀용) • 자녀를 위한 밥도그, 내 아이를 위한 주먹밥(부모용) • 요리활동 역할 정하기	요리재료, 워크시트지
4	여행을 떠나요	가족여행을 위한 요리활동 (추억 레시피)	• 가족의 응집성과 결속력 강화 기대 • 요리 활동을 위한 다양한 의사결정 상황은 가족 간의 의사소통을 촉진 • 가족관계를 향상시킬 수 있는 다양한 가족 활동과 연계성 가능	• 요리활동 역할 정하기 • 김밥요리와 여행 장소를 정하는 게임 • 요리 꼴라주	요리 및 데커레이션 재료, 가족사진, 전지, 사진기

6. 평가

• 개발된 프로그램을 활용하여,

- 시범사업을 선 운영하고, 성과를 분석하여 향후 건강가정지원센터의 브랜드(주력)사업이 될 수 있는 가능성을 모색할 필요가 있음
- 초등학생 자녀를 둔 가정에서 대상의 범주를 확대하여 세부 구성안을 운영할 수 있음
- 본 프로그램을 운영하기 위한 강사의 역량과 리더십이 중요한 요인이 될 수 있음을 고려하여야 함

PART Ⅳ
가족생활교육의 전망과 과제

가족생활교육은 현내사회의 번회에 발맞추어 지속적인 진화를 요구하고 있다. 이 장에서는 가족생활교육의 방향과 이와 관련된 주요 과제를 다룬다. 다양한 사회단체에서 시행되고 있는 가족생활교육 프로그램은 주로 일회성 활동에 국한되어 있으며, 이는 현재 가정 내에서 마주하는 문제 해결에 충분히 기여하지 못하고 있다. 특히 가족센터에서는 개인보다 가족단위 중심으로 운영되면서 변화하는 가족 가치관에 부적합한 측면이 있다.

CHAPTER 11

가족생활교육의 방향

CONTENTS

가족생활교육은 다양한 사회단체에서 여러 가지 방식으로 진행되어 왔다. 주로 가족센터, 사회복지관, 평생교육원, 문화센터, 종교단체 등에서 일회성 프로그램이 다수를 차지하고 있으며 가족의 변화를 반영하는 사업을 진행하려고 노력하고 있으나 여전히 미흡한 부분이 남아 있다. 특히 가족생활교육의 실천현장인 가족센터는 일상생활에서 가족이 직면하는 문제를 해결하고 욕구를 지원하는 사업을 하는 정책수단이다. 그러다 보니 개인보다는 가족단위 중심으로 사업이 이루어져 개인 중심으로 바뀌어가는 오늘날의 가족 가치에 맞지 않는 부분이 있다. 따라서 앞으로의 가족생활교육은 인구구조의 변화, 가족 가치관의 변화, 교육 환경의 변화, 정책의 변화 등 여러 변화를 맞이하는 시대를 대응할 수 있는 관점으로 전환이 요구된다. 가족센터가 이러한 변화에 대응하며 지속 가능한 실천현장으로서의 역할을 다할 수 있기 위해서는 다음과 같은 노력이 요구된다.

1. 가족과 개인이 함께하는 가족생활교육

가족센터를 가장 많이 이용하는 가족의 형태는 부모와 자녀로 이루어진 가족으로 전체 이용자의 90% 이상을 차지한다(한국건강가정진흥원, 2023). 이는 오늘날의 가족 구조의 변화를 반영하지 못하고 있음을 보여준다. 2023년 기준으로 평균 가구원 수는 2.2명이지만 가장 많은 비율을 차지하는 가구 형태는 1인 가구로 35.4%이다(통계청, 2023). 개인은 가족 안에서 독립적인 존재로 인정받기를 원하며, 가족생활교육 사업도 집합적 단위로서 가족뿐만 아니라 개인으로서의 가족구성원을 지원하는 방향으로 사업을 전환해야 한다

(김소영, 2024).

1인 가구의 구성원은 가족의 구성원이므로 1인 가구를 위한 가족생활교육 사업은 가족을 위한 사업이기도 하다. 1인 가구에는 청년 1인 가구, 중장년 1인 가구, 독거노인 등 다양한 1인 가구가 있으며, 각각의 요구에 맞는 가족생활교육이 개발되어야 한다. 준비되지 않은 1인 가구의 삶은 가족을 포함하여 이웃, 동료와의 관계 형성과 시간관리, 여가활용, 재정관리 등 다양한 영역에서 어려움을 경험할 수 있으므로 다인가족과는 차별화된 새로운 형태의 교육 내용이 필요하다.

이와 같이 가족 구조와 가치의 변화에 맞춰 기존의 가족 기능을 가족 내에서 해결하기 어려운 현실을 반영하여 가족 중심으로 운영하던 가족생활교육을 가족과 개인, 나아가 지역사회가 함께 참여하는 사업으로 확대해 나가는 전략이 필요하다.

2. 디지털 플랫폼 활용

4차 산업혁명이 도래하면서 모든 기술이 융합하는 변화가 교육에서도 적용된다. 과거에는 같은 나이 대 사람, 같은 시간, 같은 장소에 모이는 3S(same age, same time, same place)에서 아무나, 아무 시간에, 아무 장소에서 학습하는 3A(anyone, any time, any place)로 변화하는 교육 현실에 맞추어(김채연, 이채린, 한유진, 2020) 디지털 플랫폼을 활용한 온라인 가족생활교육이 도입될 필요가 있다. 우리 사회는 이미 코로나19의 대 유행으로 줌(zoom)을 활용한 비대면 온라인 교육을 실시한 경험이 있다. 실제 교육에 직접 참여하기 어려운 경우에는 시간과 공간의 제약 없이 쉽게 정보를 얻을 수 있으므로 비대면 온라인 교육은 매우 유용한 도구로 활용될 수 있다. 아버지교육 프로그램 욕구를 조사한 연구에서도 SNS를 활용한 아버지교육 프로그램이 필요하다고 응답한 사람이 89.2%(정숙향, 정희정, 2020)로 나타나 부모와 원활한 소통과 긍정적인 인간관계를 위해 SNS의 교육적 활용 범위가 확대될 것으로 보았다.

디지털 플랫폼은 제품 혹은 서비스를 매개로 공급자와 사용자를 중개하거나 거래 혹은 상호작용을 매개하는 물리적, 가상적, 제도적 환경을 의미한다(이상규, 2010). 페이스북, 카카오톡, 인스타그램, 유튜브 등은 우리가 잘 알고 있는 디지털 플랫폼으로 공통된 주제에 관심 있는 이들이 참여하고 아이디어와 리소스를 공유하고 시공간의 제약에서 벗어나 개인의 선택적인 참여가 가능한 장점이 있다. 이러한 디지털 플랫폼을 활용하여 가족생활교육 프로그램 홍보와 교육을 한다면 언제 어디서나 프로그램을 실시할 수 있으며, 실시간으로 조회수와 참여자들의 댓글로 반응의 정도를 확인할 수 있어 프로그램 효과 지표로도 큰 효율성을 갖고 있다.

또한 유사한 관련 동영상 콘텐츠 플랫폼에서 추천하는 알고리즘의 발달은 직접 키워드를 사용자가 입력하여 찾던 방식에서 벗어나 직접 찾기 어려웠던 자료까지 함께 참조하고 활용할 수 있는 장점을 제공해 준다(신현호, 2022). 이와 같이 가족생활교육에서도 디지털 플랫폼을 활용하여 가족센터의 목적과 가치를 구현할 수 있도록 고민해 보아야 할 것이다.

3. 공통된 가족생활교육 프로그램 운영 매뉴얼 개발

가족센터에서 이루어지는 가족생활교육은 양적으로 증가했고, 프로그램의 내용도 매우 광범위하다. 일회성과 다회성 등 기간과 방법도 다양하지만 전국의 센터에서 이루어지는 프로그램에 대한 결과 보고서가 만들어져도 구체적으로 어떻게 실시되었는지 알기 어려운 경우도 많다. 뿐만 아니라 같은 목적과 주제로 실시된 프로그램이 전국의 가족센터마다 다양하고 강사 역량에 의존하여 질적으로 차이가 많아 가족생활교육의 목표에 부합하는 연속성과 전문성이 있는지 파악하기도 어렵다.

가족생활교육 이후 참여자의 변화와 욕구에 대한 체계적 분석도 필요하며, 다른 지역에 가더라도 서비스를 이용할 때 연속성이 이루어질 수 있어야 한다. 가족센터의 재이용자 및 취약한 가족과 개인을 고려하여 가족생활교육 프로그램의 단계형 교육과정과 서비스 연계도 필요하다. 가족센터를 한 번 이용한 참여자들이 교육 이후 부족한 부분에 대한 욕구가 발생했을 때, 심화과정이나 특화과정 등의 단계형 교육을 제공한다면 더욱 프로그램의 효과를 증진할 수 있다. 특히 이러한 단계형 교육과정은 전국 단위로 온라인 강의나 실시간 강의를 통해 이루어질 수도 있으므로 교육과정 운영 매뉴얼을 개발하여 가족생활교육 프로그램의 연속성과 전문성을 높이는 것이 필요하다.

매뉴얼을 개발할 때는 지금까지 가족센터에서 우수하다고 입증된 좋은 프로그램을 활용하여 공통된 가족생활교육 프로그램 운영 매뉴얼을 개발 · 보급함으로써 전국 센터의 공통된 체계 안에서 진행되어 프로그램의 효과를 검증하는데도 도움이 될 것이다. 지역의 특색에 따라 변형된 프로그램을 진행한다고 하더라도 기본적으로 가족생활교육의 목표에 부합하는 프로그램 운영 매뉴얼을 만들어 둔다면 강사 의존적인 프로그램에서 벗어난 프로그램이 실시될 수 있어 일관된 효과를 보여줄 것으로 예상된다.

4. 가족생활교육 전문가 양성

가족센터의 건강가정사들은 실제로 프로그램을 개발하고 사업을 진행하는 데 필요한 다양한 일을 하지만, 프로그램 진행은 전문강사를 이용하는 경우가 많다. 다문화 관련 프로그램에서는 봉사자로 활동하면서 운영 경험을 쌓고 전문지식을 배우다가 강사로 활동하기도 한다. 따라서 프로그램을 진행하는 강사의 역량에 따라 프로그램의 효과는 다양하다고 할 수 있다.

가족생활교육의 질적인 향상과 전문성을 높이기 위해서는 센터의 비전과 가치의 방향성을 함께 나누면서 프로그램 개발부터 진행까지 함께할 수 있는 인력들을 확보하고 이들과 함께 프로그램을 개발하는 것이 필요하다. 또한 다양한 분야의 우수한 가족서비스 전문가와 강사들을 확보하기 위해 인력풀을 만들어 전문강사를 초빙하고 프로그램을 진행하는 데 어려움이 없도록 해야 한다. 뿐만 아니라 가족센터 종사자 교육뿐만 아니라 전문강사들을 훈련하고 재교육할 수 있는 기회를 제공하여 지속적으로 전문성을 유지하고 성장할 수 있도록 해야 하며, 이들의 처우를 개선하여 보다 많은 전문가들이 가족생활교육에 참여할 수 있도록 지원해야 한다.

5. 가족생활교육의 가치와 평가

가족생활교육 현장에서 운영 중인 사업을 제대로 다시 평가할 필요가 있다. 지금까지 가족문제가 줄어들지 않는 이유와 왜 그러한 양상이 변화하지 않는지 살펴보고 더욱 바람직한 해결 방안은 없는지 현장 전문가와 가족의 목소리를 들을 필요가 있다. 또한 가족생활교육 프로그램이 얼마나 효과적으로 적용되고 있는지 측정하고 평가하는 지표의 도입이 필요하다. 그러기 위해서는 가족생활교육 프로그램 개발 단계부터 효과성 지표를 개발하여 프로그램이 가족과 개인에게 현실적으로 도움을 주는지 판단할 수 있어야 한다. 이러한 가족생활교육 프로그램의 평가 결과를 토대로 다음 프로그램 개발에도 적용할 수 있다.

참고문헌

강진아, 전현정, 장유경(2022). 코로나19 시기의 소상공인 가족관계 지원 프로그램 개발 및 적용: 도봉구가족센터를 중심으로. **한국가족정책학회**, 2(1), 25-42.

기쁘다, 성미애, 이재림(2020). 가족생활교육. 한국방송통신대학교출판문화원.

김경신(1993). 가족학의 이론적 관점과 적용. **대한가정학회지**, 31(1), 137-151.

김기욱, 강한나(2022). 변혁의 시대와 광고 PR: 제도, 정책, 그리고 Practices. **한국광고PR실학회**, 12, 183-185.

김미경(2016). 1인 가구 시대 노후와 가족에 관한 새로운 인식을 위한 소고. **사회사상과 문화**, 19(4), 167-190.

김보미, 정현숙(2007). 서울지역 가족생활교육 현장별 교육내용과 방법 분석. **한국가족관계학회지**, 12(3), 285-312.

김새롬(2021). 포괄적 성 재생산 건강보장을 위한 보건의료체계의 과제: 임신중지를 중심으로. **여성연구**, 109(2), 2021, 5-36.

김소영(2021). 대중문화 수용자의 탈경계적 자아 연구를 위한 이론적 탐색: '미드의 이중 자아'에서 '온라인의 다중 자아'로의 확장. **인문콘텐츠**, 60, 9-32.

김소영(2024). 가족변화 대응 가족센터 사업 개편 방안. **대한가정학회 춘계학술대회 자료집 2024**, 14-20.

김순남(2022). **가족을 구성할 권리**. 오월의봄.

김연화, 김유경(2019). 노년기 부부프로그램 실제 및 활성화 방안 - G시를 중심으로. 한국가족자원경영학회 학술대회논문집, 101-108.

김영란, 주재선, 정가원, 배호중, 선보영, 최진희, 김수진, 이진숙(2021). **2020 가족실태분석 조사 연구**. 여성가족부.

김영화, 이진숙, 이옥희(2002). **성인지적 가족복지론**. 양서원.

김정석(2007). 고령화의 주요 사회이론과 담론. **한국노년학**, 27(3), 667-690.

김정석, 김미선(2020). 졸혼(卒婚)에 대한 사회학적 단상: 졸혼의 정의, 특성, 기제 및 전망. **한국인구학**, 43(4), 99-114.

김종성, 이사미, 박주성, 오미경(2020). 가족중심진료를 위한 '가족' 이해. 대한가정의학회, 10(4), 240-247.

김채연, 이채린, 한유진(2020). 4차 산업혁명의 도래로 인해 변화하는 교육공간 연구 - 프로젝트 'TIMEWAVE'를 중심으로. 숙명디자인학연구, 28, 37-50.

김현주, 이선이, 이여봉(2019). 자원교환과 대안적 비교수준이 모자간 관계만족도에 미치는 영향. 미래청소년학회지, 16(4), 103-122.

김현진(2024). 대리모제도를 위한 입법 제안. 법학연구, 27(2), 1-31.

데일리팝(2021). [1인 가구 인터뷰] '동일이를 부탁해' 유덕열 동대문구청장 '1인 가구를 위한 사회적 관계망, 맞춤형 지원 위해 노력', https://www.dailypop.kr/news/articleView.html?idxno=50995

박경아, 이경자, 김은아, 윤명자(2019). 가족생활교육. 공동체.

박미경, 김득성(1997). 예비부부를 위한 결혼준비교육 프로그램. 대한가정학회지, 35(4), 47-77.

박성희(2004). 사이버 공간의 대리자아 아바타의 역할 유형 분석. 한국언론학보, 48(5), 375-405.

박세호(2021). 한국 노인이 지각하는 삶의 질과 관련 변인과의 관계 연구. 인하대학교 대학원 박사학위논문.

박시내(2018). "결혼하면 어떤 집에 살고, 왜 이사를 갈까?", 통계청 이슈분석, 1, 8-29.

박시내, 박혜균(2022). MZ 세대의 생활환경: 생활비 원천, 주거실태. 통계프리즘 봄호, 32-47. 통계청.

박정윤, 송혜림, 전숙영, 계선자(2015). 건강가정지원센터의 가족친화문화 프로그램 개발: 부모자녀가 함께 하는 요리활동 프로그램을 중심으로. 한국가족자원경영학회지, 19(4), 121-140.

박주희(2006). 현대가족을 위한 가족생활교육의 실제. 구상.

박태상(2020). 박완서의 90년대 노년문학에 나타난 '가족갈등' 양상 - 갈등이론과 심리학적 · 사회학적 노년학 이론을 중심으로. 비평문학, 76, 89-124.

방태완(2012). 뉴 시니어 세대의 특성에 따른 광고의 소구유형별 광고태도에 관한 연구: 자동차 광고를 중심으로. 홍익대학교 대학원 박사학위논문.

백승률(2024). 신중년의 자기성찰이 생성감에 미치는 영향: 자기돌봄, 사회활동참여의 매개효과. 대구대학교 대학원 박사학위논문.
변화순(2010). 가족정책으로 바라본 여자, 남자이야기. 교육과학사.
서미경, 최은실(2020). 기혼 중년 남성의 역할적응이 위기감에 미치는 영향에서 자아 정체감의 매개효과. 한국가족복지학, 67(4), 197-219.
서울시가족센터(2022). 2022 서울가족사업 공모전 우수사업 사례집.
서울특별시 블로그 - 2022 1인 가구지원센터 프로그램 안내.
서종수, 조희금(2017). 가족복지조직의 조직문화가 건강가정사의 전문성에 미치는 영향. 가족자원경영과 정책, 21(3), 1-21.
손미정(2014). 성인지적 관점에서 본 모성보호의 사회법적 한계, 법학연구, 54, 309-325.
송길영(2023). 시대예보: 핵개인의 시대. 교보문고.
송정아, 전영자, 김득성(2005). 가족생활교육론. 교문사.
송혜림(2009). 공공가정의 인적 자원 관리방안 - 건강가정사 직무분석에의 적용. 한국가족자원경영학회지, 13(1), 23-39.
스기야마 유미코(2017). 졸혼 시대. 장은주 역. 길벗(더퀘스트).
신현호(2022). 디지털 플랫폼과 교회교육 생태계. 교육교회, 1, 51-57.
신혜영(2023). 다양한 가족, 포용하는 사회. 여성우리, 69, 4-5.
안복희(2023). 중년기 고경력 영유아교사를 위한 자기돌봄 성인집단놀이치료 프로그램 개발 및 효과. 명지대학교 대학원 박사학위논문.
안현아, 박태영(2015). 예비부부 갈등해결을 위한 가족치료 사례연구. 사회과학연구, 31(4), 329-358.
양진희, 박지예(2024). 무자녀가족 결정에 대한 내러티브 탐구: 20~40대 딩크족을 중심으로. 한국유아교육학회 학술대회자료집, 2024(1), 186-189.
양현아(2023). 한국의 재생산정책 수립에서 미혼모/미혼여성의 재생산권리의 중요성. 법과 사회, 74, 205-250.
여성가족부 가족정책과(2017). 부모교육 매뉴얼 제10권 아버지.
여성가족부 가족정책과(2017). 부모교육 매뉴얼 총론.
여성가족부 가족정책과(2024). 2024년 가족사업안내(Ⅰ).
여성가족부 가족정책과(2024). 2024년 가족사업안내(Ⅱ).

여성가족부 보도자료(2019.6.14). 가족센터, 생활SOC 복합화시설로 확정.
여성가족부(2023). 2023년 가족사업안내(I).
오영은, 추주희(2020). 청년층의 결혼 및 가족 가치관 변화에 관한 탐색적 연구. 인문사회, 11(1), 1217-1231.
오화영(2021). 코로나 시대 일상을 재배열하고 내일을 기획하라: 페미니스트 라이프스타일: 내 삶과 세상을 바꾸는 페미니즘. 아시아여성연구, 60(2), 299-309.
유계숙, 최연실, 성미애(1999). 가족학이론. 문음사.
유민희, 전세경, 문영소(2006). 건강가정 및 가족생활교육에 대한 학부모들의 인식을 기초로 한 실과교과에서의 가족생활교육에 관한 연구. 한국실과교육학회지, 19(4), 1-17.
윤민주, 전하람(2023). 평생교육 연구에서의 삶의 질 개념 활용에 관한 문헌 고찰. 인문사회21, 14(1), 3287-3302.
윤주(2009). 생활권 공공공간에서의 여가활동 활성화 방안. 한국문화관광연구.
이상규(2010). 양면시장의 정의 및 조건. 정보통신정책연구, 17(4), 73-105.
이여봉, 김현주, 이선이(2013). 어머니와 자녀간 자원교환의 호혜성에 관한 연구: 형평성, 이타성, 그리고 관계만족도. 가족과 문화, 25(1), 39-76.
이은아(2016). 성 주류화와 성평등 사회구조로의 '전환가능성': 성별영향분석평가 컨설팅경험을 중심으로. 사회과학연구, 27(4), 265-288.
장은하, 김희(2020). 코로나 19와 성불평등: 해외사례를 중심으로. KWDI brief, 54, 1-9.
정숙향, 정희정(2020). SNS 기반 영아기 아버지교육 프로그램에 대한 인식 및 요구도 조사. 한국보육학회지, 20(2), 65-85.
정현숙(2007). 가족생활교육. 신정.
조희금, 김경신, 정민자, 송혜림, 이승미, 성미애, 이현아(2013). 건강가정론. 신정.
중앙일보(2023). WHO, 코로나 비상사태 해제… 700만 사망 팬데믹 '상징적 종식', https://www.joongang.co.kr/article/25160399
진화영(2020). 신중년의 가족관계 현황과 향후 과제: 부양관계를 중심으로. 한국보건사회연구원 보건복지포럼, 287, 21-34.
최시영, 이지수, 최영복(2023). 반려동물 장례 및 펫로스 증후군 관련 산업 현황 연구. 인문사회 21, 14(2), 481-494.

최태산, 박혜경(2011). 중년남성이 지각한 자기의식과 성역할 스트레스가 중년의 위기에 미치는 영향. **한국상담학연구**, 12(3), 931-944.

통계청(2023). 2023 인구총조사 전국가구원수별 가구 통계표.

한경닷컴(2017.2.26). 우리 졸혼했어요, http://news.hankyungcom/article/2017022687881?nv=o

한국가족정책학회 외(2021). 2021 한국가족정책학회 추계학술대회 및 가족사업 세미나: K-Family, 변화와 정책의 확장.

한국건강가정진흥원(2016).「다문화가족 자녀성장지원사업」사업안내 및 직무교육: 다문화가족 자녀성장지원사업 프로그램 매뉴얼.

한국건강가정진흥원(2022). 2022 가족센터 공간활용 프로그램 운영매뉴얼.

한국건강가정진흥원(2022). 2022년 가족서비스 우수수기 및 사례집.

한국건강가정진흥원(2023). 2022 가족지원사업 연간결과보고서.

한국건강가정진흥원(2023). 2023년 가족서비스 우수수기 사례집.

한국건강가정진흥원(2023). 손자녀 돌봄 조부모 상담 · 교육프로그램 "나를 봄, 너를 봄".

한국여성정책연구원(2023). 가족변화관점에서 가족센터사업 현황 분석 및 개편방안연구.

한국청소년정책연구원(2023). 2023 다문화청소년 종단연구: 총괄보고서.

홍선영, 이옥경, 황인주(2014). 성인지적 관점의 시민참여 모니터링 지표 개발. 부산여성가족개발원.

홍찬숙(2013). 개인화와 '젠더사회' 개인화 시대의 사회불평등 양상. **한국사회학**, 47(1), 255-276.

Beck, U., & Beck-Gernsheim, E. (2002). *Individualization: Institutionalized Individualism and its Social and Political Consequences*. Translation© Patrick Camiller. London: Sage.

Beck, U., & Beck-Gernsheim, E. (2011). **장거리 사랑**. 이재원 · 홍찬숙 역(2012). 서울.

Doran, G. T. (1981). There's a SMART way to write managements's goals and objectives. *Management review, 70*(11), 35-36.

Duncan, S. F., & Goddard, H. W. (2017). *Family life education: Principles and practices for effective outreach* (3rd ed.). Tousand Oaks, CA: Sage.

Duvall, E. M. (1977). *Marriage and Family Development* (5th ed.), New York: Lippincott.

Fuhrmans, F., Von der Lippe, H., & U. Fuhrer (2014). "Couples' evaluation offatherhood in different stages of family life cycle", *European Journal of Developmental Lippincott.*

McGoldrick, M., Heiman, M., & Carter, B. (1993). *The changing family life cycle: A Framework for Family Therapy.* Gardner Press.

Munchin, S., Fishman, H. C. (1981). *Family therapy techniques.* Cambridge: Harvard University Press; New York: The Guilford. perspective on normalcy." In F. Walsh (Ed.). Normal Family Processes, 405-443.

Nichols, M. P., & Schwartz, R. C. (2001). *Family Therapy: Concept and Methods* 5th ed., Needham Heights, MA: Allyn and Bacon.

Putnam, R. (2016). **나홀로 볼링: 볼링 언론- 사회적 커뮤니티의 붕괴와 소생.** 정승현 역. 페이퍼로드.

가족센터SOC 홈페이지. https://soc.kihf.or.kr/web/index.do

네이버 국어사전. https://ko.dict.naver.com/#/entry/koko/bea8ee2ca8d44d7885c5e6fa1a14cb2c

네이버 지식백과. https://terms.naver.com/entry.naver?docId=3432625&cid=43667&categoryId=43667

동대문구가족센터 블로그. https://blog.naver.com/ddmhfc

미국가족관계학회(NCFR) 홈페이지. https://www.ncfr.org/cfle-certification

서울시가족센터 홈페이지. https://familyseoul.or.kr/home2018

위키백과 https://ko.wikipedia.org/wiki/Mr.%EC%8A%A4%ED%83%80%EB%B2%85

한국건강가정진흥원 홈페이지. https://www.familynet.or.kr/web/lay1/S1T424C426/contents.do

ME한국협의회 홈페이지. http://mekorea.or.kr/theme/mekorea/pub/about_history.php

저자소개

전세송 경북대학교 이학박사(아동가족학 전공)
Iowa State University 박사(HDFS 전공)
현, 경북대학교 생활과학대학 아동학부 아동가족학 전공 교수

유재언 Iowa State University 박사(HDFS 전공)
현, 가천대학교 사회복지학과 조교수

배문조 경북대학교 이학박사(아동가족학 전공)
현, 경북대학교 생활과학대학 아동학부 강사

박혜민 경북대학교 이학석사(아동가족학 전공)
현, 대구중구가족센터 팀장

가족센터에서 바로 활용할 수 있는
가족생활교육

초판발행 2025년 3월 10일 1판 1쇄 발행

지은이 전세송 유재언 배문조 박혜민
펴낸이 최용구 | **펴낸곳 도서출판 신정**
주 소 (04316) 서울시 용산구 원효로 89길 19 (원효로1가)
전 화 02)3211-4782, 0266(영업부), 3211-4783(편집부), 3211-4784(팩스)
이메일 shinjeong72@naver.com | **홈페이지** www.sjbook.co.kr
등 록 2001년 5월 11일 제13-702호
마케팅 최용구 장만동 최충구 송대용 | **책임편집** 석기은 황가연

ISBN 978-89-5912-937-9 93330
정가 22,000원